SAP® BW/4HANA und BW auf HANA

Zweite, erweiterte Auflage

Frank Riesner
Klaus-Peter Sauer

Willkommen bei Espresso Tutorials!

Unser Ziel ist es, SAP-Wissen wie einen Espresso zu servieren: Auf das Wesentliche verdichtete Informationen anstelle langatmiger Kompendien – für ein effektives Lernen an konkreten Fallbeispielen. Viele unserer Bücher enthalten zusätzlich Videos, mit denen Sie Schritt für Schritt die vermittelten Inhalte nachvollziehen können. Besuchen Sie unseren YouTube-Kanal mit einer umfangreichen Auswahl frei zugänglicher Videos:

https://www.youtube.com/user/EspressoTutorials.

Kennen Sie schon unser Forum? Hier erhalten Sie stets aktuelle Informationen zu Entwicklungen der SAP-Software, Hilfe zu Ihren Fragen und die Gelegenheit, mit anderen Anwendern zu diskutieren:

http://www.fico-forum.de.

Eine Auswahl weiterer Bücher von Espresso Tutorials:

- Jürgen Noe: Schnelleinstieg in SAP® Business Warehouse (BW)
  http://5038.espresso-tutorials.com
- Rob Frye, Joe Darlak, Dr. Bjarne Berg: The SAP® BW to HANA Migration Handbook
  http://5109.espresso-tutorials.com
- Dominique Alfermann, Stefan Hartmann, Benedikt Engel: SAP® HANA Advanced Modeling
  http://5110.espresso-tutorials.com
- Christoph Kretner & Jascha Kanngießer: Berechtigungen in SAP® BW, HANA und BW/4HANA
  http://5127.espresso-tutorials.de
- Claus Wild, Janet Salmon: Schnelleinstieg in SAP® S/4HANA Finance
  http://5151.espresso-tutorials.de
- Bert Vanstechelman: The SAP® HANA Deployment Guide
  http://5171.espresso-tutorials.com

Bibliografische Information der Deutschen Bibliothek
Die Deutsche Bibliothek verzeichnet diese Publikation in der Deutschen Nationalbibliografie; detaillierte bibliografische Daten sind im Internet über http://dnb.ddb.de abrufbar.

Frank Riesner, Klaus-Peter Sauer
SAP® BW/4HANA und BW auf HANA. Zweite, erweiterte Auflage

ISBN:	978-3-960123-68-2
Lektorat:	Anja Achilles
Korrektorat:	Stefan Marschner
Coverdesign:	Philip Esch
Coverfoto:	Fotolia #112860856 | zeber
Satz & Layout:	Johann-Christian Hanke

2., erweiterte Auflage 2017, Gleichen

URL: *www.espresso-tutorials.de*

Feedback:
Wir freuen uns über Fragen und Anmerkungen jeglicher Art. Bitte senden Sie diese an: *info@espresso-tutorials.com*.

Inhaltsverzeichnis

Vorwort

Wird SAP BW in Zukunft nicht mehr unterstützt, abgelöst von HANA, ersetzt durch S/4HANA? Solche und ähnliche Fragen wurden in der Vergangenheit häufig gestellt.

Diese Zweifel sind mit dem Announcement von SAP BW/4HANA Ende 2016 obsolet – die Zukunft von SAP BW manifestiert sich in SAP BW/4HANA.

Was hat uns dazu bewegt, SAP BW/4HANA als die neue Innovations-Codeline zu entwickeln, und warum werden die geplanten Innovationen nur mit BW/4 ausgeliefert und nicht auch mit SAP BW 7.x powered by HANA?

Die Antwort ist ganz wesentlich geprägt von den Herausforderungen, die wir mit BW/4 lösen (wollen), deren Lösungsumfang und dem zeitlichen Aspekt der Auslieferung.

Herausforderungen in diesem Zusammenhang sind die weitere Öffnung gegenüber externen Daten und deren Integration sowie Big-Data-Szenarien. Hinzu kommen Vereinfachungen in der Data-Warehouse-Modellierung, dem Lifecycle-Management, der Architektur sowie den Datenflüssen.

Voraussetzung, um Lösungen der oben beschriebenen Herausforderungen für unsere Kunden so schnell und umfassend wie möglich zur Verfügung zu stellen, war die Fokussierung auf SAP HANA. Bei den Vorgänger-Releases SAP BW 7.4 oder SAP BW 7.5 powered by HANA war eine derart umfangreiche und schnelle Auslieferung, wie wir sie mit SAP BW/4HANA planen, nicht möglich. Das ist dadurch bedingt, dass neben SAP HANA auch die traditionellen Datenbanken unterstützt werden mussten, was zu entsprechenden Limitierungen führte.

Aus diesem Grund basiert SAP BW/4HANA nur auf SAP HANA und dem ABAP Application Server. SAP BW/4HANA ist damit auch nicht der legale Nachfolger von SAP BW powered by HANA, sondern stellt den nächsten Evolutionsschritt dar und somit den »logischen Nachfolger«. Einen vergleichbaren Weg ist die SAP auch bei der Evolution von SAP Business Suite powered by HANA nach SAP S/4HANA gegangen.

SAP BW/4HANA liefert in diesem Zusammenhang zudem ganz erhebliche Mehrwerte, sowohl für unsere Kunden, die ihr BW bereits auf HANA im Einsatz haben, als auch für diejenigen Kunden, die es nach wie vor auf den traditionellen Datenbanken betreiben.

Von zentraler Bedeutung ist dabei die erhöhte Agilität von SAP BW/4HANA in Bezug auf neue und sich ändernde Geschäftsmodelle und deren Umsetzung im Data Warehouse. SAP BW/4HANA unterstützt eine leichtere und fundiertere Entscheidungsfindung, weil zusätzliche Informationen bereitgestellt werden, wie etwa durch die enge Integration mit Big-Data-Szenarien. Das alles geht einher mit exzellenter Performance sowie modernisierten und intuitiven Benutzeroberflächen, die auch eine Steigerung der Effektivität für den Endanwender bedeuten.

Umfangreiche Konvertierungsmöglichkeiten von der alten in die neue Welt werden für beide Kundengruppen angeboten, sodass ein Umstieg jederzeit möglich ist. Ich hoffe, mit diesem kurzen Vorwort Ihr Interesse an der Neuauflage dieses umfangreichen und technisch sehr detaillierten Buches zu SAP BW/4HANA sowie SAP BW auf HANA geweckt zu haben, und wünsche Ihnen viel Spaß beim Lesen.

Lothar Henkes
Vice President, Product Management, SAP EDW

Walldorf, Mai 2017

Danksagung

Ein Buch zu schreiben bedeutet, einen langen Weg zu gehen, dessen Zielpunkt ohne die Unterstützung anderer kaum zu erreichen ist. Auch dieses Werk wäre ohne die Hilfe zahlreicher Menschen nicht möglich gewesen. Daher möchten wir die Gelegenheit wahrnehmen, uns hierfür zu bedanken. An erster Stelle sind zunächst die Familien der Autoren zu nennen.

Klaus-Peter möchte sich ganz besonders bei seiner Frau Martina Andrea bedanken, die ihm immer die nötige Unterstützung gab, auch wenn das Projekt die gemeinsame Zeit auf ein Minimum reduzierte.

Frank dankt seiner Frau Miriam für ihre Motivationskraft und ihr Verständnis während der letzten Monate. Zudem gilt der Dank seinen Eltern Marika und Heinz-Peter Riesner, die ihn ermutigt haben, dieses Buchprojekt weiter zu verfolgen, und ihn sein Leben lang gefördert haben. Ohne Euch alle wäre ich nicht in der Lage gewesen, dieses Werk zu verfassen!

Unser besonderer Dank gilt Lothar Henkes aus dem SAP-BW-Produktmanagement für sein Vorwort und allen unseren SAP-Kollegen, die uns mit Informationen und Rat immer zur Seite standen. Zu nennen sind hier insbesondere Mohamed Abdel Hadi, der uns für das initiale Projekt begeistern konnte, sowie Gordon Witzel, Dr. Ulrich Christ, Marc Hartz, Daniel Rutschmann, Rainer Höltke, Dr. Ralf Czekalla, Thomas Bitterle, Jürgen Butsmann und Lothar Kneuss.

Zudem danken wir Martin Munzel und Anja Achilles wie auch dem ganzen Team von Espresso Tutorials für die professionelle Zusammenarbeit und die technische Umsetzung dieses Buches.

Im Text verwenden wir Kästen, um wichtige Informationen besonders hervorzuheben. Jeder Kasten ist zusätzlich mit einem Piktogramm versehen, das diesen genauer klassifiziert:

Hinweis

Hinweise bieten praktische Tipps zum Umgang mit dem jeweiligen Thema.

Beispiel

Beispiele dienen dazu, ein Thema besser zu illustrieren.

Achtung

Warnungen weisen auf mögliche Fehlerquellen oder Stolpersteine im Zusammenhang mit einem Thema hin.

Videos

Schauen Sie sich ein Video zum jeweiligen Thema an.

Zum Abschluss des Vorwortes noch ein Hinweis zum Urheberrecht: Sämtliche in diesem Buch abgedruckten Screenshots unterliegen dem Copyright der SAP SE. Alle Rechte an den Screenshots hält die SAP SE. Der Einfachheit halber haben wir im Rest des Buches darauf verzichtet, dies unter jedem Screenshot gesondert auszuweisen.

1 Evolution und Überblick

SAP hat In-Memory-Datenbanken (IMDB) nicht erfunden. Diese Nischentechnologie existiert schon länger, spielte aber bisher eine eher untergeordnete Rolle in sehr speziellen Anwendungsfällen. Mit der Einführung von HANA erlöste SAP sie aus ihrem Dornröschenschlaf und verhalf ihr als zukunftsweisende Technologie zum Schritt auf die große Bühne der Enterprise-Applikationen.

In diesem Kapitel schauen wir kurz auf die Historie der beiden Hauptprodukte SAP HANA und SAP BW zurück und betrachten BW auf HANA sowie die neueste Version BW/4HANA im Allgemeinen.

1.1 Evolution von SAP HANA

Seit der Markteinführung 2010 hat sich HANA zu einer reifen Plattform entwickelt, die sich in jeder Hinsicht mit den etablierten Datenbanken in *OLTP* (Online Transactional Processing) und *OLAP* (Online Analytical Processing) messen kann. Nach Unternehmensangaben hat HANA Ende 2015 bereits über 10.000 Kunden. Von den mehr als 16.000 SAP-BW-Kunden konnten bis März 2017 mehr als 4.000 für eine Migration auf *BW auf HANA* bzw. *BW/4HANA* gewonnen werden [1]. Das ist die Hälfte aller Kunden mit einem HANA-fähigen Release.

HANA ist damit nicht nur im Mainstream angekommen, es ist die logische Plattform für innovative Data-Warehouse-Implementierungen auf SAP-Basis.

Bei HANA handelt es sich um eine IMDB, die deutlich mehr Funktionalitäten bietet, als Sie es von anderen Datenbanken gewohnt sind (siehe Abbildung 1.1). Deshalb wird auch von der *HANA-Plattform* gesprochen. Neben den klassischen Datenbankdiensten zur Datenablage und -verwaltung sowie zum Monitoring und Betrieb bietet HANA verschiedenste Funktionen zur Datenintegration und -verarbeitung wie auch zur Applikationsentwicklung. Im Rahmen dieses Buches gehen wir speziell auf die Funktionen ein, die direkt im BW verwendet werden können.

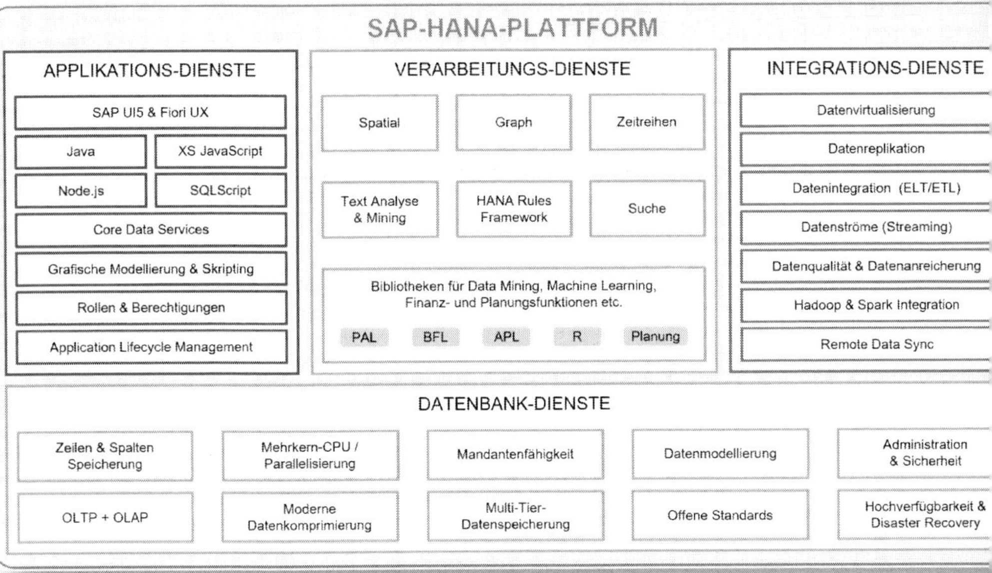

Abbildung 1.1: Die HANA-Plattform

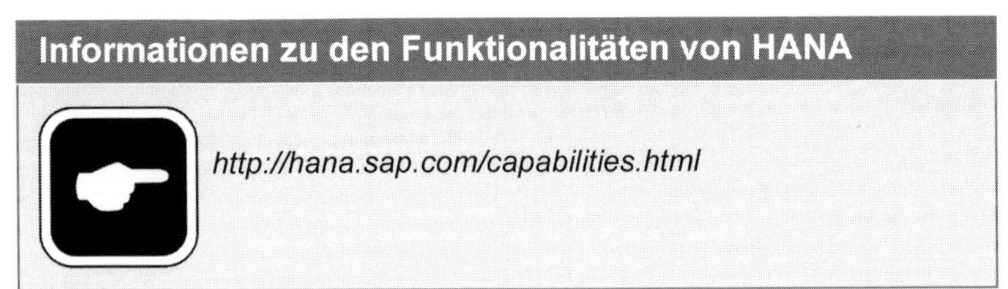

Von der Idee zum Produkt vor 2010

Abbildung 1.2 zeigt grafisch die Entwicklungsgeschichte von HANA. SAP besitzt eine lange Erfahrung mit In-Memory-Technologien. Bereits 1998 wurde mit dem *Advanced Planning and Optimization (APO) Live Cache* eine In-Memory-Applikation auf Basis von MaxDB zur Absatz-, Distributions- und Produktionsplanung im Supply-Chain-Umfeld auf den Markt gebracht. Im Jahre 2000 folgte mit *TREX* (Text Retrieval and information EXtraction) eine In-Memory-Suchmaschine für Volltextsuche, Klassifikation und Text Mining, die auf spaltenweiser Datenablage funktionierte.

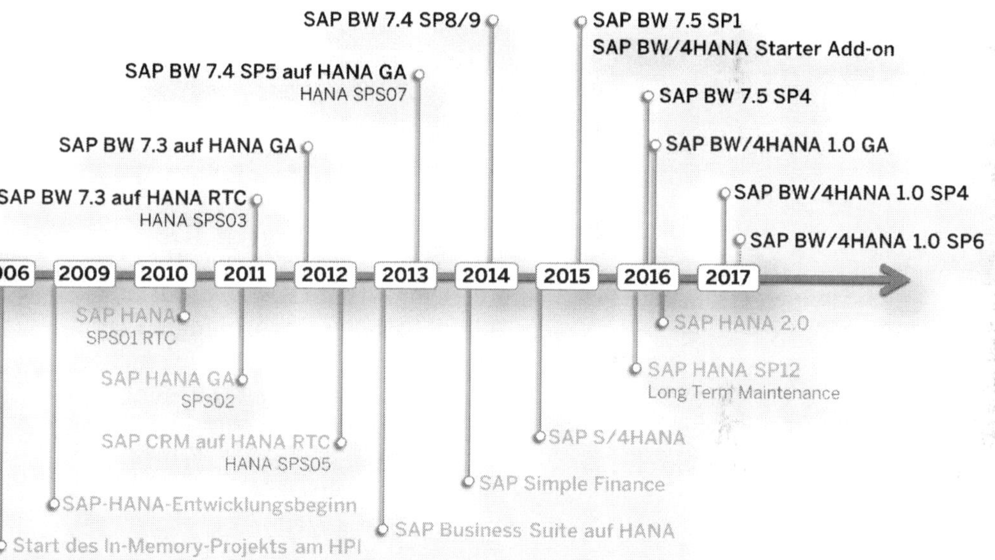

Abbildung 1.2: Evolution von HANA

Die Weiterentwicklung von TREX in den Bereich der strukturierten Daten brachte 2005 den *BI Accelerator* (BIA, später BWA) hervor, der bereits Multi-Core CPUs und 64-Bit-Architekturen nutzte. Noch im gleichen Jahr wurde mit *P*Time* eine In-Memory OLTP-Datenbank akquiriert.

Im Jahr 2006 kam der entscheidende Anstoß zur Entwicklung einer IMDB von SAP-Mitgründer Hasso Plattner. Nach eigener Aussage in der Einführung seines In-Memory Data Management-Kurses am *Hasso-Plattner-Institut* (HPI) in Potsdam (*https://openhpi.de/course/*

imdb2013) langweilte er seine Studenten mit einer Vorlesung über Enterprise Resource Planning (ERP)-Systeme so sehr, dass er sich im Nachgang mit seinen Assistenten zusammensetzte und über die Zukunft von Enterprise Software Gedanken machte [2]. Sie stellten sich die Frage:

Wie würde ein ERP-System aussehen, wenn wir es heute von Grund auf neu entwickeln würden?

Dabei sahen sie zwei wesentliche Fortschritte in der Hardwaretechnologie, die es zu nutzen galt:

- massive Parallelisierung mit Multi-Core CPUs,
- immer weiter steigende RAM-Größen auf Hauptplatinen.

Diese Hardwaretrends sollten es ermöglichen, das gesamte System im Hauptspeicher zu halten. Darüber hinaus sollte das System auf den Detaildaten arbeiten und dabei ohne Aggregationsebenen auskommen, um somit das Datenmodell insgesamt massiv zu vereinfachen. Mithilfe der Datenhaltung im Hauptspeicher sollten Antwortzeiten von unter einer Sekunde die Regel werden und damit das Ende der Batch Jobs einläuten. Gleichzeitig sollte die Trennung von OLTP und OLAP aufgehoben werden. Der sehr schnelle Zugriff auf die Originaldaten würde operative Analysen auch mit Echtzeittransformationen durch verschiedene View-Schichten ermöglichen.

2008 formierte die SAP selbst ein Entwicklungsteam, das gemeinsam mit dem HPI in Potsdam und der Stanford Universität weiterforschte, um dann 2009 die Produktentwicklung von HANA zu beginnen.

Mittlerweile ranken sich im Netz viele Mythen darum, welche Produkte alle zu HANA beigetragen haben. Tatsächlich bildete anfangs eine Kombination aus BWA und P*Time den Kern. Beide gingen sehr schnell im neuen HANA-System mit einem singulären Transaktionsmanagement auf.

Die Markteinführung 2010–11

Im Mai 2010 wurde HANA auf der SAPPHIRE NOW in Orlando offiziell vorgestellt und Ende des Jahres im Rahmen eines Ramp-Up-Programms (Release to Customer – RTC) den Kunden zur Verfügung gestellt. Im Juni 2011 wurde die allgemeine Verfügbarkeit (General Availability – GA) erklärt.

Die ersten Einsatzszenarien von HANA waren im Bereich des operativen Reportings von Business-Suite-Daten in Echtzeit und dem Einsatz sogenannter *Accelerators* (siehe Abbildung 1.3). Ähnlich wie beim BWA, wurde hier ein HANA-System neben das Business-Suite-System gestellt, um spezielle Prozesse zu beschleunigen. Ein prominentes Beispiel ist der CO-PA Accelerator zur Beschleunigung der Ergebnisrechnung im ERP. Technisch wird dabei das HANA-System als sekundäre Datenbank angebunden und die relevanten Daten aus der primären ERP-Datenbank repliziert. Die entsprechenden Programme führen sodann ihre langlaufenden Arbeiten auf Daten in HANA aus. Für die Nutzer ist dieser Zugriff völlig transparent, funktioniert allerdings um ein Vielfaches schneller.

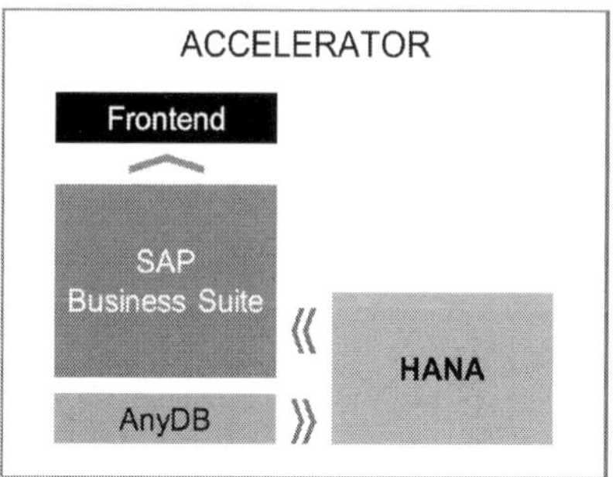

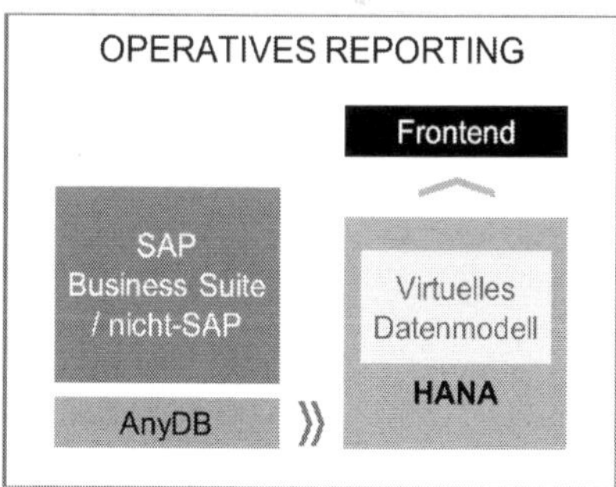

Abbildung 1.3: HANA Sidecar

Für das operative Reporting wird seit Ende 2012 ein virtuelles Datenmodell (VDM) ausgeliefert, das mittlerweile mit *HANA Live* seinen eigenen Namen bekommen hat. In Abschnitt 7.1 widmen wir uns diesem Thema genauer.

Der Durchbruch mit SAP-Applikationen auf HANA 2012–14

In den Folgejahren standen insbesondere die Applikationen im Fokus. Ende 2011 wurde auf der Konferenz *SAP TechEd* mit BW die erste SAP-Applikation vorgestellt, die vollständig auf HANA als Datenbank betrieben werden kann. Im April 2012 wurde *BW 7.3 powered by HANA* als allgemein verfügbar erklärt. Im November 2012 erfolgte in Madrid die Veröffentlichung von *CRM powered by HANA*. Nur wenige Monate später, im Mai 2013, gab SAP die komplette *Business Suite powered by HANA* zur allgemeinen Anwendung frei.

2014 beginnt die *Simplifizierung* des SAP-ERP-Systems mit der Veröffentlichung des Produkts *Simple Finance*. Die innovative HANA-Plattform ermöglicht es, Business-Applikationen radikal zu vereinfachen und unnötige Prozessschritte zu eliminieren. Das ERP-System kann auch danach noch auf traditionellen Datenbanken betrieben werden.

Die Zukunft mit S/4HANA 2015+

S/4HANA ist das neueste Produkt von SAP. Als nächste Generation der Business Suite ist es die Kurzform für »SAP Business Suite for (engl. four = 4) SAP HANA«. In Verbindung mit der HANA-Plattform wird nach und nach die gesamte Business Suite konsequent überarbeitet und mit modernen Fiori-Oberflächen versehen. Als Echtzeit-ERP-Suite stellt S/4HANA den digitalen Kern für digitale Geschäftsmodelle dar. Neben Echtzeit-Prozessen und Analysen werden Cloud- und Big-Data-Applikationen genauso integriert wie Geschäftsnetzwerke, Industrie 4.0 bzw. Szenarien des Internet of Things.

Damit folgt SAP konsequent der Devise, welche Professor Plattner im Jahre 2006 am HPI ausgegeben hatte, und schafft die nächste Generation von Enterprise Software.

SAP HANA 2.0

Auf der SAP TechEd Konferenz 2016 in Barcelona wurde HANA 2.0 vorgestellt [3]. Damit ist HANA 1.0 offiziell im Wartungsmodus bis Mai 2019 [4]. Die neue Version von HANA bringt, ähnlich wie die halbjährlichen Service Packs zuvor, einige inkrementelle Verbesserungen und neue Features in allen Bereichen der HANA-Plattform. Unter anderem ist hier die neue Funktionalität »*Active/Active Read-Enabled*« zu nennen, die es ermöglicht, dass auf das sekundäre HANA-System im dualen Rechenzentrumsbetrieb auch lesend zugegriffen werden kann.

Dann gibt es einen *SAP Enterprise Architecture Designer*. Als Web-Applikation dient dieses Werkzeug den Kunden dazu, ihre komplexe SAP-Architektur abzubilden und zu visualisieren.

Ganz neu sind auch die cloudbasierten *SAP HANA Microservices*. Diese umfassen zur Drucklegung des Buches: Text Analysis Entity Extraction, Text Analysis Fact Extraction, Text Analysis Linguistic Analysis und Earth Observation Analysis Service.

Aus Kundensicht ist sicherlich die geänderte Release- und Wartungsstrategie der wichtigste Punkt im Rahmen von HANA 2.0. Wir beschreiben das ausführlicher in Abschnitt 2.4.1.

Weitere Informationen zu HANA 2.0

»SAP-HANA-Plattform 2.0: zentraler Hinweis«
https://launchpad.support.sap.com/#/notes/2380229

»SAP HANA 2.0 SPS 00: Release-Informationen«
https://launchpad.support.sap.com/#/notes/2380257

»YaaS Market: Marktplatz für Microservice APIs und Pakete«
https://market.yaas.io/de

Generelle Änderung bei SAP-Online-Unterstützung

Anfang 2017 hat SAP die Struktur ihrer Online-Hilfen für den Anwender umgestellt. Für das neue Support-Portal (*ONE Support Launchpad* inklusive der SAP-Hinweise) und den Service-Marktplatz ist weiterhin ein Benutzer mit Passwort erforderlich.

1.2 Evolution von BW

Bevor wir auf die Kombination von BW und HANA schauen, möchten wir einen kurzen Rückblick auf die Geschichte von BW werfen. Tabelle 1.1 zeigt in chronologischer Reihenfolge die unterschiedlichen Versionen von BW.

Version	Release-Datum	Name
1.2A	Oktober 1998	BIW
1.2B	September 1999	BIW
2.0A	Februar 2000	BIW
2.0B	Juni 2000	BIW
2.1C	November 2000	BIW
3.0A	Oktober 2001	BW
3.0B	Mai 2002	BW
3.1	November 2002	BW
3.1C	Mai 2003	BW
3.3C	Oktober 2003	BW
3.5	April 2004	NetWeaver 2004 BI
7.0	Juli 2005	NetWeaver 2004s BI
7.3 RTC	November 2011	NetWeaver BW
7.3 GA	Mai 2012	NetWeaver BW
7.4 SP5	November 2013	BW
7.5 SP1	November 2015	BW
7.5 SP4	Juli 2016	BW
BW/4HANA 1.0 GA	September 2016	BW/4HANA
BW/4HANA 1.0 SP4	Mai 2017	BW/4HANA
BW/4HANA 1.0 SP6	Oktober 2017	BW/4HANA

Tabelle 1.1: Erscheinungsdaten der BW-Versionen

Die Anfangsjahre 1996–2000

Mitte der 1990er-Jahre stießen die Informationssysteme des R/3-Systems (z. B. LIS oder HRIS) an ihre Grenzen. Die analytischen Anforderungen wurden immer ausgefeilter und machten eine Trennung von OLTP und OLAP auch für SAP unumgänglich [5]. Selbst auf der leistungsfähigsten Hardware damaliger Zeit wurde es schwierig, mit den großen Datenmengen auf ein und demselben System analytische Auswertungen parallel zur transaktionalen Abwicklung zu verarbeiten. Es fehlten letztlich bezahlbare Rechner mit entsprechender Leistung.

Im bis dahin größten Entwicklungsprojekt seit R/3 wurde das *Business Information Warehouse* (BIW) erschaffen und im Jahr 1997 vorgestellt. 1998 war die Software in der Version 1.2A allgemein verfügbar und damit das SAP-eigene Enterprise Data Warehouse (EDW) geboren. Bei den Grundkonzepten stützte man sich auf das *Corporate Information Factory* (CIF)-Konzept von Bill Inmon, der weithin anerkannt als einer der Väter des Data Warehousing gilt [6].

Diese Version enthielt alle wesentlichen Grundkonzepte, die wir im System auch heute noch kennen. Dabei bilden die *InfoObjecte* mit ihren *Merkmalen* (*Attribute*, *Text* & *Hierarchien*) und *Kennzahlen* die Grundpfeiler des Systems. Der *Operational Data Store* (ODS) übernahm anfangs die Aufgabe der *Persistant Staging Area* (PSA), und *InfoCubes* dienten der Datenhaltung der Transaktionsdaten, wobei hier schon das *extended Star-Schema* zum Einsatz kam. Für den Multi-BW-Betrieb gab es zu Beginn bereits die Data-Mart-Schnittstelle.

Daten können aus Dateien und direkt aus SAP-Systemen geladen werden. Auch Aggregate zur Beschleunigung der Berichte sowie der *OLAP-Prozessor* mit der Möglichkeit zur Integration in Microsoft Excel über den *Business Explorer* (BEx) existierten.

Einen wesentlichen Grund für den großen Erfolg stellte der *Business Content* dar, der später in *BI Content* umbenannt wurde. Der BI Content umfasst vordefinierte Extraktoren, Modelle und Berichte, mit denen sehr schnell Datenmodelle angelegt und Analysen zur Verfügung gestellt werden können. Darüber hinaus wurde das bewährte Metadaten-getriebene Konzept mit Objektversionierung inklusive Nutzung des aus dem R/3 bekannten Transportkonzepts im BW übernommen.

In den Versionen 2.0 und 2.1 wurde das System konsequent zu einer vollständigen Data-Warehouse-Applikation weiterentwickelt.

Die wesentlichen Features und Verbesserungen waren:

- InfoCubes: Split in E- und F-Faktentabelle, neue *Line Item Dimensionen* und Partitionierung,
- neue Objekte: *MultiCubes*, *RemoteCubes*, *InfoSet Query*, *DataSource*-Konzept mit PSA, *Standard ODS,*
- Fortschreibungsregeln mit Startroutine und Error Handling,
- rollenbasiertes Benutzerkonzept,
- Neuerungen im Reporting: PreQuery, Bedingungen und Exceptions, Bericht-Bericht-Schnittstelle (RRI), Darstellung von Geo-Koordinaten, Report Agent, Web und Mobile Reporting.

Die Produktreife 2001–2004

Mit Version 3.0 wurde das Produkt erwachsen, und SAP spendierte gleich einen verkürzten Namen: *Business Warehouse* (BW). Nachdem man in den vorherigen Versionen die Grundlagen gelegt hatte, ermöglichten die beiden folgenden Releases ein breiteres Einsatzgebiet. BW 3.0 verbreiterte die Basis der anschließbaren Quellsysteme immens und sorgte mit dem neuen Service-API für eine deutlich bessere Anbindung der SAP-Systeme selbst.

Highlights von BW 3.0:

- Quellsysteme: Database Connect (*DB Connect*), XML, *SAP Service API*, *Generische Extraktoren* auch mit Delta Logik,
- Transformationsbibliothek (*Formel Editor*), paralleler ODS Upload, *Prozessketten anstelle InfoPackage-Gruppen,*

- neue Objekte: *transaktionaler InfoCube* für Planung (SEM BPS) und transaktionales ODS (hauptsächlich für SEM Business Consolidation – BCS), *virtueller InfoCube mit Services,*
- *Data Mining Workbench*, *OpenHub*, Archive Development Kit (ADK),
- *BEx Web Application Designer* (WAD).

Die wesentliche Neuerung im Release 3.5 war die NetWeaver-Integration und die damit einhergehende erneute Namensänderung zu NetWeaver 2004 Business Intelligence (BI).

Weitere Neuerungen von BW 3.5:

- *Analyseprozessdesigner* (APD),
- InfoProvider als Überbegriff für Objekttypen,
- *Universal Data Connect* (UDC oder UD Connect) zur Anbindung von Datenquellen über den Java Web Application Server,
- Integration von BPS ins BW,
- BEx Broadcasting & Portal-Integration,
- Partner BI Content & Namensräume.

Die Revolution mit Stillstand 2005–2010

Mit der Version 7.0 bekam das System seinen kuriosesten Namen: NetWeaver 2004s Business Intelligence. Die größte Innovation mit dem Release 7.0 war der *High Performance Accelerator* (HPA). Er löste größtenteils das Problem von langen Berichtslaufzeiten, indem die Daten innerhalb von In-Memory-Strukturen in eine separate Appliance geladen wurden. Die Berichte von Endanwendern konnten so sehr schnell aus den im Hauptspeicher gehaltenen Daten beantwortet werden. Nach Markteinführung wurde das Produkt in BI Accelerator (BIA) umbenannt.

Neben vielen kleineren Verbesserungen in allen Bereichen sind folgende Neuerungen hervorzuheben:

- schreiboptimiertes *DataStore-Objekt* (DSO) und *InfoSets,*
- Datentransferprozess (*Data Transfer Process – DTP*) und Real Time Data Acquisition (RDA),
- *Nearline Storage,*
- *Integrierte Planung* (BW-IP),
- neue *Analyseberechtigungen*,
- Transformationsregeln,
- Überarbeitung der BEx-Werkzeuge.

Durch die Akquisition von *Business Objects* im Jahre 2007 wurde das System erneut in NetWeaver Business Warehouse und der BIA in *Business Warehouse Accelerator* (BWA) umbenannt. Zur optimalen Integration der Business-Objects-Produkte als Reporting Front-End stellte das Enhancement Pack (EhP) 1 einen weiteren Meilenstein dar.

In den Folgejahren der Akquisition gab es keine wesentlichen Neuerungen, sodass nach außen der Eindruck entstehen konnte, das System würde nicht mehr weiterentwickelt.

Enterprise Data Warehousing und HANA 2011–2012

Tatsächlich passierte einige Jahre wenig Sichtbares. Der BWA wurde als strategisches Tool weiter ausgebaut, und mit Absage des ursprünglich für Anfang 2010 geplanten Releases BW 7.2 verschob man neue Features auf das Release 7.3. Wesentliche Neuerung ein Jahr nach Ramp-Up ist die kontrollierte Verfügbarkeit auf HANA als Datenbank im November 2011.

Weitere Features von BW 7.3:

- BWA 7.20 mit noch mehr OLAP-Funktionen In-Memory und der Möglichkeit einer Datenpersistenz nur im BWA,

- verbesserte Ladeperformance für DSOs und Stammdaten,
- neue Objekte: *semantisch partitioniertes Objekt* (SPO) *Hybrid-Provider*, *TransientProvider* und *CompositeProvider*,
- grafische Datenflussmodellierung,
- kurzzeitig Teradata und HP NeoView als weitere Datenbanken für BW (etwa bis August 2011),
- *BW Workspaces* (nur mit HANA oder BWA),
- ABAP-basierter Planning Modeller und In-Database-Planung mit dem *Planning Application Kit* (PAK),
- bessere Integration von BusinessObjects Tools (BI Tools, Data Services, Information Steward).

Besonders die Verfügbarkeit von HANA als Datenbank für BW, aber auch die vielen kleineren Neuerungen im Bereich Modellierung, Data Staging, Administration und Monitoring bereiten die Basis für ein unternehmensweites, skalierbares und deutlich flexibleres EDW.

Besonderheiten und Innovationen von BW 7.3 auf HANA

Wenn Sie BW mit traditionellen Datenbanken betreiben, dann gibt es kaum datenbankspezifische Funktionen im BW. Bis auf wenige Ausnahmen, wie etwa die Partitionierung, laufen alle Funktionen im ABAP-Applikationsserver (ABAP-AS). Durch den ständigen Datentransfer zwischen Applikation und Datenbank geht sehr viel Zeit »verloren«.

Mit HANA als leistungsfähiger IMDB werden jetzt mehr und mehr Funktionen von der Applikations- in die Datenbankschicht verlagert. Diese Verlagerung wird allgemein als *Code-Push-Down* bezeichnet. Abbildung 1.4 veranschaulicht den Vergleich zwischen BW mit und ohne HANA. Die rechte Seite zeigt, dass in den Bereichen »Planung«, »Analytic Manager« und »Data Management« Funktionalitäten ganz oder teilweise in die Datenbank verlagert werden bzw. dass BW ab Version 7.4 nun Funktionen der HANA-Plattform direkt nutzt.

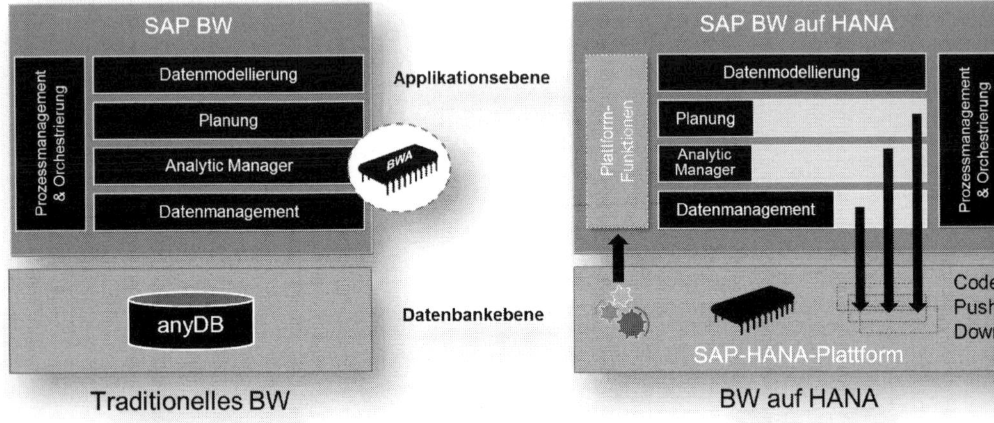

Abbildung 1.4: Vergleich BW mit und ohne HANA

Die Abarbeitung ist dadurch wesentlich effizienter, erspart dem System unnötige Datenbewegungen zwischen Applikation und Datenbank und ermöglicht über die gewonnene Performance mehr Freiheitsgrade für Entwickler und Anwender.

Die Verbesserungen des BWAs für ein schnelleres Reporting wurden in HANA übernommen und über Erweiterungen in späteren Service Packs noch ausgebaut. Damit bietet BW auf HANA mehr Performance als der BWA, und die Kunden sparen sich gleichzeitig den Betrieb eines weiteren Systems.

Zusätzlich zur Reportingperformance bietet BW 7.3 auch ein beschleunigtes Datenladen speziell für DSOs. Wesentliche Prozessschritte beim Beladen von DSOs sind die Aktivierung der neuen Datentabelle sowie die Delta-Berechnung (Change-Log-Tabelle). Diese Schritte können bei großen Datenmengen bis zu 80 % der gesamten Ladezeit ausmachen, da die Datenpakete ständig zwischen Applikation und Datenbank hin und her transferiert werden müssen. Indem der gesamte Aktivierungsprozess in die Datenbank verlagert wurde, ist er massiv beschleunigt. Mehr dazu in Abschnitt 5.1.3.

Gleiches gilt für den Bereich der *Integrierten Planung* (IP). Hier werden ganze Planungsfunktionen direkt in der Datenbank ausgeführt und ermöglichen damit auch Echtzeitsimulationen bei großen Datenmengen.

Weitere wesentliche Neuerungen sind die HANA-optimierten InfoCubes, die durch ihr massiv vereinfachtes, physisches Datenmodell nicht nur für mehr Ladeperformance sorgen, sondern auch zu mehr Flexibilität in der Modellierung beitragen (mehr in Abschnitt 5.1.4).

Mit den *BW Workspaces* gibt es für Endanwender in den Fachbereichen nun die Möglichkeit, selbst Daten hochzuladen und diese mit den im BW vorhandenen Daten für neue Analysen abzumischen (mehr in Abschnitt 6.3.5). Diese Option setzt entweder HANA oder den BWA als In-Memory-Lösung voraus. Hinzu kommt noch eine völlig neue Möglichkeit, BW-Daten mit Daten aus anderen Datenbankschemata zu kombinieren, die sogenannten *gemischten Szenarien* oder Architekturen mit hybrider Modellierung (mehr in Abschnitt 5.5).

BW 7.4 powered by HANA

Mit der allgemeinen Verfügbarkeit von BW 7.4 änderte sich – fast schon traditionell – der Name des Produkts zu *Business Warehouse*. Gestrichen wurde der Begriff »NetWeaver«, wie auch in vielen anderen SAP-Produktnamen. Der Name ist wieder wie zu Zeiten von BW 3.0 und 3.5. Konsequenterweise wäre der nächste dann wieder BIW, aber das bleibt Spekulation.

Das Leitmotiv von BW 7.4 auf HANA ist: *simpler* und *flexibler*. Endlich ermöglicht die Applikation, die Modellierung nach den tatsächlichen Geschäftsanforderungen und nicht mehr primär nach Performancegesichtspunkten durchzuführen. Das ist aus unserer Sicht ein Meilenstein in der Geschichte des BWs, denn bisher bestimmte der kleinste gemeinsame Nenner der relationalen, diskbasierten Datenbanken oft die Grenze des Machbaren.

Neuerungen mit BW 7.4:

- neue Objekte: *feldbasiertes DSO* bis SP8, ab SP8 *DataStore-Objekt (advanced)* (ADSO), *Open ODS View,*
- neue Version des CompositeProviders,
- InfoObjecte mit extra langen Texten (> 60 Zeichen), hoher Kardinalität (mehr als 2 Milliarden Einträge) und mit XXL-Attributen zum Laden und Speichern von unterschiedlichen Dateitypen (z. B. Bilder, PDF, Office-Dateien, Video, Audio etc.),
- BEx-Query-Erweiterung: CURRENT-MEMBER-Variable für Vorjahresvergleiche und erweiterte Optionen für Ausnahmeaggregationen,
- wiederverwendbare Query-Bestandteile: eingeschränkte Kennzahl, berechnete Kennzahl, Struktur, Filter, Variable,
- Integration von *Smart Data Access* in BW inkl. Anbindung von *Hadoop*,
- weitere automatische Push-down-Funktionalität:
  - JOIN- und UNION-Operationen,
  - Standardtransformationen,
  - ABAP Managed Database Procedures (AMDP) für die Expertenroutine in Transformationen,
  - weitere Planungsfunktionen und User Exits,
  - Bestandskennzahlen,
- *HANA Analyseprozess* (HAP),
- *Operational Data Provisioning* (ODP),
- Datenladen in Echtzeit in InfoProvider per SLT,
- HANA-optimierter BI Content,
- HANA Dynamic Tiering,
- App zur Prozesskettenüberwachung auf UI5-Basis,

- automatische Erzeugung von HANA Views für folgende BW-Objekte: InfoCube, DSO, ADSO, InfoObject, Query und CompositeProvider,
- BW-Modellierungstools in Eclipse im HANA Studio für CompositeProvider, ADSO, Open ODS View, Query Designer (einfache Queries).

BEx-3.x-Werkzeuge mit BW 7.4

An der Stelle sei noch erwähnt, dass mit BW 7.4 die BEx-Werkzeuge für BW 3.x nicht mehr zur Verfügung stehen. Queries, die mit dem BEx Query Designer 3.x definiert wurden, können weiterhin mit BW 7.4 ausgeführt werden. BEx-Analyzer-Arbeitsmappen und Web Templates hingegen benötigen eine Migration. Sollten Sie diese Objekte in der 3.x-Version nutzen, so empfehlen wir die Überführung in BW-7.x-Objekte vor der Systemmigration.

Informationen zum Wegfall von BEx-3.x-Werkzeugen

»SAP BW 7.4 Einstiegsseite«
https://blogs.sap.com/2013/01/15/sap-business-warehouse-74/

»BEx-Laufzeit und BEx-Werkzeuge aus SAP BW 3.5 (gelöscht)«
http://help.sap.com/saphelp_nw74/helpdata/de/05/f324517b92fa50e10000000a441470/content.htm

»Migration von BEx-3.5-Objekten nach BEx 7.0«
https://launchpad.support.sap.com/#/notes/1807522

BW 7.5 powered by HANA

BW 7.5 wurde im November 2015 allgemein freigegeben, stellt aber aus reiner BW-Sicht im SP1 und 2 keinen großen Schritt dar. Es vervollständigte die in BW 7.4 gestarteten Entwicklungen neuer Objekte und BW-Modellierungstools in Eclipse.

Einzig die Nutzung der Komponente *Smart Data Integration* (SDI) als Teil des HANA Enterprise Information Managements (EIM) stellt eine große Neuerung dar. Damit können über nur eine Quellsystemverbindung *SAP-HANA-Quellsystem* sehr leicht verschiedene externe Datenquellen im BW angebunden werden (weitere Details in Kapitel 3). Im Zuge der Integration von SDI wurden konsequent weitere sinnvolle Bestandteile der HANA-Plattform dem BW zur Verfügung gestellt.

Ab Mitte 2016 kamen mit SP4 weitere Neuerungen hinzu, die dann gemeinsam mit SP1 und 2 durchaus ein neues Release rechtfertigen.

Neuerungen mit BW 7.5 im Überblick:

- SDI als HANA-Quellsystem,
- ADSO-Erweiterungen: semantische Gruppen, Bestandskennzahlen, Planung, Snapshots, selektive Löschung mit umgekehrten Vorzeichen zur Weitergabe an angeschlossene InfoProvider, Unterstützung für Dynamic Tiering,
- InfoCube: Partitionierung nach dem Zeitmerkmal 0CALWEEK,
- CompositeProvider-Erweiterungen: Unterstützung temporaler JOINs, neuer Assistent,
- neuer Assistent für den OpenODS View,
- InfoObject-Erweiterungen: Datenvorschau, transitive Attribute, Zeithierarchie an Zeitmerkmalen, separate Auswahl von Anzeigemerkmalen bei referenzierten InfoObjecten,
- Datenvorschau im neuen Query Designer und Registerkarte »Dependency Structure« zur grafischen Visualisierung von Abhängigkeiten der verwendeten Query-Komponenten,

- Analytic-Manager-Erweiterungen: die neuen Ausnahmeaggregationen Median, einfache lineare Regression und IF-Operator,
- Prozessketten für Streamingdaten mit ADSO,
- AMDP für Start-, Feld- und End-Routinen in Transformationen inkl. Simulationsmodus,
- BW-Modellierungstools in Eclipse im HANA Studio für Query Designer (nun vollständig), InfoObject, DataSource, InfoSource, Aggregationsebenen, InfoArea, OpenHub, semantische Gruppen,
- Konvertierungswerkzeuge für InfoCube & DSO zu ADSO und für MultiProvider zu Composite Provider inklusive Queries (aktuell nur Metadaten, Transfer von Daten ist geplant) nur mit BW/4HANA Starter Add-on,
- automatische Erzeugung von HANA Views: BW-Hierarchie-Unterstützung, Query-Pruning,
- BW-Workspace-Erweiterungen: lokale Hierarchien, einfacher Query Designer,
- NLS-Optimierungen und Unterstützung für Hadoop,
- neuer technischer Content auf Basis von ABAP-CDS-Views (Core Data Services),
- alternatives Konzept der Extension Nodes für »warme« Daten.

Mit dem Erscheinen von BW/4HANA stellt sich die Frage nach der Wartung und Weiterentwicklung von BW 7.5. Zur Drucklegung des Buches ist die Standard-Wartung bis 31.12.2022 garantiert. Aktuell können Sie diese Daten in der »Product Availability Matrix« (PAM) für die einzelnen Software-Versionen nachlesen. Die meisten Produktinnovationen werden künftig nur noch in die BW/4HANA-Code-Linie fließen. Das klassische BW und damit auch BW 7.5 sind somit im Wartungsmodus.

Weitere Informationen zu BW 7.5

»Product Availability Matrix (PAM) für NetWeaver 7.5«
https://apps.support.sap.com/sap/support/pam?hash=pvnr%3D73554900100900000414%26pt%3Dg%257Cd

»SAP BW 7.5 Einstiegsseite«
https://blogs.sap.com/2015/09/18/sap-business-warehouse-75/

BW/4HANA Starter Add-on

Das *BW/4HANA Starter Add-on*, früher auch als »BW 7.5, Edition für HANA« bekannt, ist der notwendige Zwischenschritt, um von BW auf HANA zu BW/4HANA zu kommen. Sie installieren es als Add-on auf BW 7.5 und erhalten zusätzliche Möglichkeiten, die Umstellung auf BW/4HANA vorzubereiten. Das Add-on kann aktuell in drei Modi (siehe Abbildung 1.5) betrieben werden:

- Kompatibilitätsmodus (Compatibility Mode),
- B4H-Mode,
- Ready for Conversion Mode.

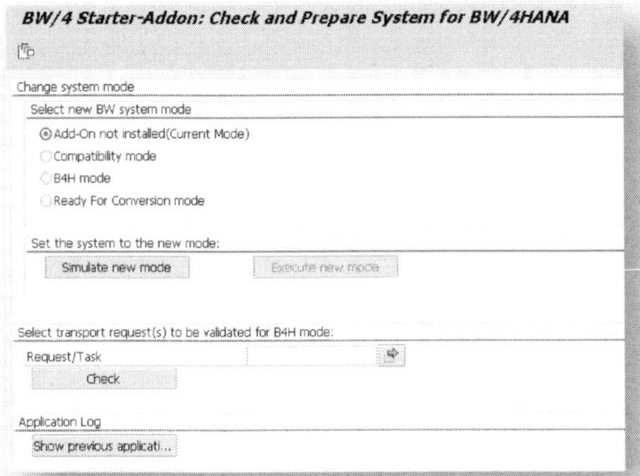

Abbildung 1.5: BW/4HANA Starter-Add-on – Einstellungen

Über einen vierten »Standard-BW-Modus« wird diskutiert. Dabei würden die Werkzeuge des Add-ons zur Verfügung stehen, und das System soll ohne die Besonderheit des Kompatibilitätsmodus als »normales« BW 7.5 betreibbar sein. Dieser zusätzliche Modus wird vermutlich Mitte 2017 erscheinen.

Kompatibilitätsmodus

Nach der Installation ist das System im sogenannten *Kompatibilitätsmodus*, d. h. bestehende »alte« BW-Objekte, -Prozesse und -Schnittstellen werden weiterhin toleriert (siehe Tabelle 2.2). Neue Implementierungen müssen allerdings die HANA-optimierten Objekte, Prozesse und Schnittstellen verwenden. Weitere Details, wie die Migration durchgeführt wird und was dabei zu beachten ist, beschreiben wir genauer im Abschnitt 2.2.7.

Was Sie über das Starter Add-on wissen sollten

Das BW/4HANA Starter Add-on sollte tatsächlich nur von Kunden verwendet werden, die ernsthaft planen, als nächsten Schritt auf BW/4HANA zu wechseln.

Sollten Sie der Reife des neuen BW/4HANA-Produkts noch nicht vertrauen, dann können Sie auch für einige Zeit mit BW 7.5 überbrücken. In diesem Fall könnten Sie das Add-on allerdings alternativ zur Durchsetzung von Entwicklungsrichtlinien im Sinne einer einheitlichen Governance einsetzen – gesteuert über die »Whitelist«.

Über den Report RS_B4HANA_CONVERSION_CONTROL kann jeder Kunde steuern, ob das BW-System im strikten B4H-Mode oder im Compatibility Mode betrieben wird. Dieser Report steht Ihnen übrigens auch ohne installiertes Add-on in BW 7.5 zur Verfügung (siehe Abbildung 1.5) und bietet darüber hinaus auch die Möglichkeit, Transportaufträge für den B4H-Mode zu testen. Der alte ABAP-Report RS_B4HANA_CHECK_ENABLE kann nicht mehr verwendet werden.

Besonderheiten des **Kompatibilitätsmodus** sind:

- »alte« BW-Objekte können nicht mehr angelegt werden,
- existierende Szenarien mit »alten« BW-Objekten funktionieren wie zuvor,
- Änderungen an »alten« Objekttypen können nur vorgenommen werden, wenn sie in der »Whitelist« hinterlegt sind.

Im Report RS_B4HANA_WHITELIST_MAINTAIN (Abbildung 1.6) können Sie hinterlegen, welche TLOGO-Objekttypen Sie weiterhin ändern möchten. Die hier gemachten Einträge werden als *Whitelist* bezeichnet.

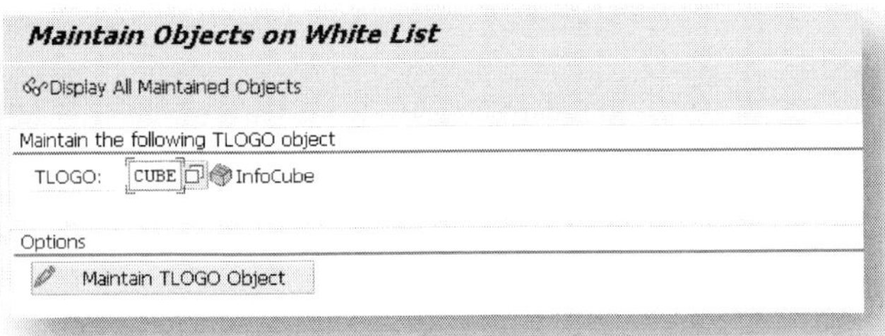

Abbildung 1.6: Objekte in der Whitelist pflegen

B4H-Modus

Der strikte *B4H-Modus* unterstützt nur die Verwendung HANA-spezifischer BW-Objekte. Um ihn nutzen zu können, müssen alle »alten« BW-Objekte auf »neue« umgestellt sein. Das kann im zuvor beschriebenen Kompatibilitätsmodus erfolgen. Dort können die klassischen Objekte noch genutzt werden, und im Add-on sind Konvertierungswerkzeuge vorhanden, welche die Voraussetzung zur Umstellung in den strikten Modus überprüfen und die Umstellung halbautomatisiert unterstützen. Darüber hinaus sind im B4H-Modus keine BEx-Werkzeuge verwendbar, und er ist gegen Importe geschützt, die noch »alte« BW-Objekte enthalten. Damit wird die Whitelist für diesen Modus irrelevant.

Ready for Conversion

Sie können erst in den Modus *Ready for Conversion* wechseln, wenn alle systemweiten Arbeiten in der Vorbereitung zur Systemkonvertierung nach BW/4HANA abgeschlossen sind. Er ist als unmittelbarer Schritt vor der Umstellung nach BW/4HANA gedacht.

Für diesen Modus gilt die generelle Empfehlung, ihn nur wenige Stunden vor der Systemkonvertierung bzw. Migration einzusetzen. Die beiden anderen Modi können Sie durchaus länger nutzen, wobei von der SAP empfohlen wird, auch den B4H-Modus maximal einige Wochen vor der Migration zu nutzen.

BW/4HANA

Am 31. August 2016 wurde in einer Pressemitteilung [7] SAP BW/4HANA als neues Produkt angekündigt und auf einem Live Event [8] in San Francisco am 7. September 2016 der Öffentlichkeit vorgestellt. Das Produkt ist allgemein verfügbar (GA), wurde allerdings in den ersten Monaten durch ein sog. Customer-Care-Programm für »Early Adopter« begleitet [9], was quasi einem Ramp-up-Programm gleichkommt. BW/4HANA ist die nächste Generation des erfolgreichen Business-Warehouse (Abbildung 1.7). Es ist als neues, eigenständiges Produkt mit eigener Codelinie definiert und hat nun eine eigene Materialnummer auf der SAP-Preisliste.

Seit Entwicklungsstart 1996 basierte die genutzte Datenbankfunktionalität auf dem kleinsten gemeinsamen Nenner aller von SAP-Applikationen unterstützten Datenbanken: *Open SQL*. BW hat schon früh mit dieser Regel gebrochen, um spezifisches SQL bzw. die Fähigkeiten der Optimizer von Datenbanken zu nutzen und dadurch eine schnellere Verarbeitung der Daten zu ermöglichen. Eine tiefe Integration bei gleichzeitiger Unterstützung unterschiedlichster Datenbanken war trotzdem nur begrenzt möglich. Eine Konvergenz von Applikation und Datenbank kann nur bei der Fokussierung auf **eine** Datenbanktechnologie gelingen. Das Ergebnis ist BW/4HANA.

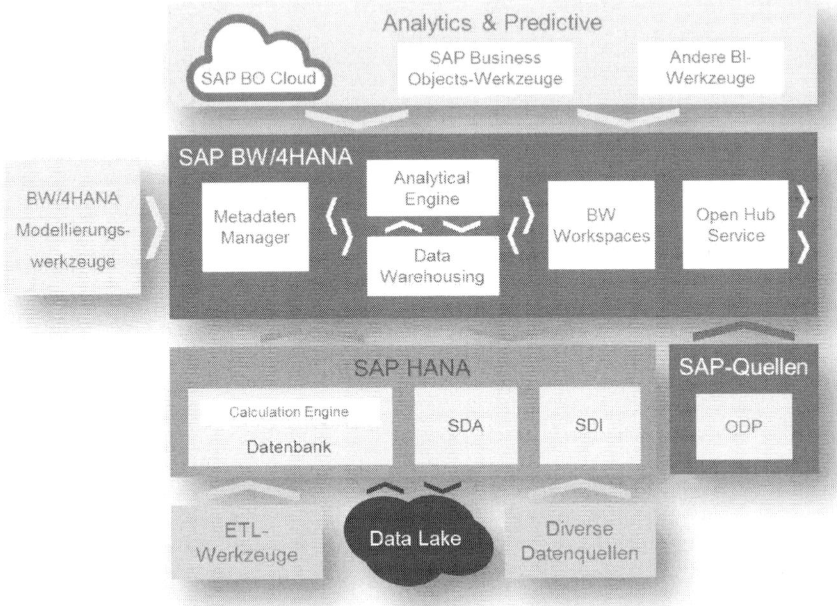

Abbildung 1.7: SAP BW/4HANA im Überblick

Damit wurden viele Tabellen und einige Millionen Codezeilen zurückgelassen, um die Software radikal zu verschlanken, darunter datenbankspezifischer Code, Code der alten BW-Objekte und der Business-Explorer(BEx)-Werkzeuge sowie unterschiedliche Quellsystemanbindungen. BW/4HANA bricht damit mit der Tradition der Rückwärtskompatibilität, die BW-Versionen bislang geprägt hat.

BW ist zudem aus dem klassischen NetWeaver Stack herausgelöst und basiert nun auf einem schlanken ABAP-Applikationsserver. Dadurch emanzipiert sich auch die Auslieferung neuer Versionen vom Release-Zyklus des NetWeaver Stacks. Als Datenbank ist nur noch HANA (Minimum 1.0 SPS12) einsetzbar.

Technisch ist BW/4HANA in der ersten Version zunächst noch sehr nah an BW auf HANA 7.5 SP4, unterstützt allerdings nur noch HANA-spezifische BW-Objekte (Abbildung 1.8). Die Unterschiede werden sich schnell vergrößern, denn das Auftragsbuch der Entwicklungsabteilung ist prall gefüllt, und bereits Ende 2016 wurde weitere Funktionalität ausgeliefert. Im ersten Halbjahr 2017 folgen drei weitere Service Packs, wovon vor allem das SP4 im Mai viel neue Funktionalität beinhaltet. Für Juli, September und Dezember 2017 sind dann SP5, 6 und 7 bereits angekündigt, sodass sich der Funktionsumfang schon sehr bald deutlich von BW 7.5 unterscheiden wird.

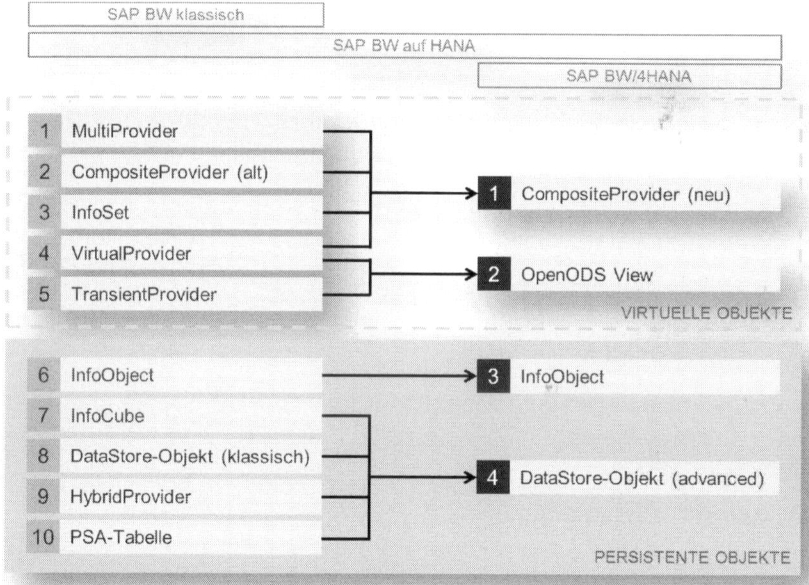

Abbildung 1.8: BW/4HANA-Objekte

Als Besonderheit des initialen Releases ist das Werkzeug zur Datenflussmodellierung in Eclipse zu nennen, welches nur in BW/4HANA ausgeliefert wird (vgl. Abschnitt 5.3.2). Des Weiteren ist die Einführung des vereinheitlichten Managements der Ladeprozesse hervorzuheben. Mit dem ADSO wurde auch das Request-Management neu gestaltet und für hochfrequente Ladeprozesse bzw. Daten-Streaming ertüchtigt. Basis ist die *Transaction Sequence Number* (TSN), welche immer die korrekte Reihenfolge der Datenladung garantiert und bereits erfolgreich bei der *Operational Delta Queue* (ODQ, siehe Abschnitt 3.1) eingesetzt wird. Dieses Verfahren wird in BW/4HANA für alle Datenbeladungen verwendet, also auch für Stammdaten und im Open-Hub-Service.

Neuerungen mit BW/4HANA im Überblick:

- nur noch HANA-optimierte Objekte: ADSO, CompositeProvider, OpenODS View, InfoObject und den neuen BAdI Provider – ein InfoProvider, den Sie per ABAP-Implementierung erweitern können,
- BW-Modellierungstools vollständig im HANA Studio in Eclipse, d. h., in der Data Warehousing Workbench im SAP GUI (RSA1) ist keine Modellierung mehr möglich,
- Multi-Temperature-Datenverwaltung nicht nur auf Objekt-, sondern auf Partitionsebene im Rahmen der Extension Nodes,
- vereinheitlichtes Lademanagement: alle Datenladungen nutzen jetzt die mit den ADSO eingeführte TSN-Logik für hochfrequente Ladeprozesse,
- Administration und Monitoring über SAPUI5 (geplant, derzeit nicht komplett),
- Cloud Deployment in der HANA Enterprise Cloud (HEC) bei SAP, Amazon Web Services (AWS) oder Microsoft Azure,
- neuer BI Content für FI, CO, MM, SD und Utilities wurde im Dezember 2016 bereitgestellt (vgl. Abschnitt 5.6),
- neues Big-Data-Quellsystem für Hadoop über den SPARK-SQL- und VORA-ODBC-Adapter mit SDA,
- unterstützte Add-ons (SAP-Hinweis 2189708),
- keine BEx-Werkzeuge inkl. Broadcaster mehr,
- unterstützte Front-End-Werkzeuge:
  - SAP BusinessObjects Cloud inkl. Digital Boardroom,
  - SAP BusinessObjects Enterprise (Lumira, Design Studio, Analysis for Office, Web Intelligence und Crystal Reports),
  - BI-Werkzeuge von Drittanbietern, die SQL, MDX oder OData unterstützen.

Videos für BW/4HANA, Data Warehousing und BW

»Searching for SAP Videos for SAP BW/4 HANA, Data Warehousing, and SAP BW?«
https://blogs.sap.com/2017/03/29/searching-for-sap-videos-for-sap-bw4-hana-data-warehousing-and-sap-bw/

»SAP HANA Academy Playlist BW/4HANA«
https://www.youtube.com/playlist?list=PLkzo92owKnVytV_Pk6aTMh71p4wlB9EVG

Alle diese Neuerungen von BW 7.5 und BW/4HANA, insbesondere die HANA-spezifischen, werden wir im Rahmen dieses Buches detaillierter erklären. Worauf wir nicht eingehen, sind Themen rund um das Front-End und – um den Rahmen nicht zu sprengen – die Planung.

Für das Thema »Berechtigungen« verweisen wir auf das parallel erschienene Buch »Berechtigungen in SAP® BW, HANA und BW/4HANA« von C. Kretner und J. Kanngießer (Espresso Tutorials).

Informationen zur Migration von BW auf HANA zu BW/4HANA finden Sie im Abschnitt 2.2.7.

Weitere BW/4HANA-Informationen

»SAP BW/4HANA Einstiegsseite auf sap.com«
http://www.sap.com/bw4hana

»SAP Online-Hilfe BW/4HANA 1.0«
http://help.sap.com/bw4hana10

»SAP BW/4HANA FAQ«
http://go.sap.com/documents/2016/08/c4458a08-877c-0010-82c7-eda71af511fa.html

»SAP BW/4HANA Community«
https://www.sap.com/community/topic/bw4hana.html

»Why #BW4HANA?« Blog vom BW-Entwicklungsleiter Thomas Zurek auf SCN
https://blogs.sap.com/2016/09/05/why-bw4hana/

»SAP BW/4HANA 1.00 – Wichtige Hinweise«
https://launchpad.support.sap.com/#/notes/2347384

2 Vorbereitung der Umstellung auf HANA

Spätestens mit der Entscheidung, HANA als Datenbank für Ihr Business Warehouse einzusetzen, sollten Sie Themen wie Sizing, Migration, Housekeeping und Rechenzentrumsbetrieb von HANA als Datenbank für Ihr BW-System in Angriff nehmen.

Idealerweise haben Sie im Vorfeld der Entscheidung für HANA schon über diese Themen gesprochen. So ist etwa das *Sizing* nicht nur für die Größe und Anzahl der benötigten Server maßgebend. Je nach Lizenzierungsmodell hat die Datenbankgröße auch Einfluss auf die Lizenzkosten. Unabhängig vom Lizenzmodell sollten Sie *Housekeeping* (siehe Abschnitt 2.3) als permanenten Prozess im Unternehmen etablieren. Dadurch können Systemtabellen schlank gehalten werden.

2.1 Sizing

In den letzten Jahren waren wir beim Sizing vieler BW-auf-HANA-Systeme beteiligt. Der mit Abstand häufigste Fall ist, ein bestehendes BW-System auf HANA zu migrieren, der sogenannte *Brownfield*-Ansatz. Weniger häufig kommt der *Greenfield*-Ansatz vor, bei dem ein neues BW nur auf einem HANA-System betrachtet wird. Selten ist tatsächlich die Überführung eines Non-SAP-Data-Warehouse (DWH) in ein BW-System, weshalb wir diesen Fall nur kurz ansprechen werden.

Das richtige Sizing des Datenbankservers für HANA ist sehr wichtig, denn bereits hier können viele Fehler gemacht werden. Um das zu vermeiden, hat Marc Bernard einen sehr guten Blog mit den häufigsten Fehlern beim Sizing eines BWs auf HANA geschrieben.

Blog: Wie man ein BW-System nicht sized

https://blogs.sap.com/2013/08/28/how-not-to-size-a-sap-netweaver-bw-system-for-sap-hana/

2.1.1 Sizing bei der Migration eines bestehenden BW-Systems

Bei der Migration bestehender BW-Systeme auf HANA wird dringend empfohlen, für das Datenbank-Sizing den *ABAP Sizing Report* zu nutzen. Er garantiert eine höhere Genauigkeit der Ergebnisse und ist unabhängig von der Datenbankkomprimierung. Außerdem kann er das nicht aktive Datenkonzept, Extended Tables (Details zu beiden Themen in Abschnitt 4.1) sowie künftiges Wachstum miteinbeziehen. Der SAP-Hinweis 2296290 und seine Anhänge beschreiben sehr detailliert, wie Sie diesen Report ausführen und welche Funktion die einzelnen Parameter haben.

Der Sizing-Report heißt `/SDF/HANA_BW_SIZING` und wird ab dem Service-Plug-in ST-PI 2008_1_7xx SP8 oder ST-PI 740 SP01 ausgeliefert. Die Mindestvoraussetzung für den Report ist NetWeaver BW 7.0 SP1. Für BW-3.5-Systeme gibt es einen eigenen Report (SAP-Hinweis 2021372).

Der Report kann unterschiedlich parametrisiert werden, sodass Sie benötigte Ressourcen und damit die Belastung des Systems sehr gut kontrollieren können. Darüber hinaus nimmt Ihnen der Report viel Arbeit ab, indem er beispielsweise Einflüsse wie die Umstellung auf Unicode und eine eventuelle Komprimierung der Quelldatenbank automatisch berücksichtigt. Sie können den Report auch nur für bestimmte Teilbereiche des Systems ausführen, falls Sie planen, Ihr Systems nur teilweise zu migrieren.

Wir empfehlen, den Report unter Angabe von Wachstumswerten auf Basis Ihrer Erfahrung aus den vergangenen Jahren auszuführen. Damit erhalten Sie einen besseren Überblick über den Hardwarebedarf in den kommenden Jahren. Übliche Werte des organischen Wachstums bewegen sich erfahrungsgemäß zwischen 10 und 30 % jährlich. Ebenfalls empfehlen wir, die Berücksichtigung der nicht aktiven Daten einzuschalten.

Beim Präzisionslevel genügt die Einstellung »Low« für aussagekräftige Ergebnisse. Nur bei kleinen Systemen mit weniger als 500 GB Datenbankgröße empfehlen wir, diese Einstellung auf »High« zu setzen.

Wie schon erwähnt, liegt dem SAP-Hinweis 2296290 eine sehr gute Dokumentation mit Beispiel bei. Darin sind sämtliche Eingabeparameter, die Arbeitsweise des Tools und die Ergebnisse detailliert beschrieben. Deshalb verzichten wir an dieser Stelle auf weitere Ausführungen und ein Beispiel. Wir beschränken uns auf typische Fragen oder wichtige Hinweise, die wir trotz des ausführlichen Sizing-Reports häufig erhalten.

Aktuelle Datenbankstatistiken

Wir empfehlen dringend, den Sizing-Report nur mit aktuellen Datenbankstatistiken auszuführen, da ansonsten fehlerhafte Ergebnisse zu erwarten sind.

Beim Sizing wird oft vergessen, dass jeder Server ein Betriebssystem mit einem gewissen Hauptspeicherbedarf hat. Es werden 10 % der ersten 64 GB und 3 % des restlichen Hauptspeichers für das Betriebssystem reserviert. Pro Serverknoten sind zudem 50 GB für Services und Caches zu reservieren. Damit ergeben sich die in Tabelle 2.1 dargestellten Werte für die derzeit verfügbaren unterschiedlichen Servergrößen. Der Sizing-Report berücksichtigt diese Werte bereits vollautomatisch.

Verfügbarer Hauptspeicher	Betriebs-system	Für HANA verfügbar	Verfügbar für BW Daten
256 GB	12 GB	244 GB	194 GB
512 GB	20 GB	492 GB	442 GB
1024 GB	35 GB	989 GB	939 GB
1536 GB	52 GB	1484 GB	1434 GB
2048 GB	66 GB	1982 GB	1932 GB
3072 GB	97 GB	2975 GB	2925 GB
4096 GB	127 GB	3969 GB	3919 GB

Tabelle 2.1: Verfügbarer Hauptspeicher bei unterschiedlichen Servergrößen

Scale-out-Konfigurationen für BW-Systeme haben mindestens drei Rechnerknoten. Im Minimum sind hier zwei Worker-Knoten zu einem Master dringend empfohlen. Mehr Informationen zu Scale-out finden Sie im Abschnitt 2.4.2 zur Skalierbarkeit. Zusätzliche Details zum Sizing des Master-Knotens und zur optimalen Anzahl an Scale-out-Knoten erhalten Sie auch in den SAP-Hinweisen 1855041 und 1702409.

Sizing des Applikationsservers

Am Sizing des Applikationsservers ändert sich zunächst nichts im Vergleich zu einem BW-System mit einer anderen Datenbank. Dies gilt sowohl für den ABAP- als auch einen JAVA-Applikationsserver.

Verwenden Sie hierzu den Quicksizer (siehe nachfolgender Abschnitt).

Sizing zusätzlicher Applikationen und Projekte

Sollten Sie zukünftig weitere Applikationen im BW (z.B. BPC) oder auf der gleichen HANA-Datenbank betreiben wollen (MCOD siehe Abschnitt 2.4.3), dann müssen Sie den Hauptspeicherbedarf dieser Applikationen zusätzlich zum Sizing des BW-Systems berücksichtigen.

Das gilt auch für neue Projekte: Hier kommen weitere Daten ins System, die Sie unbedingt frühzeitig in Ihre Überlegungen miteinbeziehen und hinzuaddieren sollten. Die Konsolidierung mehrerer BW-Systeme ist ebenfalls additiv zu berücksichtigen.

Ein nützlicher Nebeneffekt des Sizing-Reports ist die Ausgabe der Information, wie groß die Datenmenge in bestimmten Objekten ist. Bei sehr großen Row-Stores, Change-logs oder PSA-Tabellen erkennt man schnell, ob ein System gut gepflegt ist. Mehr zum Thema »Housekeeping« erfahren Sie in Abschnitt 2.2.7.

Sizing-Reports für BW auf HANA

Verwenden Sie immer die neueste Version des Sizing-Reports. Der Report wird ständig verbessert, und nur die aktuelle Fassung garantiert höchstmögliche Genauigkeit.

»Neues Sizing-Programm für SAP BW/4HANA«
https://launchpad.support.sap.com/#/notes/2296290

»Sizing Report für BW 3.5-Systeme«
http://service.sap.com/sap/support/notes/2021372

SAP HANA Academy: »BW auf HANA«-Sizing-Video

In diesem Video wird der Einsatz des Sizing-Reports Schritt für Schritt erklärt: *https://youtu.be/-qq6d92YJek*

2.1.2 Sizing eines neuen BWs auf HANA

Beim Sizing eines brandneuen Systems für BW auf HANA sollte der *Quicksizer* eingesetzt werden (*http://service.sap.com/quicksizer*). Es gibt eine spezielle Quicksizer-Version für HANA-basierte Systeme (*http://service.sap.com/hanaqs*). Das Tool hilft Ihnen, nicht nur die Größe des Datenbankservers zu bestimmen, sondern auch wenn es darum geht, die Applikationsserver richtig zu dimensionieren. Es sind sehr gute und detaillierte Informationen und Videos von SAP verfügbar, sodass wir hier auf weitere Erläuterungen verzichten.

Hilfreiche Informationen zum Sizing

In der Übersicht auf dem SAP-Service-Marktplatz finden Sie Informationen zur Nutzung des Quicksizer-Tools sowie weitere Leitfäden rund um das Thema »Sizing«.

http://service.sap.com/sizing

SAP Active Global Support: »Sizing Approaches for SAP HANA – Lessons Learned«

https://websmp110.sap-ag.de/~sapidb/011000358700000050632013E

SAP HANA Academy Sizing Videos

»Sizing SAP HANA – Überblick«
https://youtu.be/QrHJu8gJmZk

»Quicksizer – Überblick«
https://youtu.be/G99er1yguUc

Sizing eines nicht-BW Data Warehouse für BW auf HANA

Angenommen, Sie haben ein bestehendes Data Warehouse, das nicht auf BW-Technologie basiert. Dieses System möchten Sie in ein BW auf HANA überführen. Für das Sizing gibt es zwei Möglichkeiten:

1. Quicksizer (siehe voriger Abschnitt),
2. manuelles Sizing.

SAP-Hinweis zum BW auf HANA Sizing

Das manuelle Sizing wird im Anhang zum SAP-Hinweis 1637145 detailliert beschrieben.

https://launchpad.support.sap.com/#/notes/1637145

Was Sie wissen sollten

Eine wichtige Voraussetzung für die Verwendung der Formel im SAP Hinweis 1637145 sind vergleichbare Datenmodelle.

Wenn Sie zum Beispiel im BW planen, die Daten mehrfach persistent abzulegen, dies aber in ihrem heutigen System nicht tun, dann sollten Sie das in Ihre Überlegungen miteinbeziehen, denn sonst besteht die Gefahr, dass Sie das System zu klein dimensionieren.

Das Gleiche gilt auch im umgekehrten Fall, d. h., wenn Sie das Datenmodell und die vorhandenen Redundanzen auflösen, dann benötigen Sie weniger Platz im künftigen BW-System. Im Verlauf des Buches zeigen wir Ihnen, wie Sie Datenschichten virtualisieren können, denn hierzu gibt es speziell mit BW auf HANA neue Möglichkeiten.

2.1.3 Systemvermessung

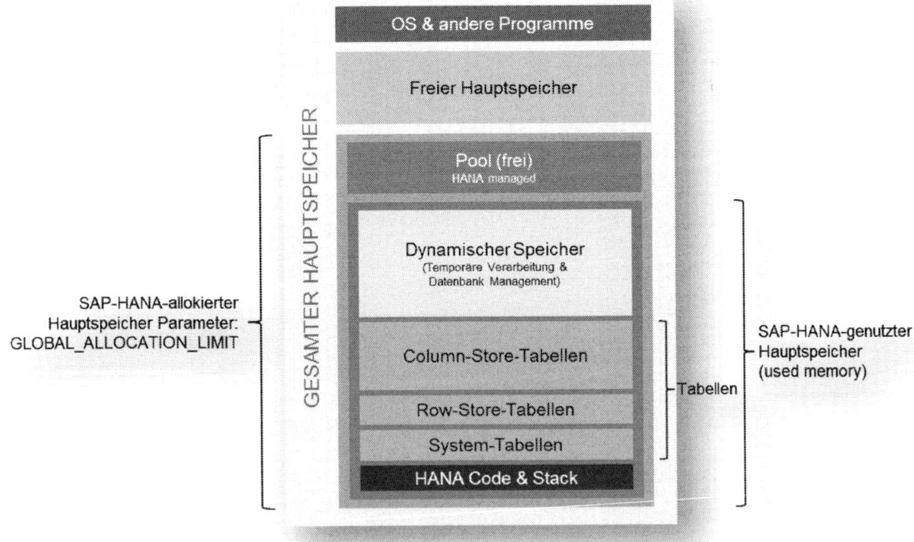

Abbildung 2.1: Systemvermessung

Da es inzwischen weit über Tausend produktive BW-Systeme auf HANA gibt, steigt die Anzahl der Anfragen nach einer Systemvermessung und wie diese durchgeführt wird. Im HANA Studio können Kunden jederzeit einen Vermessungsreport generieren. Dieser erfasst die Größe des maximal von der Datenbank genutzten Hauptspeichers in den letzten zwölf Monaten. Im nachfolgenden PDF-Dokument auf dem Service-Marktplatz ist das für Kunden gut dokumentiert.

Hinweise und Links zur Systemvermessung

»Lizenzvermessung SAP HANA«
https://launchpad.support.sap.com/#/notes/1704499

»SAP System Measurement Guides«
https://support.sap.com/keys-systems-installations/measurement/information/Documentation.html

Whitepaper: »SAP HANA Memory Usage Explained«
http://www.sap.com/documents/2016/08/205c8299-867c-0010-82c7-eda71af511fa.html

»Global Allocation Limit«
https://help.sap.com/saphelp_hanaplatform/helpdata/en/bd/43f1c0bb571014bf5acf22f379fd3d/content.htm

»FAQ: SAP HANA Memory«
https://launchpad.support.sap.com/#/notes/1999997

2.2 Migrationsoptionen und unterstützende Werkzeuge

Nachdem das Sizing für das neue BW auf HANA abgeschlossen ist, gilt es, die optimale Migrationsoption für Ihr bestehendes BW-System zu identifizieren. Die verschiedenen Möglichkeiten, ein bestehendes System zu migrieren, werden nachfolgend einzeln dargestellt.

Daran anschließend möchten wir Ihnen kurz das *BW Migration Cockpit* vorstellen, das eine große Hilfe vor, während und nach einer Migration auf HANA ist.

2.2.1 Neuinstallation (Greenfield)

Die *Neuinstallation* beginnt mit dem Aufsetzen eines neuen und noch leeren Systems mit HANA als Datenbank. Deshalb wird dieser Ansatz auch oft als *Greenfield* bezeichnet, da man quasi auf der grünen Wiese mit einem leeren System beginnt.

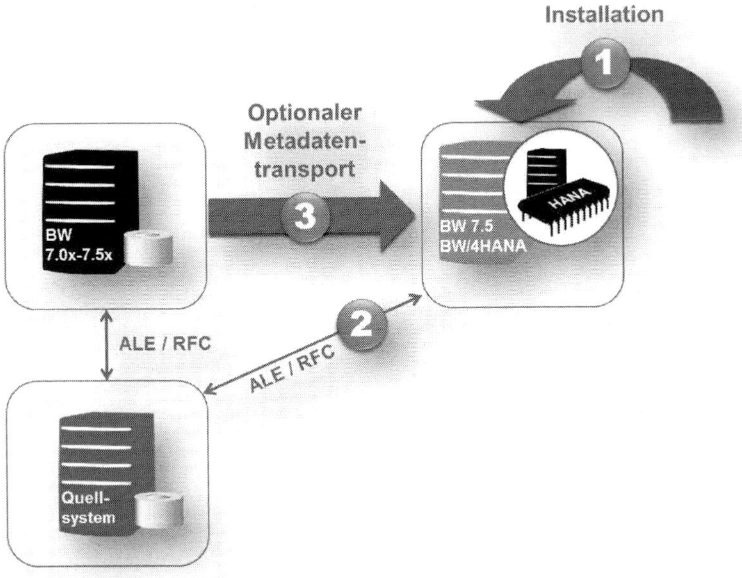

Abbildung 2.2: Neuinstallation (Greenfield)

Das Vorgehen ist in Abbildung 2.2 skizziert. In der Regel starten Sie mit dem neuesten Release ❶ und verbinden dieses mit den benötigten Quellsystemen über die bekannten Verbindungen (ALE/RFC) ❷. Optional können auch Modelle aus Altsystemen in das neue System per *Transport* überführt werden ❸.

Das ist das Standardvorgehen für alle, die bisher noch kein BW-System nutzen und ein neues System mit HANA als Datenbank aufbauen oder direkt mit BW/4HANA starten wollen.

Die Neuinstallation kann auch genutzt werden, wenn Sie bereits ein BW-System haben, es aber nur teilweise in das neue BW auf HANA bzw. BW/4HANA überführen möchten. Meist ist einer der Hauptgründe, dass sich im Laufe der Jahre (viele) alte Datenmodelle, Entwicklungen und eventuell auch historische Daten angesammelt haben, die nicht mehr genutzt werden. Sie können mit einem neuen System per Transport nur die relevanten Objekte überführen, müssen dabei allerdings auch die Daten aus den Quellsystemen neu laden.

Kunden nutzen die Neuinstallation außerdem, um ein neues Projekt direkt auf der neuesten Technologie aufzubauen, und migrieren nach und nach die Anwendungsbereiche aus dem alten System.

Betreiben Sie mehrere BW-Systeme und planen eine Systemkonsolidierung, dann ist die Neuinstallation ebenfalls eine Möglichkeit, mit einem neuen System zu starten und sukzessive Ihre alten Systeme in das neue zu konsolidieren.

Eine Neuinstallation ist allerdings nicht gut dazu geeignet, Ihr derzeitiges Produktivsystem komplett zu ersetzen.

Vorteile

- Risikominimierung für das produktive BW-System,
- schnelles Verfahren,
- keine oder minimierte Downtime des Produktivsystems,
- Start mit einem sauberen System ohne alte Modelle,
- Möglichkeit zur Überarbeitung bestehender Modelle, ohne die ganze Historie mitnehmen zu müssen,
- vereinfacht Aufwände für die IT,
- Unicode-Konvertierung entfällt im Altsystem,
- Umstellung auf BW-Analyseberechtigungen entfällt im Altsystem,

- Dual Stack (gleiche System-ID für ABAP- und JAVA-Applikationsserver) muss auf dem Altsystem nicht gesplittet werden.

Nachteile

- Parallelbetrieb mehrerer Produktivsysteme für eine gewisse Zeit,
- erfordert detaillierte Systemanalyse und Priorisierung der Aufwände der existierenden Modelle,
- Transporte können komplexe Abhängigkeiten haben,
- beim Neuladen der Daten geht die Request-Historie verloren,
- tendenziell lange Projektdauer, je nach Aufwand für das Redesign,
- neue System-ID (SID),
- zusätzliche Kosten für weitere Applikationsserver.

2.2.2 Datenbankmigration

Eine *Datenbankmigration* ist der klassische Weg einer Migration von Ihrer aktuellen Datenbank auf HANA. In Abhängigkeit von Ihrem Releasestand wird dazu möglicherweise ein Software-Upgrade ❶ auf mindestens BW 7.4x bzw. 7.5 (siehe Abbildung 2.3) notwendig sein. Die Migration der Datenbank wird auch als *heterogene Systemkopie*, Brownfield oder als *Big Bang Migration* bezeichnet und verwendet das Standard-OS/DB-Migrationstool R3Load ❷.

Diese Variante benötigt keine zusätzlichen Applikationsserver zum Parallelbetrieb, sondern kann Ihre bestehenden Systeme wiederverwenden. Zusätzlich ist der Ansatz der schnellste Weg, besonders wenn Sie kein Systemupgrade benötigen. Die Optimierung der Modelle kann nachgelagert oder als sogenannte *Post Migration Steps* erfolgen. Auf der anderen Seite benötigen Sie mit diesem Vorgehen eine Downtime

Ihres Produktivsystems, um die Migration und das potenzielle Upgrade durchzuführen.

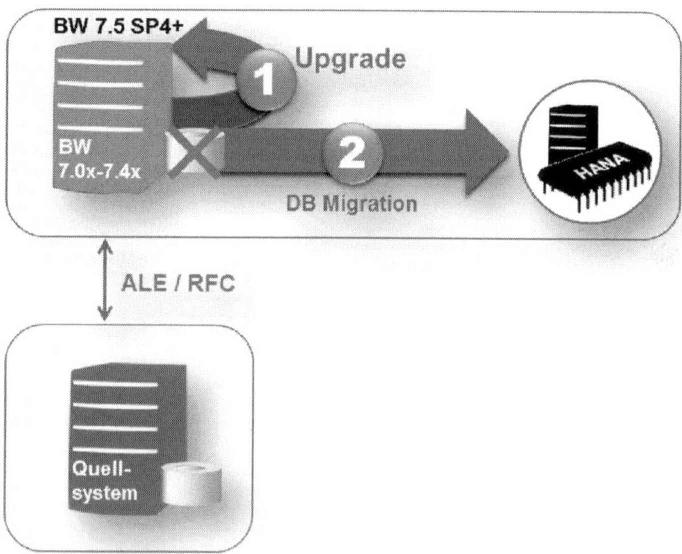

Abbildung 2.3: Klassische Datenbankmigration

Wie lange das System nicht verfügbar ist, hängt im Wesentlichen von der Datenmenge und der CPU-Ausstattung des Servers ab. Die Größe des Systems ist damit der wichtigste Einflussfaktor, denn die Daten müssen zunächst aus dem System exportiert und nach dem System-Upgrade wieder importiert werden. Dieser Export/Import-Prozess kann parallelisiert werden und sollte in mehreren Testmigrationen vorab optimiert werden, um die Downtime für die produktive Umgebung zu minimieren. Eine Migration des Produktivsystems ist oft innerhalb eines Tages oder eines Wochenendes möglich, in Ausnahmefällen auch eines langen Wochenendes.

Abbildung 2.4: Update und Migration in einem Schritt

Mit der *Database Migration Option* (DMO) für den *Software Update Manager* (SUM) gibt es mittlerweile auch Werkzeuge, mit denen Upgrade und Datenbankmigration in einem Schritt erfolgen können. Selbst eine potenzielle Unicode-Konvertierung kann in diesem Prozess erfolgen (siehe Abbildung 2.4).

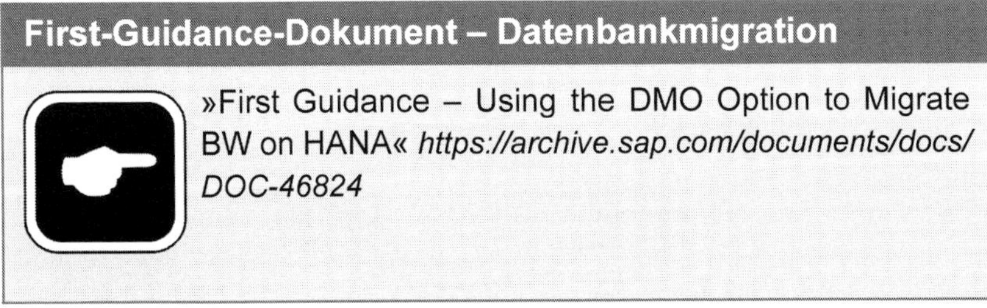

First-Guidance-Dokument – Datenbankmigration

»First Guidance – Using the DMO Option to Migrate BW on HANA« *https://archive.sap.com/documents/docs/DOC-46824*

Vorteile

- sehr effizientes Szenario, besonders wenn kein Upgrade erforderlich ist,
- geringe Projektlaufzeit,
- keine zusätzliche Hardware für zweites System (Wiederverwendung der Applikationsserver möglich),
- keine Änderung der System-ID,
- keine detaillierte Systemanalyse erforderlich, da per se alles migriert wird.

Nachteile

- Ausfallzeit des Produktionssystems,
- kein Parallelbetrieb, was zumeist bedeutet, dass ein System-Backup die einzige Fallback-Lösung darstellt,
- erhöhte Aufwände für die IT,
- Verfahren mit höchstem Risiko,
- je nach Releasestand erweiterte Vorbereitungen notwendig (Umstellung auf BW-Analyseberechtigungen, Unicode-Konvertierung, Dual Stack-Split).

2.2.3 Parallelbetrieb mit Post Copy Automation (PCA)

Die dritte Variante der Migration vereint die Vorteile der beiden zuvor beschriebenen Methoden, allerdings werden auch hier alle Objekte migriert.

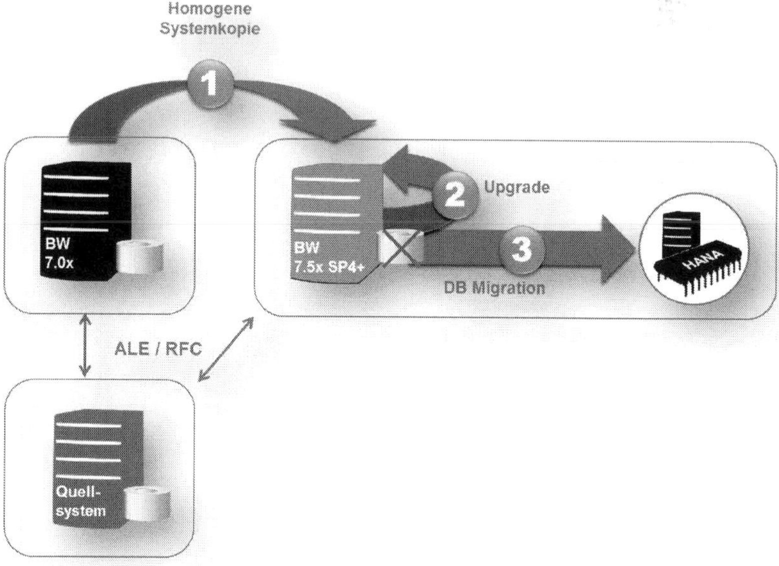

Abbildung 2.5: Paralleler Systembetrieb mit PCA

Zunächst wird mit einer homogenen Systemkopie eine zweite Landschaft erstellt ❶. Im Anschluss wird diese Kopie auf das aktuelle Release gehoben ❷ und danach die Datenbankmigration ausgeführt ❸ (siehe Abbildung 2.5).

Während der meisten Prozessschritte ist Ihr bisheriges System für die User verfügbar. Einzig während des Datenbankexports ist eine Ausfallzeit einzuplanen.

Mithilfe des *Post Copy Automation* (PCA)-Tools kann die *Delta Queue* der Quellsysteme automatisch zum neuen (zusätzlichen) Zielsystem kopiert werden. Dabei werden lediglich die Zeiger der Delta-Queues kopiert und nicht die dahinterliegenden Daten. Dies beeinflusst nicht das Quellsystem und benötigt keine Ausfallzeit. Es werden alle in der Transaktion **RSA7** sichtbaren Delta-Queues kopiert. In das bestehende BW-System können während der Kopierphase der Delta-Queues keine Daten geladen werden. Das Reporting kann unverändert stattfinden.

Bei dieser Methode wird nur eine minimale Downtime benötigt, und die Optimierung des Systems kann schrittweise erfolgen, sodass jeder Anwendungsbereich optimiert, getestet und unabhängig von den anderen produktiv gesetzt werden kann.

BW PCA FAQ

»Frequently Asked Questions Related to BW PCA« *https://archive.sap.com/documents/docs/DOC-48779*

Vorteile

- minimierte Ausfallzeit (Downtime), nur für den Datenexport,
- kein Risiko für produktives BW-System,
- ermöglicht den Parallelbetrieb von zwei identischen Landschaften für Stabilität und Prüfung von Datenkonsistenz vor dem Go-Live.

Nachteile

- Parallelbetrieb mehrerer Produktivsysteme für eine gewisse Zeit,
- neue System-ID (SID),
- zusätzliche Kosten für weitere Applikationsserver,
- erhöhter Aufwand für die IT,
- zusätzliche Vorbereitungsschritte und Prüfung aller BW-Schnittstellen.

Weitere wichtige SAP-Hinweise

Bitte beachten Sie die SAP-Hinweise 844222 und 775568 zum Laden von mehreren BW-Systemen aus einem Online-Transaction-Processing (OLTP)-System.

2.2.4 Selektive Migration

Die *Selektive Migration* ist ein innovativer Ansatz, der die Vorteile der klassischen OS/DB-Migration und des Greenfield-Ansatzes vereint, ohne das gesamte System migrieren zu müssen.

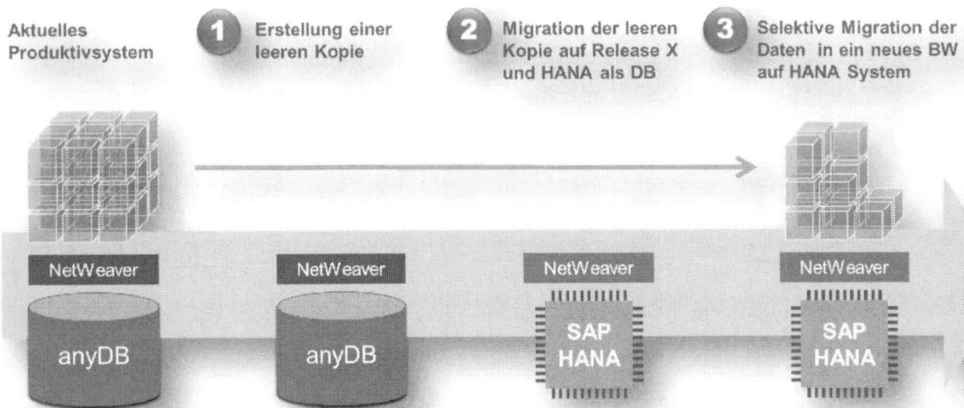

Abbildung 2.6: Selektive Migration

Im ersten Schritt wird auf Basis des aktuellen Systems eine leere Systemkopie erzeugt ❶ (siehe Abbildung 2.6). Dieses System wird mit einer einfachen OS/DB-Migration auf HANA gehoben ❷. Im letzten Schritt wird im Rahmen der selektiven Migration ❸ nur der Inhalt transferiert, den sie zuvor definiert haben.

Auch bei diesem Ansatz kann die Ausfallzeit minimiert werden. Es entstehen allerdings zusätzliche Kosten, da es sich hierbei um einen Service der SAP-Beratung handelt.

2.2.5 Entscheidungshilfe zur Wahl des Migrationspfades

Jetzt kennen Sie die verschiedenen Optionen einer Migration Ihres BW-Systems auf die HANA-Datenbankplattform.

Doch wie entscheiden Sie, welches für Sie die beste Alternative ist?

Hierzu gibt es kein Patentrezept. Wir legen Ihnen allerdings nachfolgend einige Fragen nahe, die Sie im Vorfeld klären sollten. Deren Beantwortung soll Ihnen dabei helfen, eine bessere Entscheidung zu finden.

Business-Überlegungen

- Was ist das gewünschte Ergebnis einer Migration auf HANA? Was sind die **Treiber** bzw. Werttreiber?
- Wie hoch sind die **Kosten** für die unterschiedlichen, für uns in Frage kommenden Alternativen (Hardware, Projekt, etc.)?
- Gibt es einen Anwendungsfall, der unmittelbar von HANA profitiert? Würden die Vorteile einer schnellen Umsetzung eine potenziell längere Projektdauer aufwiegen (**Projektlaufzeit vs. produktiver Anwendungsfall**)?
- Wie viele **Anwendungsgebiete** würden von HANA profitieren?
- Gibt es verschiedene BW-Systeme, die Sie **konsolidieren** möchten?
- Neigen Sie eher zu einem **iterativen** oder zu einem **Big Bang** Roll-out der neuen Funktionalitäten?
- Akzeptieren die Anwender eine **Downtime** des Systems? Wenn ja, wie lange maximal?

Funktionale Überlegungen

- Entspricht das aktuelle BW-System den Anforderungen des Business, oder gibt es Wünsche bzw. **Gründe für ein Redesign**?
- Was ist Ihr Wachstumsplan bzgl. BW? Gibt es Pläne für weitere **BW-Funktionalitäten**, die Sie den Anwendern zur Verfügung stellen möchten?
- Welche **BW-Version** haben Sie momentan im Einsatz?
- Nutzen Sie derzeit **BW-7.x-Datenflüsse** und/oder die **BW-7.x-Analyseberechtigungen**?

Technische Überlegungen

- Welche **Größe** hat Ihr derzeitiges BW-System?

- Nutzen Sie momentan **Archivierungsprozesse** in Ihren Quellsystemen? Verfügt Ihr Quellsystem noch über die Datenhistorie, die Sie zum **Neuladen** benötigen?
- Was ist Ihr Betriebskonzept? Unterstützen Sie heute schon mehrere BW-**Systemlandschaften**?
- Welche **Reporting-Werkzeuge** werden derzeit genutzt? Wie greifen die Benutzer auf das System zu?
- Haben Sie intern die **Kapazität** und Bandbreite, ein Migrationsprojekt durchzuführen? Brauchen Sie externe Unterstützung?
- Was sind die technischen **Migrationsoptionen** und Voraussetzungen? Welche **Werkzeuge** sind verfügbar?

2.2.6 BW Migration Cockpit

Das *BW Migration Cockpit für HANA* (siehe Abbildung 2.7) kombiniert verschiedene Werkzeuge, um die Migration eines vorhandenen BW-Systems auf die HANA-Plattform benutzerfreundlicher zu gestalten. Das Cockpit umfasst die wichtigsten und am häufigsten verwendeten Werkzeuge.

Um das Cockpit verwenden zu können, müssen Sie das im SAP-Hinweis 1909597 angehängte ABAP-Programm installieren und ausführen. Eine detailliertere Anleitung finden Sie auch im PDF-Dokument zum Hinweis. Nach der Installation ist das Programm über die Transaktion **ZHMC** oder den Namen ZBW_HANA_MIGRATION_COCKPIT (Transaktion **SE38**) ausführbar.

Voraussetzung für das Migrationscockpit ist BW Release 3.5 oder höher, wobei bei älteren Releaseständen nicht alle Funktionen zur Verfügung stehen. Ab Version 5.0 unterstützen die Werkzeuge seit Januar 2017 auch BW/4HANA über eine separate Registerkarte.

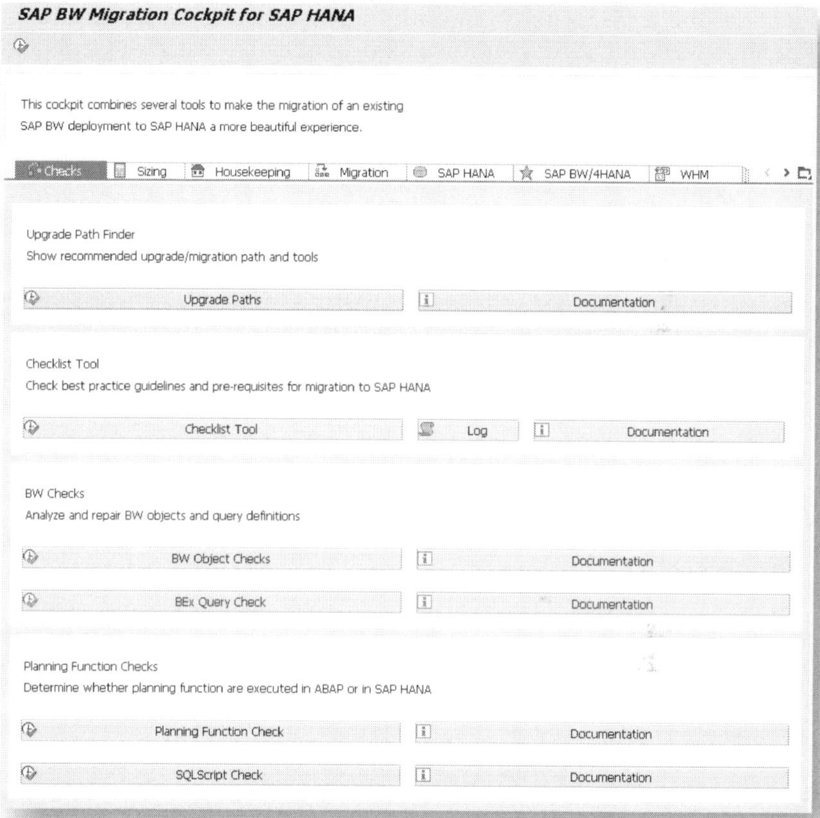

SAP BW Migration Cockpit for SAP HANA

This cockpit combines several tools to make the migration of an existing SAP BW deployment to SAP HANA a more beautiful experience.

Checks | Sizing | Housekeeping | Migration | SAP HANA | SAP BW/4HANA | WHM

Upgrade Path Finder
Show recommended upgrade/migration path and tools

Upgrade Paths | Documentation

Checklist Tool
Check best practice guidelines and pre-requisites for migration to SAP HANA

Checklist Tool | Log | Documentation

BW Checks
Analyze and repair BW objects and query definitions

BW Object Checks | Documentation

BEx Query Check | Documentation

Planning Function Checks
Determine whether planning function are executed in ABAP or in SAP HANA

Planning Function Check | Documentation

SQLScript Check | Documentation

Abbildung 2.7: BW Migration Cockpit

Weitere Hinweise und Quellen zur Migration

»Three things to know when migrating NetWeaver BW on HANA«

https://blogs.sap.com/2013/11/13/three-things-to-know-when-migrating-netweaver-bw-on-hana/

Einige wichtige Tools möchten wir Ihnen kurz vorstellen. In den PDF-Anhängen zu den SAP-Hinweisen der einzelnen Werkzeuge finden Sie jeweils detaillierte Anleitungen und weiterführende Informationen.

Upgrade Path Finder

Der *Upgrade Path Finder* gibt Ihnen Hilfestellung dabei, die notwendigen Schritte für Release Upgrades und Datenbankmigrationen zu identifizieren. Das Werkzeug »liest« die aktuellen Systemeinstellungen Ihres Systems und verändert diese nicht.

SAP-Hinweis 2296693

»SAP BW Upgrade Path Finder«

https://launchpad.support.sap.com/#/notes/2296693

Checklist Tool

Das *Checklist Tool* automatisiert die Prüfung der Best-Practice-Richtlinien für den Betrieb und prüft die Voraussetzungen für die Migration eines vorhandenen BW-Systems auf HANA. So prüfen Sie recht einfach und schnell, ob Ihr System die Voraussetzungen erfüllt und an welchen Stellen Sie ggf. noch Anpassungen vornehmen müssen. Momentan enthält das Tool über 280 Prüfungen in verschiedensten Bereichen des BW-Systems. Es wird auch untersucht, ob Sie vorher noch das Betriebssystem, die Datenbank, das BW selbst oder Add-ons updaten sollten.

SAP-Hinweis 1729988

»SAP BW Checklist Tool«

https://launchpad.support.sap.com/#/notes/1729988

ABAP Routine Analyzer

Der *ABAP Routine Analyzer* sucht nach benutzerdefinierten ABAP-Routinen in Datenflüssen und findet ABAP-Anweisungen, die optimiert werden können. Das Potenzial der Optimierung wird für alle Datenbanken überprüft, jedoch ist Performancegewinn bei HANA oft größer.

SAP-Hinweis 1847431

»SAP BW ABAP Routine Analyzer«

https://launchpad.support.sap.com/#/notes/1847431

Transformation Finder

Sie benötigen ein schnelles und einfaches Mittel, redundante Datenschichten in Ihrem BW-System zu identifizieren? Der BW *Transformation Finder* findet 1:1-Transformationen oder solche mit nur wenigen Anpassungen. Diese sind oft ein Indiz für redundante Datenschichten, z. B. in (A)DSOs und InfoCubes. In diesem Fall könnten Sie bei BW auf HANA auch direkt auf das (A)DSO berichten und sich somit eine Datenkopie sparen.

SAP-Hinweis 1908367

»SAP BW Transformation Finder«

https://launchpad.support.sap.com/#/notes/1908367

ABAP Code Inspector

Häufig begegnet uns die Frage nach dem Umgang mit kundenspezifischer Programmierung, dem sog. *Custom Code*. Grundsätzlich ist hierbei anzumerken, dass es sich sowohl bei BW auf HANA als auch bei BW/4HANA um ABAP-basierte SAP-Systeme handelt. ABAP ist folglich auch bei diesen Systemen die Programmiersprache der Wahl. Optimaler ABAP-Code ist oft abhängig von der genutzten Datenbankplattform. Das Migrationscockpit bietet unter dem Reiter »Optimization« Verweise zu diesen Werkzeugen. Neben dem »Routine Analyzer« gibt es weitere Werkzeuge zur Code-Untersuchung:

- ABAP Code Inspector,
- SQL Monitor,
- SQL Performance Tuning Worklist.

Der SQL Monitor und die SQL Performance Tuning Worklist werden seit NetWeaver 7.4 und dem entsprechenden Support Add-on ST-PI ausgeliefert.

Weitere Hinweise zu Custom Code

»ABAP for SAP HANA Community«
https://www.sap.com/community/topic/abap.html

»Performance Guidelines for ABAP Development on the SAP HANA Database«
https://blogs.sap.com/2013/03/24/performance-guidelines-for-abap-development-on-the-sap-hana-database/

»Optimization of Custom ABAP Codes for SAP HANA«
https://archive.sap.com/documents/docs/DOC-42445

»How to Evaluate ABAP Coding for Optimization on SAP Suite on HANA« (auch relevant für BW auf HANA)
https://archive.sap.com/documents/docs/DOC-45929

2.2.7 Migration auf BW/4HANA

Bei BW/4HANA können Sie mit einem Greenfield-Ansatz im Rahmen der *Remote Conversion* starten und dabei nur Teile Ihres bestehenden Systems konvertieren. Wollen Sie jedoch das gesamte System migrieren, dann ist die *In-Place Conversion* der richtige Weg für Sie. Beide Varianten und ihre Werkzeuge werden wir nachfolgend genauer vorstellen.

Um mit BW/4HANA erfolgreich zu sein, ist es aus unserer Sicht notwendig, für die Bestandskunden den Weg hin zum neuen Produkt so einfach wie möglich zu gestalten. Konkret bedeutet das, Werkzeuge bereitzustellen, die die Umstellung »alter« Datenflüsse und Objekte hin zur »neuen HANA-optimierten« Welt automatisch unterstützen. Der manuelle Aufwand sollte weitgehend minimiert werden, denn das ist in erster Linie der Kosten- und Aufwandstreiber bei Systemumstellungen. Die aktuell zur Verfügung stehenden Werkzeuge reichen hier nicht aus.

Voraussetzungen für die Migration auf BW/4HANA:

1. Ein bestehendes BW-System auf HANA darf nur noch Objekte enthalten, die auch von BW/4HANA unterstützt sind (siehe Tabelle 2.2). Das ist die Grundvoraussetzung für die In-Place Conversion.

2. BEx-Werkzeuge sind nicht mehr vorhanden und werden auch nicht mehr unterstützt.

3. Nur die im SAP-Hinweis 2189708 genannten Add-ons werden unterstützt.

4. Planung wird nur noch mit BPC und dem Planning Application Kit (PAK) im Standard- und Embedded-Modell unterstützt (SAP-Hinweis 2343286).

In-Place Conversion

Abbildung 2.8 zeigt die groben Schritte, um eine Konvertierung zu BW/4HANA vorzubereiten. ❶ ist die klassische Migration auf die HANA-Datenbank und ❷ die Installation des Starter-Add-ons. Grundvoraussetzung für den letzten Schritt ❸ ist ein HANA-basiertes BW-System der Version 7.5 SP6+ mit BW/4HANA Starter Add-on im

Modus *Ready for Conversion*. Bei der In-Place Conversion bleibt dieselbe System-ID erhalten.

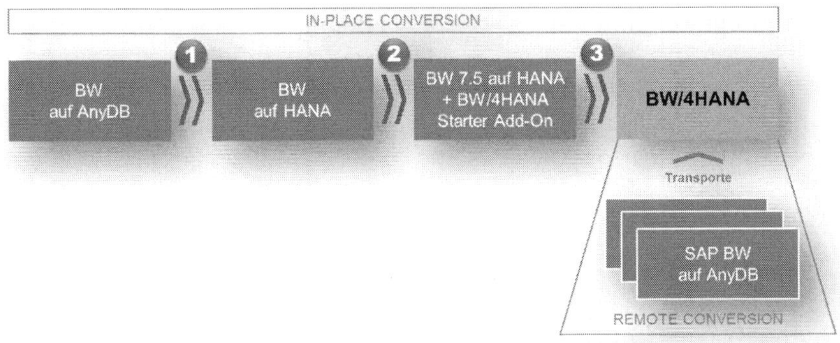

Abbildung 2.8: Migration auf BW/4HANA

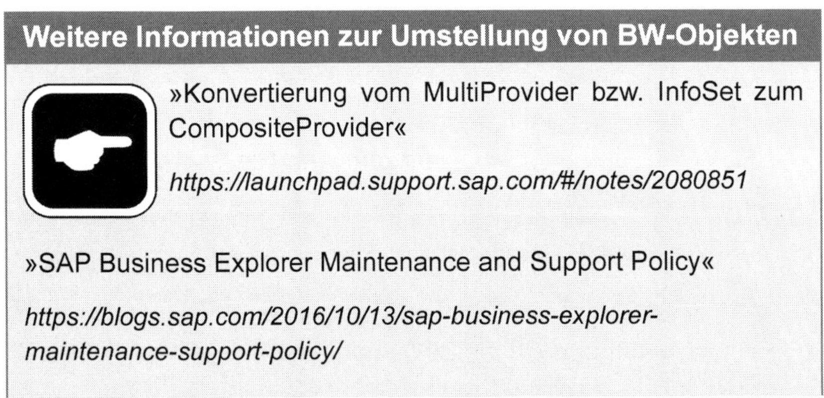

Weitere Informationen zur Umstellung von BW-Objekten

»Konvertierung vom MultiProvider bzw. InfoSet zum CompositeProvider«

https://launchpad.support.sap.com/#/notes/2080851

»SAP Business Explorer Maintenance and Support Policy«

https://blogs.sap.com/2016/10/13/sap-business-explorer-maintenance-support-policy/

Um zum dritten Schritt ❸ der In-Place Conversion zu gelangen, müssen nach Schritt ❷ die klassischen BW-Objekte in HANA-optimierte Objekte transferiert werden. Tabelle 2.2 zeigt Ihnen eine Übersicht, welche BW-Objekte Sie manuell und welche mithilfe des Transfer Tools umstellen können. Im Anhang des Buches finden Sie zudem eine Liste mit den nicht mehr unterstützten TLOGO-Objekten in BW/4HANA.

Wenn Sie noch bestehende Datenflüsse mit 3.x-Objekten im System haben, dann können Sie diese migrieren. Hierzu steht Ihnen eine

Oberfläche zur Erstellung und Ausführung von Migrationsprojekten für eine automatisierte Migration zur Verfügung (Transaktion **RSMIGRATE**).

Klassisches BW-Objekt	HANA-optimiertes BW-Objekt	Umstellung
DSO (klassisch)	ADSO	Transfer Tool
InfoCube	ADSO	Transfer Tool
Virtueller Provider mit DTP	Open ODS View	manuell
Virtueller Provider mit HANA-Modell	Open ODS View oder Comp.Provider	manuell
Virtueller Provider mit Funktionsbaustein	SAP HANA View (in Open ODS View oder Comp.Provider)	manuell
HybridProvider	ADSO	Transfer Tool
MultiProvider	CompositeProvider	Transfer Tool
InfoSet	CompositeProvider	Transfer Tool
CompositeProvider (COPR)	CompositeProvider (HCPR)	Transfer Tool, SAP-Hinweis 2080851 beachten
InfoObject mit Stammdatenzugriff über HANA View	Open ODS View	manuell
SPO	semantische Gruppen für ADSO	manuell
PSA/InfoPackage	ODQ, ADSO	Transfer Tool
EasyQuery	OData Query	manuell
APD	SAP HANA Analyse Prozess & DTP	manuell
BEx Query	BW-Query	keine Umstellung (identische Metadaten)
BEx Web Template	BusinessObjects Design Studio oder Cloud	manuell
BEx Analyzer Workbook	BusinessObjects Analysis for MS Office	einfache Workbooks können importiert werden

Klassisches BW-Objekt	HANA-optimiertes BW-Objekt	Umstellung
BEx Information Broadcasting	BOE Broadcasting	manuell
DW-Workbench-Modellierung (RSA1)	BW/4HANA-Modellierungstools	automatisch
Quellsysteme DB Connect, Extraktor, BW	HANA-Quellsystem & ODP	toolbasiert
Quellsysteme UD Connect, Data Services, u. a.	HANA-Quellsystem	manuell

Tabelle 2.2: Nicht unterstützte BW-Objekte in BW/4HANA

Die Transaktion **RSB4HTRF** (Abbildung 2.9) stellt ein Konvertierungswerkzeug bereit, mit dem ganze Datenflüsse umgestellt werden können. In SAP-Dokumenten wird diesbezüglich meist von einem *Transfer Tool* gesprochen. Ab Juni 2017 steht eine sog. *Transfer Toolbox* zur Verfügung, welche über die Konvertierung der Metadaten hinaus auch die Daten von den »alten« zu den »neuen« Objekten automatisiert überführen kann. Diese Transfer Toolbox wird Ende 2017 und Anfang 2018 erweitert, z. B. um Near-Line-Storage-Archivdaten, Planungsobjekte oder semantisch partitionierte Objekte.

Folgende Schritte sind im Entwicklungssystem bei der In-Place Conversion notwendig:

1. Datenfluss auswählen,
2. »alte« BW-Objekte konvertieren und in Transportaufträge schreiben,
3. Daten überführen,
4. Migration nach BW/4HANA kann starten.

In den weiteren Systemen (QA/Test/Produktion) gehen Sie dann wie folgt vor:

5. Datenfluss aus dem ersten Schritt ins Entwicklungssystem transferieren,
6. »alte« BW-Objekte konvertieren,
7. Daten überführen,
8. Transportaufträge aus dem zweiten Schritt importieren und ggf. manuelle Anpassungen vornehmen,
9. Migration nach BW/4HANA kann starten.

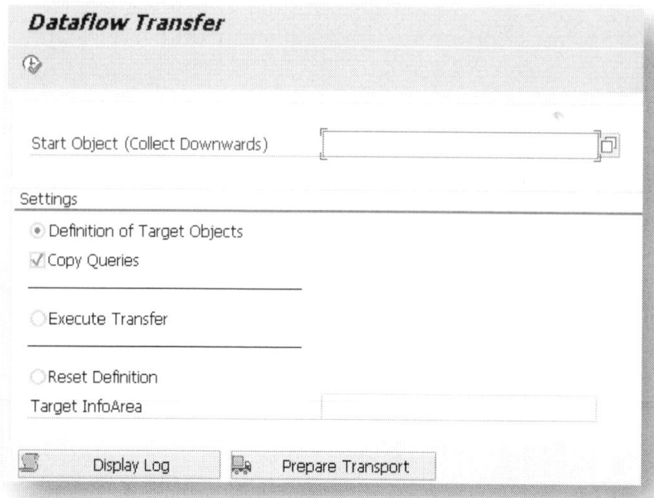

Abbildung 2.9: Transfer Tool

Im ersten Schritt wählen Sie das *Startobjekt* des Datenflusses, von dem aus abwärts gesammelt wird. Für das START OBJECT (dt. Startobjekt) stehen als InfoProvider zur Auswahl: DSO (klassisch), InfoCube, MultiProvider, InfoSet, Virtueller Provider, InfoObject mit Stammdaten/Texten, TransientProvider, HybridProvider, CompositeProvider, Aggregationsebene und Query als InfoProvider. Um auch wirklich alle Objekte zu sammeln, empfehlen wir, immer das oberste Objekt eines Datenflusses zu selektieren. Allerdings können hierfür keine BW-Queries verwendet werden. Im Feld Target InfoArea (dt. Ziel-InfoArea) geben Sie an, wo die neuen Objekte abgelegt werden sollen. Ist das Feld leer, so wird die InfoArea der Quellobjekte herangezogen.

Von allen konvertierten InfoProvidern werden automatisch auch die BW-Queries auf die Zielobjekte transferiert: Sobald ein InfoProvider kopiert wird, folgt unmittelbar eine Kopie der Queries. Bei gleichen technischen Namen handelt es sich auch um die identischen Queries, nur Queries, die das Objekt 0INFOPROV nutzen, werden automatisch angepasst.

Aktuelle Einschränkungen der Transfer Tools

Die Daten werden in der aktuellen Form des Werkzeugs nicht in die neuen Objekte überführt. Auch Prozessketten können noch nicht konvertiert werden. Beides ist aber als Weiterentwicklung des Transfer Tools in 2017 geplant.

Nachdem die Transaktion **RSB4HTRF** ausgeführt wurde, werden alle gesammelten Objekte mit den Namen der Zielobjekte in einer Tabelle angezeigt. Die technischen Namen und Beschreibungen der Zielobjekte können Sie in diesem Zwischenschritt anpassen. Alle transferierten Objekte werden einem neuen Namensraum zugeordnet. Standardmäßig ist das »/B4H/«, allerdings können Sie das anpassen.

Mit dem Speichern der Daten in der Tabelle wird zunächst nur die Definition des gesamten Datenflusses gesichert. Über den Punkt Reset Definition (dt. Definition zurücksetzen) können Sie zuvor gespeicherte Definitionen löschen. Erst wenn Sie Execute Transfer (dt. Transfer durchführen) auswählen, werden die neuen Objekte auch tatsächlich angelegt. Diesen Vorgang können Sie als Hintergrundprozess einplanen.

Es kann auch vorkommen, dass zusätzliche Objekte erstellt werden, z. B. wenn der »alte« Datenfluss keinen MultiProvider hat. Dann wird ein neuer CompositeProvider erstellt, um die Auswahl der Navigationsattribute abbilden zu können (Abbildung 2.10).

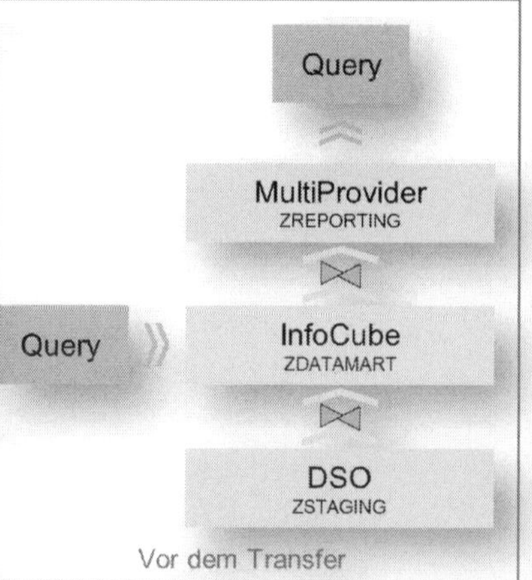

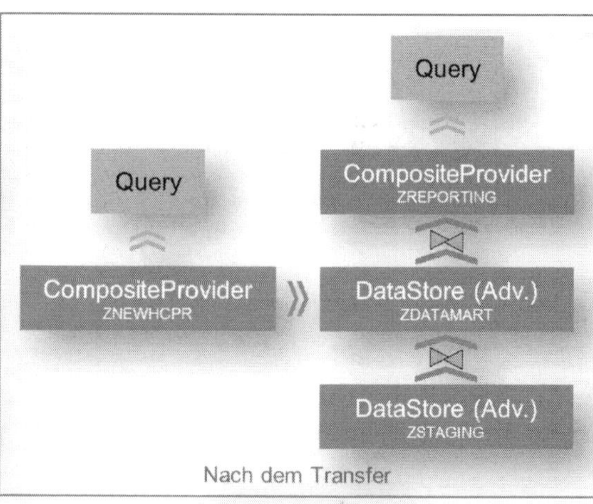

Abbildung 2.10: Beispiel Objekttransfer

Vorsicht beim Transferprozess

Bitte beachten Sie, dass ein Objekt nur ein einziges Mal transferiert werden kann. Parallele Transfers werden aktuell nicht unterstützt. Deshalb ist es wichtig, dass ein Prozess vollständig abgeschlossen ist, bevor Sie den nächsten starten.

Zum Schluss wählen Sie den Punkt PREPARE TRANSPORT (dt.: Transport vorbereiten), um die Objekte in einen Transportauftrag zu schreiben.

Blogs zur BW-Migration nach BW/4HANA

Zentraler Blog rund um das Thema Migration von SAP BW

https://blogs.sap.com/2016/10/11/software-application-lifecycle-management-sap-bw/

Marc Bernard: »The Road to SAP BW/4HANA – Teil 1 & 2«

https://blogs.saphana.com/2016/09/07/the-road-to-sap-bw4hana-part-1/

https://blogs.saphana.com/2016/09/18/the-road-to-sap-bw4hana-part-2/

Roland Kramer: »On the Road to SAP BW/4HANA – Teil 1 & 2«

https://blogs.sap.com/2016/12/15/on-the-road-to-bw4hana-first-stage-accomplished/

https://blogs.sap.com/2016/12/15/on-the-road-to-bw4hana-second-stage-ahad/

EXKURS »In-Place Conversion«

Die beiden Blogs von Roland Kramer (siehe Kasten) beschreiben den gesamten Prozess der In-Place Conversion sehr detailliert. Auf dem Weg gibt es nämlich viele kleine, aber wichtige Schritte, wie z. B. das Löschen »alter« TLOGO-Objekte oder das Einspielen bestimmter SAP-Hinweise. Das können Sie dort nachlesen. Hier die wichtigsten Schritte:

1. Report RS_B4HANA_CONVERSION_CONTROL: Liste nicht unterstützter Objekte über »Neuen Modus Simulieren« erzeugen.
2. Report: RS_DELETE_TLOGO: löschen nicht mehr benötigter Objekte.
3. Transaktion **RSB4HTRF**: noch benötigte Datenflüsse konvertieren (SAP-Hinweis 2238220).

4. Report RSO_CONVERT_IPRO_TO_HCPR: MultiProvider oder InfoSet in CompositeProvider konvertieren.
5. Report BS_ANLY_DS_RELEASE_ODP: ODP DataSources prüfen (SAP-Hinweis 2232584).
6. Report RODPS_OS_EXPOSE: weitere DataSources für ODP freigeben.
7. Transaktion **RSA1**: DataSources nach BW replizieren und in Datenflüsse einbinden.
8. Transaktion **RSA1**: alte InfoPackages, DTPs, Transformationen und DataSources löschen.
9. Transaktion **RSA1**: nicht mehr unterstützte Quellsysteme löschen (DB-Connect, UD-Connect, SAP etc.).
10. Transaktion **RS2HANA_View**: CalculationView als Standard definieren (SAP-Hinweis 2236064).
11. Report RSDG_IOBJ_IOBC_MIGRATE_TO_AREA: InfoObjecte zu InfoAreas zuordnen.
12. Funktionsmodul RSAR_LOGICAL_SYSTEM_DELETE in der **SE37**: MySelf-Verbindung löschen.
13. Report ZSSCLEANUP: löschen nicht benötigter Einträge von Systemverbindungen (SAP-Hinweis 1815374).
14. Report RS_SRCSYSTEM_R3_CHECK: löschen nicht benötigter IDOCs (SAP-Hinweis 2214733).
15. Report RS_B4HANA_CONVERSION_CONTROL: System in BW/4HANA-Modus überführen.
16. Report RS_DELETE_D_VERSION_FOR_TLOGO: löschen von nicht aktivem BI-Content (SAP-Hinweis 2384088).
17. Technischer Upgrade nach BW/4HANA 1.0
18. Transaktion **STC01: SAP_BW4_AFTER_CONVERSION**

Wichtige SAP-Hinweise zur BW/4HANA-Migration

»BW on HANA: Transfer-Erweiterungen«
https://launchpad.support.sap.com/#/notes/2238220

»SAP BW/4HANA: Add-On-Verarbeitung und -Verwendung«
https://launchpad.support.sap.com/#/notes/2189708

»SAP BW, edition for SAP HANA Add-On – B4H Mode«
https://launchpad.support.sap.com/#/notes/2283111

»Konvertierung in SAP BW/4HANA – Schrittweise Beschreibung«
https://launchpad.support.sap.com/#/notes/2383530

Remote Conversion

Die *Remote Conversion* beginnt mit der Neuinstallation eines BW/4HANA-Systems (neue SID). Es ist somit ein sehr risikoarmer Ansatz der Migration, vergleichbar mit den zuvor vorgestellten Methoden der selektiven Migration oder dem Parallelbetrieb mit PCA. Auch hier wird ein zweites System parallel betrieben. Dieses Verfahren eignet sich sehr gut, um nur Teile bestehender BW-Systeme zu migrieren oder Systemkonsolidierungen durchzuführen.

Folgende Schritte sind im Entwicklungssystem notwendig:

1. Datenfluss auswählen,
2. ausgewählte BW-Objekte ins Zielsystem transportieren,
3. »alte« BW-Objekte im »After-Import«-Transportprozess konvertieren sowie DTP und Transformationen anpassen,
4. Daten über die SLO-Lösung aus dem Altsystem überführen.

In den weiteren Systemen (QA/Test/Produktion) gehen Sie dann wie folgt vor:

5. Transport der konvertierten Datenflüsse aus dem Entwicklungssystem,
6. Daten werden über die SLO-Lösung aus dem Altsystem überführt.

Sie können auch mit einer deutlich niedrigeren BW-Version starten (ab 7.0) und müssen keine HANA-Datenbank im Vorsystem betreiben. Damit erübrigt sich dann ein eventueller Releasewechsel oder auch das Einspielen des BW/4HANA Starter Add-ons.

Die Remote Conversion ist zur Drucklegung des Buches noch nicht verfügbar. Deshalb haben wir Ihnen diesen Weg nur grob beschrieben. Die Auslieferung der Werkzeuge soll im zweiten Quartal 2017 erfolgen.

2.3 Housekeeping

Wie jeden ordentlichen Haushalt, sollten Sie auch Ihr BW-System permanent pflegen. Damit halten Sie es schlank und schnell. Die Wartung Ihres Systems sollte nicht nur die Nutzerdaten betreffen, sondern auch Metadaten, Monitoring- und Statistikeinträge. Ebenso bedürfen temporäre Tabellen und andere Systemdaten der regelmäßigen Pflege.

Ohne Housekeeping

In Ihrem System können sich mit der Zeit viele Daten ansammeln, die Sie nicht mehr benötigen. Damit könnte das System regelrecht »vermüllen« und langsamer werden. Dieser Datenmüll hat selbstverständlich auch direkte Auswirkungen auf die Betriebskosten Ihres Systems.

Um eine Pflege sicherzustellen, sollten Sie die sogenannten *Housekeeping-Aktivitäten* in Ihr Betriebskonzept miteinbeziehen sowie die dazu notwendigen Schritte regelmäßig einplanen und durchführen. Das führt zu einer optimalen Ressourcennutzung und erhöht die Performance Ihres Systems nachhaltig. Wenn Sie BW auf HANA einsetzen, fallen auch Schritte wie z. B. die Aggregatspflege komplett weg.

Die gängigsten Housekeeping-Aktivitäten im Bereich Administration und Statistikdaten sind:

- Archivierung von Request-Administrations–Daten,
- Archivierung von IDocs,
- Löschung von Application Logs (oder Archivierung),
- Löschung von Job Logs wie z. B. DTP Error Logs,
- Löschung von OLAP- und Planungsstatistiken,
- Pflege der BW- und Datenbankstatistiken,
- Löschung von BW-Hintergrundjobinformationen (RSBATCH).

Die gängigsten Housekeeping-Aktivitäten im Bereich Benutzerdaten sind:

- Löschung von Requests aus der PSA,
- Löschung von Daten aus dem Change Log,
- selektive Löschung von Daten,
- Löschung von Stammdaten und Texten für Merkmale,
- temporäre DTP-Tabellen pflegen,
- Löschung nicht genutzter Aggregate.

Die Hauptaktivitäten des Housekeeping können Sie auch über das BW Migration Cockpit aufsetzen und ausführen (siehe Abbildung 2.11).

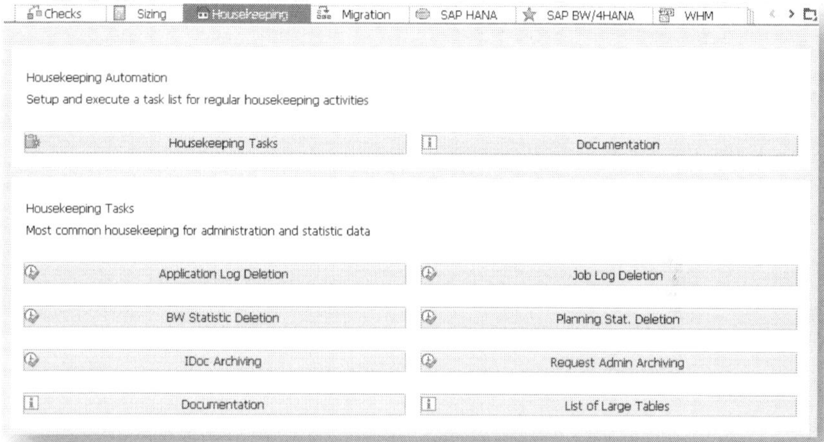

Abbildung 2.11: Housekeeping im BW Migration Cockpit

Mittlerweile ist Housekeeping längst kein reines Performance-Thema mehr, sondern fester Bestandteil eines ordentlichen Systembetriebs. Daher gibt es sowohl in der *SAP-Hilfe* als auch im *SAP Community Network* (SCN) und in weiteren, nachfolgend aufgeführten Quellen sehr gute Informationen rund um dieses Thema.

Wichtige Quellen zum Housekeeping

SAP-Hilfe: »Housekeeping – Optimierung der Datenhaltung«
http://help.sap.com/saphelp_nw74/helpdata/de/86/bd48813bba47ccbed3cd81c403a709/content.htm

»First Guidance – BW Housekeeping and BW-PCA«
https://archive.sap.com/documents/docs/DOC-46433

»Create #SAP #BW Housekeeping task list«
https://blogs.sap.com/2013/09/13/create-sap-bw-housekeeping-task-list/

»House Keeping/Performance Tuning Activities in BW Systems – PART 1-4«
https://blogs.sap.com/2013/09/20/house-keeping-performance-tuning-activities-in-sap-bw-systems-part-1/

»Housekeeping Principles for keeping your SAP NetWeaver BW in good shape« – Webinar Presentation
https://archive.sap.com/documents/docs/DOC-13132

»Aufgabenliste zum BW Housekeeping«
https://launchpad.support.sap.com/#/notes/1829728

»Periodic Jobs and Tasks in BW«
https://archive.sap.com/documents/docs/DOC-11516

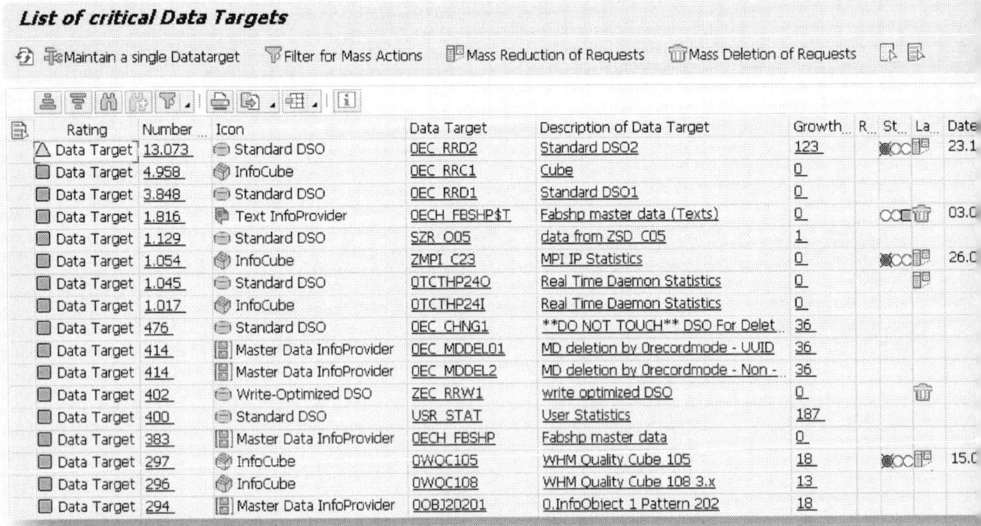

List of critical Data Targets

Maintain a single Datatarget | Filter for Mass Actions | Mass Reduction of Requests | Mass Deletion of Requests

Rating	Number ...	Icon	Data Target	Description of Data Target	Growth...	R...	St...	La...	Date
Data Target	13.073	Standard DSO	0EC_RRD2	Standard DSO2	123				23.1
Data Target	4.958	InfoCube	0EC_RRC1	Cube	0				
Data Target	3.848	Standard DSO	0EC_RRD1	Standard DSO1	0				
Data Target	1.816	Text InfoProvider	0ECH_FBSHP$T	Fabshp master data (Texts)	0				03.0
Data Target	1.129	Standard DSO	SZR_O05	data from ZSD_C05	1				
Data Target	1.054	InfoCube	ZMPI_C23	MPI IP Statistics	0				26.0
Data Target	1.045	Standard DSO	0TCTHP24O	Real Time Daemon Statistics	0				
Data Target	1.017	InfoCube	0TCTHP24I	Real Time Daemon Statistics	0				
Data Target	476	Standard DSO	0EC_CHNG1	**DO NOT TOUCH** DSO For Delet...	36				
Data Target	414	Master Data InfoProvider	0EC_MDDEL01	MD deletion by 0recordmode - UUID	36				
Data Target	414	Master Data InfoProvider	0EC_MDDEL2	MD deletion by 0recordmode - Non -...	36				
Data Target	402	Write-Optimized DSO	ZEC_RRW1	write optimized DSO	0				
Data Target	400	Standard DSO	USR_STAT	User Statistics	187				
Data Target	383	Master Data InfoProvider	0ECH_FBSHP	Fabshp master data	0				
Data Target	297	InfoCube	0WQC105	WHM Quality Cube 105	18				15.0
Data Target	296	InfoCube	0WQC108	WHM Quality Cube 108 3.x	13				
Data Target	294	Master Data InfoProvider	0OBJ20201	0.InfoObject 1 Pattern 202	18				

Abbildung 2.12: Housekeeping von Requests

Ab BW 7.4 SP5 können Sie mithilfe eines neuen Monitors Datenziele von Ladeprozessen hinsichtlich der Anzahl der enthaltenen Requests überwachen und Housekeeping-Aktivitäten durchführen. Dadurch können Sie die Performance erhöhen und ermöglichen das Laden von wesentlich mehr Requests als bisher in ein Datenziel.

Den neuen Monitor (siehe Abbildung 2.12) rufen Sie über die Transaktion **RSREQREDUCE** auf. Er zeigt eine Auswahl von Datenzielen, die hinsichtlich der Anzahl der dort enthaltenen Requests als kritisch einzustufen sind. In diesem Monitor können Sie Requests ganz löschen oder die Liste der Requests im Datenziel reduzieren sowie die dazu notwendigen Vorbereitungsschritte durchführen. Diese Aktivitäten können Sie als periodische Jobs einplanen und überwachen.

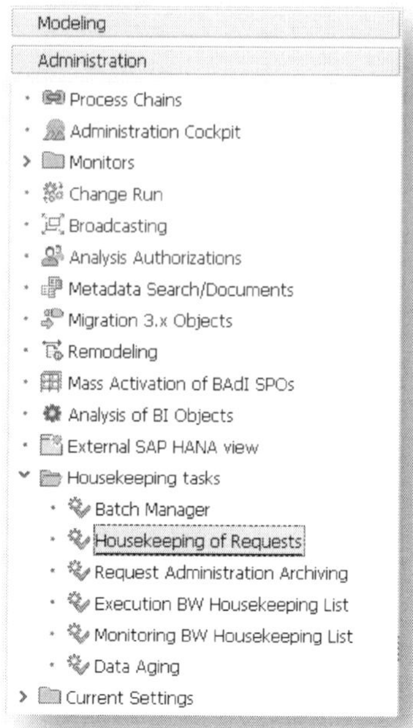

Abbildung 2.13: Housekeeping-Aufgaben über die RSA1

Mit BW 7.4 SP6 gibt es im Funktionsbereich Administration (siehe Abbildung 2.13) in der Data Warehousing Workbench einen neuen Gliederungsknoten Housekeeping-Aufgaben (Administration · Housekeeping-Tasks). Die oben genannte Transaktion **RSREQREDUCE** rufen Sie sodann über den Punkt Housekeeping of Requests auf.

Housekeeping von Requests

SAP-Hilfe

http://help.sap.com/saphelp_nw74/helpdata/de/16/f8cd5e74df4223b765818490b883e7/frameset.htm

2.4 Betrieb im Rechenzentrum

Aus dem Blickwinkel eines Rechenzentrums gibt es viele wichtige Aspekte die Umstellung auf HANA betreffend. Im Rahmen dieses Buches können wir nicht auf all diese Themen eingehen und konzentrieren uns daher auf einige aus unserer Sicht wichtige Gesichtspunkte.

Für eine eingehendere Beschäftigung verweisen wir auf das Buch »The SAP HANA Deployment Guide« von Bert Stechelmann (Espresso Tutorials).

Infos rund um das Thema HANA im Rechenzentrum

SAP-Hilfe insbesondere im »Administration Guide« und »Technical Operations Manual«
http://help.sap.com/hana_platform

»SAP HANA in Data Centers« von Dr. Ralf Czekalla
https://archive.sap.com/documents/docs/DOC-68122

In der »SAP HANA Academy« gibt es einen eigenen Bereich für »Administration, Security und Installation«:
https://www.youtube.com/user/saphanaacademy/

2.4.1 HANA-Releasestrategie

SAP HANA 1.0

Neue HANA-Funktionalität wird zweimal jährlich in Form von *Support Package Stacks* (SPS) veröffentlicht. Diese SPS referenzieren bestimmte HANA-*Revisionen* und *Support Packages* (SP) der einzelnen HANA-Plattform-Komponenten. HANA-Revisionen enthalten sowohl Fehlerkorrekturen als auch neue Funktionen und werden in mehrwöchigen Zyklen bereitgestellt. Um produktive Systeme mit Fehlerkorrekturen versorgen zu können, ohne neue Funktionen ins Spiel zu bringen, werden auch *Maintenance Revisionen* herausgegeben. Diese enthalten – auf Basis des vorigen SPS – lediglich die Fehlerkorrekturen.

Die in 2014 neu eingeführten HANA *Datacenter Service Points* sollen den Kunden darüber hinaus noch mehr Sicherheit und Orientierung geben, wann und auf Basis welcher Revision sie ein Wartungsrelease einspielen sollten. Vor der Freigabe eines Datacenter Service Points läuft eine Revision mindestens zwei Wochen in den SAP-eigenen HANA-Systemen im Produktivbetrieb, um Stabilität und Zuverlässigkeit zu garantieren.

Revisionen & Upgrades zu HANA 1.0

»HANA Revision Strategy«
https://www.sap.com/documents/2016/06/a82c98e7-747c-0010-82c7-eda71af511fa.html

»SAP HANA 1.0 Revisions- und Wartungsstrategie«
http://service.sap.com/sap/support/notes/2021789

»SAP HANA 1.0 Revision Strategie«
https://service.sap.com/~sapidb/011000358700001182742013

SAP HANA 2.0

Mit HANA 2.0 führt SAP eine neue Version ein, die, wie zuvor HANA 1.0, zweimal jährlich neue Funktionen erhält. Das bedeutet gleichzeitig, dass HANA 1.0 mit SPS12 im Wartungsmodus angekommen ist. Die Standard-Wartung ist zum Zeitpunkt der Drucklegung dieses Buches bis zum 31.05.2019 zugesagt.

SAP bietet aktuell zwei HANA-Versionen an:

1. Eine stabile HANA-Version 1.0 mit weiteren Maintenance-Revisionen, die Sicherheits-Patches und Fehlerkorrekturen enthalten.
2. Eine innovative Code-Linie mit HANA 2.0 und zweimal jährlich neuen Funktionalitäten.

Bei HANA 2.0 erweitert SAP auch die Versorgung älterer Versionen mit Fehlerkorrekturen und Sicherheits-Patches auf insgesamt ein Jahr. Daraus folgt beispielsweise, dass SPS1 bis zum Erscheinen des SPS3 noch mit Maintenance-Revisionen versorgt wird. Bei HANA 1.0 galt der Zyklus nur bis zum unmittelbar nächsten SPS. HANA 2.0 ist für BW 7.5 und BW/4HANA 1.0 freigegeben (SAP-Hinweis 2420699).

Revisionen & Upgrades zu HANA 2.0

»SAP HANA 2.0 Revisions- und Wartungsstrategie« *http://service.sap.com/sap/support/notes/2378962*

»SAP HANA 2.0 Revision Strategie« *https://service.sap.com/~sapidb/012002523100018101562016*

»Supported SAP Product versions on HANA 2.0« *https://blogs.sap.com/2017/02/20/supported-sap-product-versions-on-hana-2.0/*

2.4.2 Die HANA-Hardware

Anfangs gab es HANA-Hardware nur als Appliance zu kaufen, doch seit 2013 ist alternativ die Nutzung vorhandener Komponenten im Rechenzentrum mit HANA-Servern im Rahmen der *Tailored Data Center Integration (TDI)* möglich – sofern diese den Kriterien von HANA entsprechen. Beide Varianten und die Skalierbarkeit von HANA-Servern stellen wir nachfolgend kurz vor.

Die HANA Appliance

Die HANA Appliance wird als standardisiertes und optimiertes Paket angeboten, dass mit vorinstallierter Hard- und Software an den Kunden ausgeliefert wird. Ihre Hardwareseite besteht aus Standardkomponenten wie *Intel Xeon E7 CPUs* oder *IBM Power-Prozessoren*, Hauptspeichern in Größen ab 128 GB RAM, Netzwerkkarten zur Einbindung ins Firmennetz sowie Festplatten, Fusion-IO-Karten oder Solid State Disks (SSD) für die Persistenz von Daten- und Log-Volumes. Die meisten Server für BW auf HANA bzw. BW/4HANA haben mindestens 512 GB RAM.

Wenn Sie sich jetzt fragen, warum eine In-Memory Appliance auch Speicherplatz (Storage) in Form von Festplatten oder SSDs mitbringt, dann haben Sie das Prinzip einer IMDB verstanden. HANA hält die Daten primär im Hauptspeicher. Die Speicherung auf Festplatten wird lediglich zur Betriebssicherheit benötigt, damit im Falle eines Stromausfalls auch alle verbuchten Daten gesichert und wiederhergestellt werden können. Dies ist der Flüchtigkeit des Hauptspeichers geschuldet. Sobald es zukünftig nicht-volatile Hauptspeichermodule zu bezahlbaren Preisen geben wird, entfällt die Notwendigkeit, Festplatten oder SSD in der Appliance mitauszuliefern.

Um sicherzustellen, dass die Zusammenstellung der Hardwarekomponenten auch den Performanceanforderungen entspricht, gibt es für die Hardwarehersteller einen offiziellen Zertifizierungsprozess. Mittlerweile bieten vierzehn Hardwarelieferanten zertifizierte Server an (Bull, Cisco, Dell, Fujitsu, Hewlett Packard, Hitachi, Huawei, IBM, Inspur, Lenovo, NEC, SGI, Unisys und VCE).

Zertifizierte HANA Hardware

»Certified SAP HANA Hardware Directory«
http://global.sap.com/community/ebook/2014-09-02-hana-hardware/enEN/appliances.html

»Hardware-Anforderungen für SAP HANA 2.0«
https://launchpad.support.sap.com/#/notes/2399995

Die Hersteller installieren das Betriebssystem (Linux von SUSE oder Red Hat) und die HANA-Software bereits im Werk vor. Der große Vorteil dieser Vorgehensweise ist eine sehr gut aufeinander abgestimmte und vorkonfigurierte Hard- und Software, die mit minimalem Aufwand direkt in Betrieb genommen werden können.

Tailored Data Center Integration

Bei allen Vorteilen, die eine HANA Appliance als hochoptimiertes System mit vorinstallierter Hard- und Software bietet, so schränkt es auf der anderen Seite die Flexibilität der Kunden ein, beliebige Hardware einzusetzen. Insbesondere bei Großkunden, die ihren Rechenzentrumsbetrieb auf wenige Anbieter von Server- und Speicherlösungen standardisiert und optimiert haben, ist ein Appliance-Konzept nicht kompatibel zum bevorzugten Betriebsmodell.

Aus diesem Grund wird mit der TDI ein weiterer Weg angeboten, der deutlich mehr Kombinationen erlaubt. Diese »maßgeschneiderte« Integration ins Rechenzentrum (siehe Abbildung 2.14) wurde im Frühjahr 2013 ins Leben gerufen und soll den Kunden helfen, sowohl die Hardware- als auch die Betriebskosten zu senken, indem bereits vorhandene Komponenten wiederverwendet werden können.

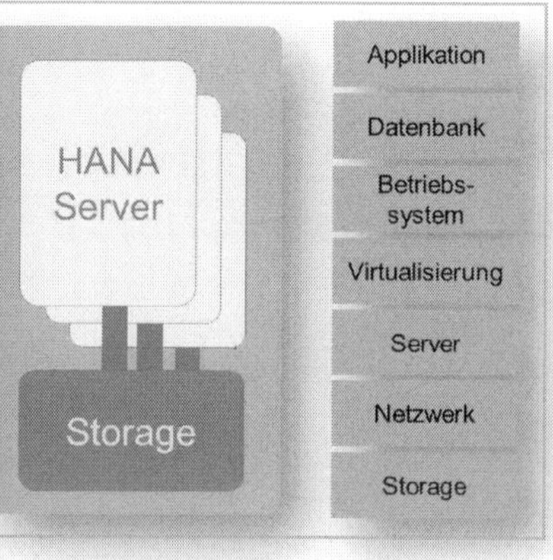

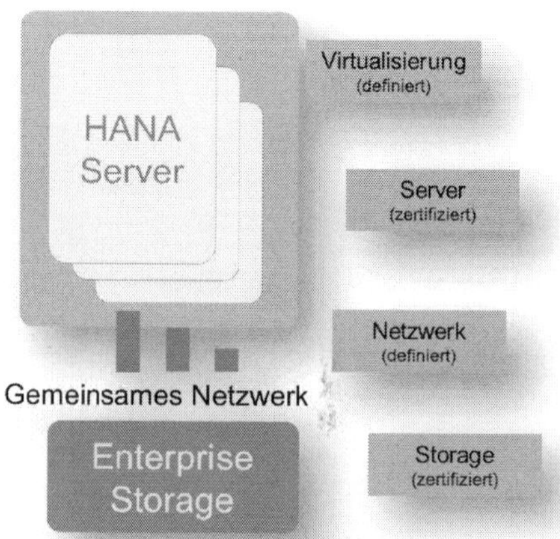

Abbildung 2.14: Tailored Data Center Integration – Übersicht

Weiterführende Informationen zu TDI

»Take Your Choice: How to Integrate HANA as Smoothly as Possible Into Your Data Center«
https://blogs.saphana.com/2013/09/24/take-your-choice-how-to-integrate-sap-hana-as-smoothly-as-possible-into-your-data-center/

»HANA Tailored Datacenter Integration (TDI)«
https://archive.sap.com/documents/docs/DOC-59755

Im Rahmen der TDI wurden in unterschiedlichen Phasen mehrere Ebenen von Komponenten zur flexiblen Bestückung geöffnet. Die **erste Phase** bezieht sich auf den Bereich *Storage*. Um Stabilität und Leistungsfähigkeit des Gesamtsystems zu gewährleisten, werden weiterhin nur zertifizierte Server für den Produktivbetrieb erlaubt. Allerdings ist es nun möglich, vorhandene Storage-Systeme anzuschließen und diese auch für andere Anwendungen neben HANA zu nutzen, sofern das Storage-System gewisse Performancekriterien erfüllt und genügend Kapazität bereithält.

TDI für Enterprise Storage

Blog zu »HANA Tailored Data Center Integration for Enterprise Storage is Available« *https://blogs.saphana.com/2014/01/29/announcement-sap-hana-tailored-data-center-integration-for-enterprise-storage-is-generally-available/*

Eine Liste der aktuell zertifizierten Storage-Systeme finden Sie auf der folgenden Webseite: *http://global.sap.com/community/ebook/2014-09-02-hana-hardware/enEN/enterprise-storage.html*

Mit wachsender Freiheit steigt allerdings auch die Verantwortung des Kunden. Mit TDI ist er nun selbst sowohl für die Installation des Systems als auch für den Betrieb im Zusammenspiel mit den verschiedenen Parteien (Hard- und Softwareanbieter) verantwortlich. Hierfür werden spezielle Administrations- und Installationskurse angeboten (siehe Anhang).

Die **zweite Phase** der Flexibilisierung im Rahmen der TDI betrifft den Bereich *Netzwerk*, bei dem es um die unterschiedlichen Netzwerksegmente geht (siehe Abbildung 2.15): die Verbindung zu Quelldatensystemen ❸, die Verbindung zur Applikation ❶, die Internode-Kommunikation ❹, die Verbindung im Rahmen der Systemreplikation ❺, die Verbindung zum Backup-Netzwerk ❼, die Verbindung zum Storage-System ❻ und natürlich auch die Verbindung zum Client-System ❷.

Alle Netzwerke müssen ordentlich segmentiert und können mit demselben Netzwerk-Switch verbunden sein. Die Empfehlung für die Bandbreite ist ≥ 10 Gbit/s für die Internode- und Backup-Kommunikation. Für die Verbindung zum Enterprise-Storage-Netzwerk sind ebenfalls ≥ 10 Gbit/s (Ethernet) oder ≥ 8 Gbit/s (FibreChannel) empfohlen. TDI gibt Ihnen so die Möglichkeit, weiterhin Ihre bestehende 10 Gbit/s Netzwerk-Infrastruktur zu verwenden. Anforderungen, wie in Scale-out-Konfigurationen separierte und dedizierte 10-Gbit/s-Verbindungen (oder schnellere) zwischen den HANA-Serverknoten einzusetzen, sind wesentlich, um HANA ordentlich zu betreiben und Support zu erhalten.

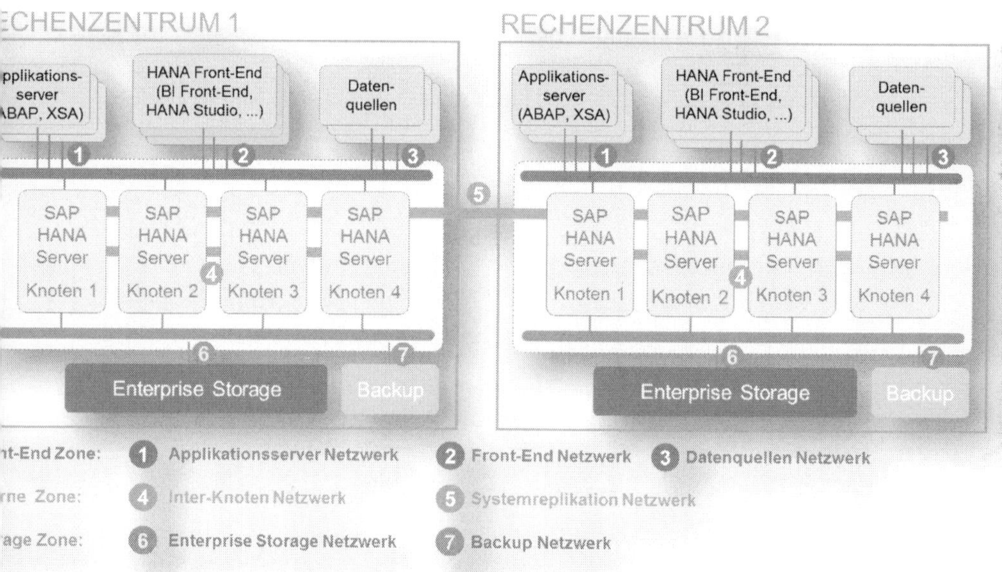

Abbildung 2.15: Tailored Data Center Integration – Netzwerk

Welche Netzwerksegmente Sie redundant für Hochverfügbarkeit auslegen, ist Ihnen als Kunde überlassen. Es wird aber empfohlen, die Netzwerke für die interne Kommunikation (❹ Internode und ❺ Systemreplikation) sowie für die Storage-Verbindungen (❻ Enterprise Storage und ❼ Backup) redundant auszulegen. Das gilt sowohl für das Netz selbst als auch für Router und Switches.

TDI für Enterprise Network

»SAP HANA Network Requirements«
https://archive.sap.com/documents/docs/DOC-60052

Weitere Details bietet der HANA Master Guide, Kapitel 3.3 »The HANA Network«
http://help.sap.com/hana/SAP_HANA_Master_Guide_en.pdf

Information zur Sicherheit im Netzwerk, Kapitel 4 im HANA Security Guide
http://help.sap.com/hana/SAP_HANA_Security_Guide_en.pdf

»The Evolution Continues: HANA Tailored Data Center Integration – Enterprise Network«
https://blogs.saphana.com/2013/10/22/the-evolution-continues-sap-hana-tailored-data-center-integration--enterprise-network/

Die **dritte TDI-Phase** öffnet den Zugang zu günstigen Server-Einstiegsmodellen mit Intel Xeon E5 26xx-Prozessoren bis zu 1,5 TB RAM. Unterstützt sind CPU-Modelle mit zwei CPU-Sockeln und mindestens 8 CPU-Kernen der Generationen Xeon E5 v2, v3 oder v4 im *Scale-up*. Server-Modelle, die diesen Vorgaben entsprechen, sind für die Nutzung mit HANA freigegeben und bedürfen keiner speziellen Zertifizierung. Sie wurden vom Hardware-Partner entsprechend getestet.

TDI für Server-Einstiegsmodelle

Eine Liste der aktuell freigegebenen Server-Einstiegsmodelle:
http://global.sap.com/community/ebook/2014-09-02-hana-hardware/enEN/entry-level-systems.html

Die **vierte TDI-Phase** ermöglicht die Nutzung von HANA auf Linux für IBM Power CPUs. Aktuell werden IBM-Power-8-Systeme für den Produktivbetrieb unterstützt.

TDI für IBM Power

Liste der aktuell freigegebenen IBM-Power-Server *http://global.sap.com/community/ebook/2014-09-02-hana-hardware/enEN/power-systems.html*

»SAP HANA auf IBM Power Systems: Zentralhinweis« *https://launchpad.support.sap.com/#/notes/2133369*

»Unterstützte Produkte bei der Ausführung von SAP HANA auf IBM Power Systems« *https://launchpad.support.sap.com/#/notes/2218464*

»Planung und Installation von SAP HANA auf IBM Power: zentraler Hinweis«
https://launchpad.support.sap.com/#/notes/2055470

Skalierbarkeit

HANA kann sowohl in einem *Single Server* (Scale-up) als auch in einem engen Rechnerverbund, einem sogenannten *Scale-out-Cluster,* betrieben werden. Letzterer ist dann notwendig, wenn der Datenbestand eines BW-Systems die zertifizierte Hauptspeichergröße eines einzelnen Serverknotens übersteigt (siehe Abbildung 2.16).

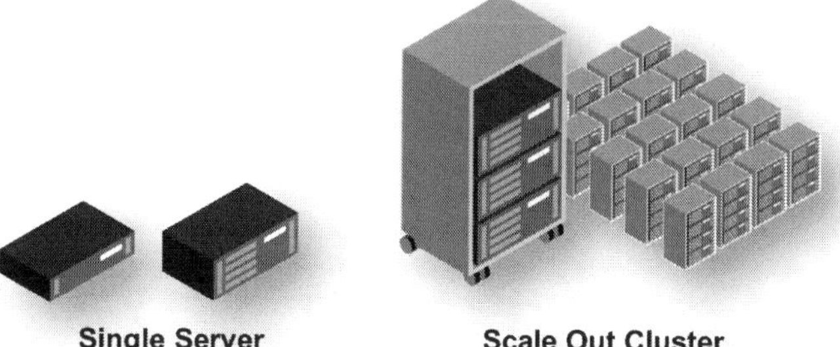

Abbildung 2.16: Single Server und Scale-out-Cluster

Server Scale-up bietet Ihnen darüber hinaus die Möglichkeit, einen bestehenden Serverknoten weiter auszubauen. Die Angebote der Hardwareanbieter zum Scale-up folgen zwei Verfahrensweisen: Bei den einen können Sie mit einem kleineren System (z. B. 256 GB) anfangen, und die Hardware erlaubt es Ihnen, bis zu einer Größe von 4 TB RAM oder mehr ohne Systemwechsel zu wachsen. Dabei werden im entsprechenden Verhältnis zusätzliche CPUs und Hauptspeichermodule nachgerüstet. Bei anderen Herstellern kann es sein, dass Sie zwischenzeitlich den Servertyp wechseln müssen.

Vorsicht bei der Hardwareauswahl

Achten Sie bei der Hardwareauswahl genau auf die Wachstumsmöglichkeiten im Scale-up und die zukünftige Erweiterbarkeit mit Servern der nächsten Generation, damit Sie später keine bösen Überraschungen erleben. Sprechen Sie die Hardwareanbieter explizit darauf an.

Entsprechend der Zertifizierung von Single Server Appliances, die wir im Abschnitt zuvor schon erwähnt haben, gibt es auch für Scale-out-Cluster einen definierten Zertifizierungsprozess der Hardware. Welche Hardware bereits zertifiziert ist, entnehmen Sie jeweils den zuvor genannten Quellen.

2016 hat Intel die vierte Generation der Xeon-E7-Prozessoren auf den Markt gebracht. Die Broadwell EX-basierte Generation hat bereits 24 Kerne pro CPU und ist für BW im Single-Server-Bereich bis zu 4 TB RAM freigegeben.

Systemerweiterung mit gemischten CPU-Typen

Sie haben ein bestehendes BW-System mit 3 Knoten auf Basis der Haswell EX CPUs mit je 2 TB RAM und benötigen jetzt mehr Platz. Sie können das System mit einem weiteren 2-TB-Knoten mit Broadwell EX CPUs erweitern – sofern die Serverhardware das unterstützt.

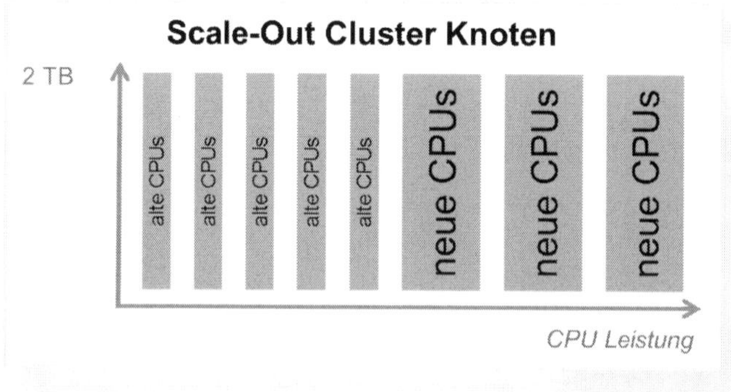

Abbildung 2.17: Scale-out – Heterogene Landschaften

Es ist ebenso möglich, bestehende BW auf HANA-Systeme mit Knoten dieser neuen Hardwaregeneration zu erweitern (siehe Abbildung 2.17). Ziel ist, die bestehende Landschaft erweitern zu können, um einen nahtlosen Wachstumspfad zu ermöglichen. Hierzu gibt es folgende Punkte zu beachten:

- Hardware vom selben Hardwarelieferanten,
- gleiche RAM-Größe auf allen Servern (z. B. 2 TB),
- bei verteilten Tabellen bestimmt der langsamste Server die gesamte Performance.

Für den Scale-out-Betrieb sind derzeit Servergrößen verschiedener Hersteller mit 512 GB bis 4 TB und bis zu 112 Rechnerknoten im Verbund zertifiziert. Damit kommen Sie im Maximalausbau auf einen Hauptspeicher von 448 TB RAM, was nach dem Sizing einem Rohdatenvolumen von fast 1 PB entspricht, das vollständig im Hauptspeicher gehalten werden kann. Zusätzlich können Sie im BW über Technologien wie *Extension Nodes*, *Dynamic Tiering* oder auch *Nearline Storage* auf wesentlich mehr Daten online zugreifen. Diese für die End-User völlig transparenten Methoden werden wir Ihnen in den Abschnitt 3.3 näher erläutern.

Obergrenzen der Zertifizierung

In den Listen zu zertifizierten Servern im Scale-out finden Sie, je nach Hersteller und Konfiguration, Restriktionen bei der maximalen Anzahl der zusammenschaltbaren Rechnerknoten.

Diese Obergrenzen sind nicht durch die HANA-Datenbank limitiert.

Bei der größten gelisteten Konfiguration mit 112 Knoten bestimmt beispielsweise die maximale Zahl der Anschlüsse im verwendeten Netzwerk Switch (56) den weiteren Ausbau. Durch Anschluss eines dritten Switches kann die Anzahl der Knoten in erhöht werden.

Die größten momentan zertifizierten Systeme spiegeln auch die von Kunden nachgefragten Konfigurationen wider: Bislang werden Systeme in dieser Größenordnung nur für Abfragen der maximalen Skalierbarkeit benötigt.

Bei Scale-out-Konfigurationen benötigen Sie für BW mindestens zwei *Worker-Knoten* und einen *Master-Knoten*. Scale-out bringt allerdings keinen Performancegewinn. Deshalb sollte ein BW-System besser auf einem Single Server bleiben. Damit vermeiden Sie Internode-Kommunikation über das Netzwerk und erhalten eine sehr gute Performance. Für größere Systeme – insbesondere für BW-Systeme über 20 TB – empfiehlt es sich, auch eher große Rechnerknoten mit 3 TB oder 4 TB RAM zu wählen, um die Kommunikation über das Netzwerk minimal zu halten. Mehr Informationen zur optimalen Anzahl an Scale-out-Knoten finden Sie in den SAP-Hinweisen 1702409 und 1736976.

Bei der verteilten Datenhaltung in einem Scale-Out-System stellt sich immer die Frage nach der optimalen Verteilung der Daten über die Rechnerknoten. Dieser Frage werden wir uns im Abschnitt 4.2 näher widmen.

Weitere Quellen zum Thema Scale-out

»BW Powered by HANA Scale Out – Best Practices« *https://blogs.sap.com/2013/03/27/sap-netweaver-bw-powered-by-sap-hana-scale-out-best-practices/*

»Sizing-Empfehlung für Master-Knoten in BW auf HANA«
https://launchpad.support.sap.com/#/notes/1855041

Ausnahmeregelung für mehr Hauptspeicher

Sollten Sie ein Scale-out-BW-System haben und regelmäßig Situationen mit Hauptspeicherengpässen (Out-of-memory) bei gleichzeitiger Unterauslastung der Prozessoren erleben, dann ermöglicht Ihnen SAP die Ausnahmeregelung, den RAM zu erhöhen. Das passiert nicht automatisch. Sie müssen sich an die Vorgehensweise im SAP-Hinweis 1903576 halten.
https://launchpad.support.sap.com/#/notes/1903576

Hardwareanforderungen für nicht produktiven Betrieb

Die Anforderungen an nicht produktive Systeme für Entwicklung, Test, Qualitätssicherung, Schulung, Sandbox etc. sind gelockert. Es müssen dafür nicht ausschließlich zertifizierte Server zum Einsatz kommen. Die Prozessoren müssen allerdings auch hier Intel Xeon E7/E5 oder IBM Power CPUs sein (siehe Abschnitt 2.4.2). Der Hauptspeicher kann jetzt bis zum Maximum der Serverkonfiguration ausgenutzt werden, d. h., es können auch acht CPU-Server mit 6 oder 8 GB RAM bestückt werden. Darüber hinaus sind Standard-Netzwerkkomponenten erlaubt.

Wichtig beim Betrieb nicht zertifizierter Hardware

Sollten Sie z. B. ein Test- oder Qualitätssicherungssystem einsetzen, in dem Sie vor Produktivsetzung Performancetests durchführen, dann empfehlen wir Ihnen, dieses System analog zum Produktivsystem aufzubauen und nur zertifizierte Hardware einzusetzen.

Darüber hinaus ist es wichtig zu wissen, dass Sie bei performancerelevanten Problemen nur Support auf zertifizierter Hardware bekommen.

Auf der Storage-Ebene wird die zweifache Größe des RAM als Minimum empfohlen, und es können lokale Platten in der Appliance oder gemeinsam genutzte Systeme (shared Storage) mit den Dateisystemen GPFS (nur IBM), NFS oder XFS eingesetzt werden. Systeme, welche die zuvor beschriebenen Merkmale aufweisen, müssen nicht zertifiziert werden und können sowohl direkt auf der Hardware als auch virtualisiert betrieben werden.

Weitere Details zur HW im nicht produktiven Betrieb

»Kostenoptimierte SAP-HANA-Hardware für die nichtproduktive Nutzung«
http://service.sap.com/sap/support/notes/2271345

Blog auf saphana.com
https://blogs.saphana.com/2014/08/12/cost-optimized-sap-hana-infrastructure-requirements-for-non-production-usage/

2.4.3 Mehrere Systeme auf einer Hardware

Standard Deployment

In einem klassischen Szenario (siehe Abbildung 2.18) wird BW auf HANA mit einer dedizierten Hardware betrieben, d. h. eine HANA-Datenbank auf einer Appliance mit einem Datenbankschema für ein BW-System. Das ist das einfachste Implementierungsszenario, das auf zertifizierter Hardware ohne Einschränkungen erlaubt ist.

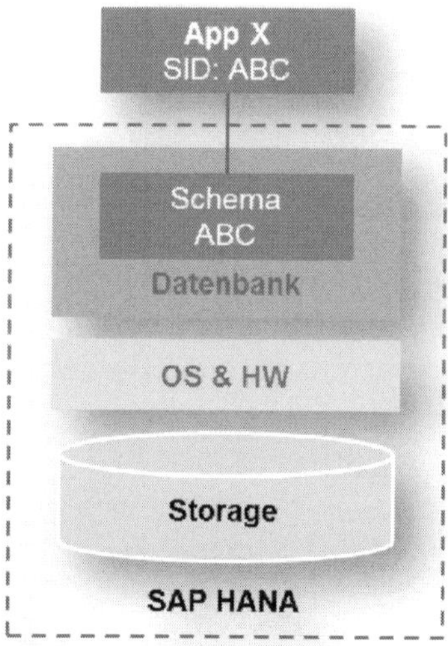

Abbildung 2.18: Standard Deployment

Der Hauptvorteil ist maximale Performance für eine bestimmte Applikation ohne Konfliktpotenzial mit anderen Applikationen. Der Nachteil dieses Betriebsmodells sind sicherlich die erhöhten Kosten für solche dedizierten Systeme.

In der Praxis gibt es immer wieder Anforderungen, die es notwendig machen, mehrere Applikationen auf einer Appliance zu betreiben. Insbesondere bei Test- und Entwicklungsumgebungen ergibt es Sinn, aus Kostengründen Systeme zusammenzulegen. Die Optionen erklären wir Ihnen in den folgenden Abschnitten.

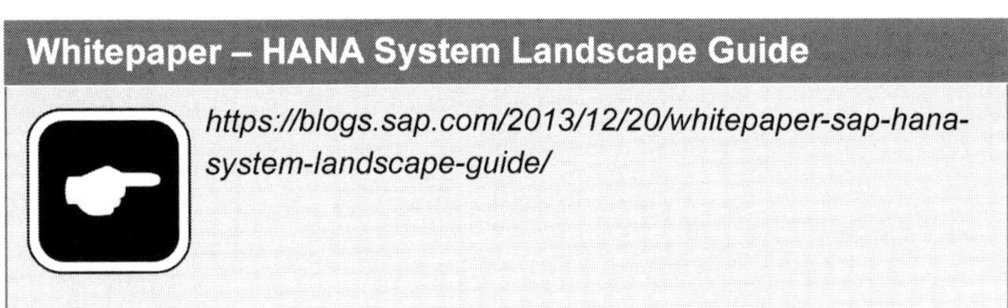

Multiple Components on one Database (MCOD)

Dieses Szenario beschreibt die Möglichkeit, mehr als ein Einsatzszenario, eine Applikation oder Komponente in unterschiedlichen Datenbankschemata auf einer HANA-Datenbank und der gleichen Hardware zu betreiben (siehe Abbildung 2.19).

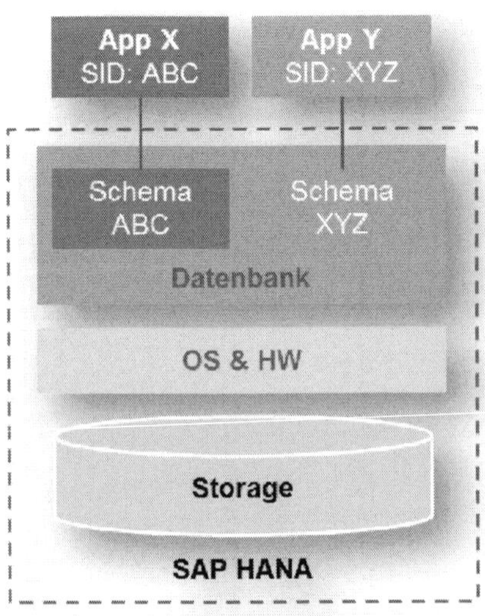

Abbildung 2.19: Multiple Components on one Database (MCOD)

Diese MCOD-Variante ist, mit Einschränkungen, auch im produktiven Betrieb erlaubt. Es gibt im SAP-Hinweis 1661202 eine sogenannte *Whitelist*. Diese dokumentiert, welche Applikationen, Komponenten oder Szenarien miteinander auf dem gleichen HANA-System laufen dürfen. Mit anderen Worten: Wenn eine Applikation oder ein Szenario nicht in der Whitelist genannt ist, dann ist ein Parallelbetrieb in der Produktion auf dem gleichen System nicht erlaubt. In nicht produktiven Umgebungen ist diese Variante ohne Einschränkungen möglich und hilft, mehrere Applikationen kostenoptimiert zu betreiben.

Bitte beachten Sie, dass die unterschiedlichen Applikationen für das Sizing zusätzlich zu bemessen sind (vgl. Abschnitt 2.1) und die unterschiedlichen Applikationen sich aus Performancesicht gegenseitig negativ beeinflussen könnten.

Beispiel für ein MCOD-Szenario ist BW im Datenbankschema ABC und ein CO-PA Accelerator im Datenbankschema XYZ.

SAP-Hinweise für MCOD-Szenarien

»Support for multiple applications on HANA«
https://launchpad.support.sap.com/#/notes/1661202

»Multiple applications Business Suite powered by HANA«
https://launchpad.support.sap.com/#/notes/1826100

Multiple Components on one System (MCOS)

Unter dem MCOS-Szenario versteht man, dass mehr als eine HANA-Datenbank im gleichen System betrieben wird. Es ist für Single Server und Scale-out-Systeme erlaubt, wobei jede Datenbank ihren eigenen System Identifier (SID) erhält (siehe Abbildung 2.20). Momentan ist diese Variante nur mit Einschränkungen (SAP-Hinweis 1681092) und seit HANA 1.0 SPS 09 auch im produktiven Betrieb zugelassen.

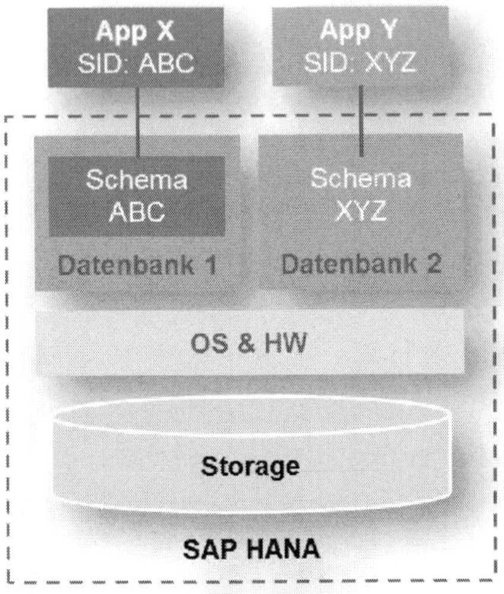

Abbildung 2.20: Multiple Components on one System (MCOS)

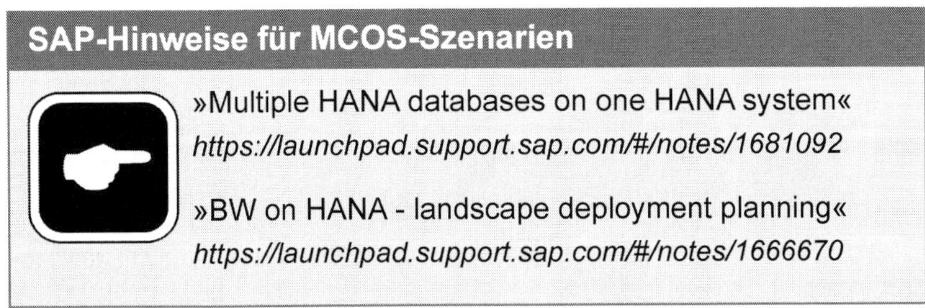

SAP-Hinweise für MCOS-Szenarien

»Multiple HANA databases on one HANA system«
https://launchpad.support.sap.com/#/notes/1681092

»BW on HANA - landscape deployment planning«
https://launchpad.support.sap.com/#/notes/1666670

Virtualisierung & Partitionierung

Die Möglichkeit der Virtualisierung und Partitionierung wird typischerweise von Kunden nachgefragt, die ihren Systembetrieb über diese Technologie vereinfacht haben, um einen flexiblen und kostengünstigen Betrieb zu gewährleisten.

Aus Performancesicht ergibt es allerdings kaum Sinn, HANA als hochoptimiertes System in einer virtualisierten Umgebung zu betreiben. HANA wurde dahingehend optimiert, die Arbeitslast der Datenbank auf die einzelnen CPU-Kerne zu verteilen und häufig verwendete Daten in den Level-1-, 2- oder 3-Caches relativ nah an den CPU-Registern zu halten. In einer virtualisierten Umgebung schiebt sich der *Hypervisor* der Virtualisierungssoftware zwischen Hardware und Betriebssystem, wie Abbildung 2.21 links zeigt. Der Hypervisor ist eine Art »Aufseher«, der die einzelnen *virtuellen Maschinen* (VM) betreibt. Bei den unterschiedlichen Technologien zur Hardware-Partitionierung ist das ähnlich. Dort schiebt sich die Hardware-Partition zwischen Betriebssystem und Hardware (Abbildung 2.21 rechts). Damit greift HANA nicht mehr direkt auf CPU und Hauptspeicher zu, sondern operiert immer über diese Zwischenschichten. Die zusätzliche Schicht führt per se zu längeren Zugriffszeiten.

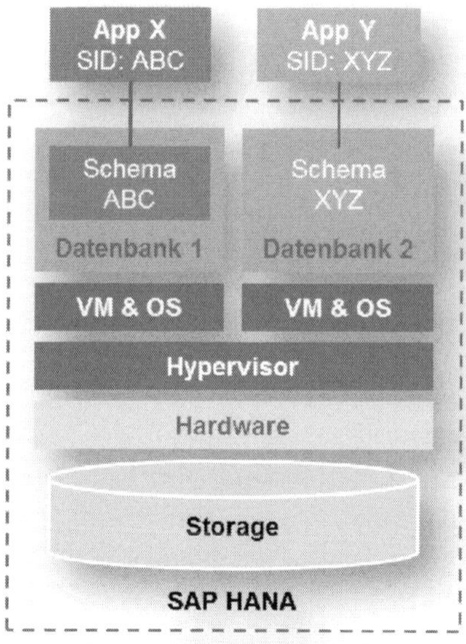

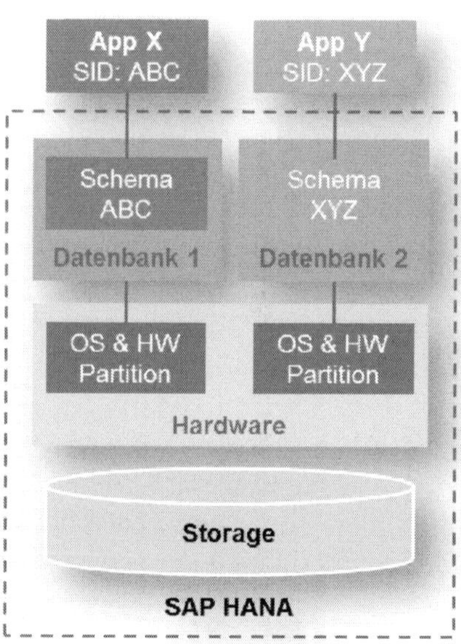

Abbildung 2.21: HANA-Virtualisierung & Partitionierung

Tests haben gezeigt, dass der Hypervisor nicht so intelligent ist wie die HANA-Software selbst und es immer wieder zu unvorhersehbaren Effekten kommen kann, welche die Performance verschlechtern. Abhängig von der Arbeitslast und der Virtualisierungstechnologie sind das zwischen 3 und 17 %. Um dieses Problem zu lösen, muss die Hypervisor-Software intelligenter werden und die Arbeitsweise von HANA besser kennen.

SAP BW Enhanced Mixed Load Benchmark (BW-EML)

Beim öffentlich zugänglichen BW-EML-Benchmark hat Hewlett Packard 2014 den gleichen Benchmark-Test einmal mit VMware-Virtualisierung (Zertifizierung Nummer 2014021) und einmal ohne (2014009) durchgeführt. Der Performanceverlust durch die Virtualisierung bei identischer Hard- und Software betrug durchschnittlich etwa 12 %.

http://www.sap.com/solution/benchmark/appbm/netweaver.enhanced-mixed-load-bw-eml-obsolete.html

Ein weiteres Problem sind die Beschränkungen der Virtualisierungssoftware selbst. Derzeit werden z. B. mit vSphere 5.5 von VMware maximal 64 virtuelle CPUs und 1-TB-Hauptspeicher und mit vSphere 6.0 bzw. 6.5 maximal 4 TB RAM und 128 vCPUs unterstützt. Darüber hinaus gibt es diverse Einschränkungen von SAP, u. a. das Verbot der Mehrfachvergabe (*Overcommitting*) von CPU und RAM. Alle Restriktionen finden Sie im zentralen SAP-Hinweis 1788665 zur SAP-HANA-Unterstützung für virtualisierte und partitionierte Umgebungen. Dort sind auch eine vollständige Liste aller unterstützten Hard- und Softwaretechnologien sowie Verweise zu deren Einzelhinweisen hinterlegt.

Weiterführende Informationen zur Virtualisierung

»HANA Support Note for VMware Virtualized Environments«
https://launchpad.support.sap.com/#/notes/1788665

»SAP on VMware vSphere«
https://wiki.scn.sap.com/wiki/display/VIRTUALIZATION/SAP+on+VMware+vSphere

Multi-tenant Database Containers

HANA unterstützt mehrere isolierte Datenbanken in einem einzelnen HANA-System. Diese *Multi-tenant Database Containers* (MDC) wurden erstmalig mit HANA 1.0 SPS 09 eingeführt und werden als »Tenant-Datenbanken« bezeichnet.

Diese kennzeichnet eine Mehr-Mandantenfähigkeit auf Datenbankebene, ähnlich wie Sie es von SAP-Applikationen auf NetWeaver-ABAP-Systemen kennen. Das Konzept basiert auf einem einzelnen HANA-System (eine Instanz = SID), die zusätzlich zu einer Systemdatenbank mindestens eine Tenant-DB enthält (Abbildung 2.22).

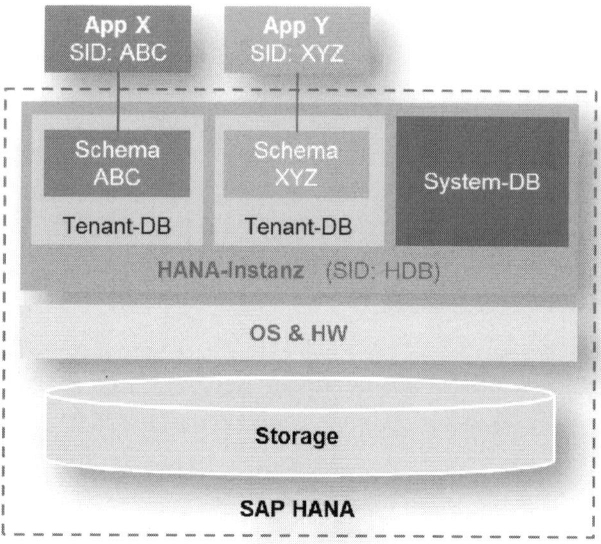

Abbildung 2.22: Multi-tenant Database Containers

Die System-DB bietet systemweite Konfiguration und Überwachung, enthält systemweite Landschaftsinformationen, aber keine Userdaten (Indexserver). Jede Tenant-DB hingegen hat technisch gesehen ihren eigenen Indexserver. Standardmäßig sind Tenant-DB in Bezug auf Anwendungsdaten und Benutzerverwaltung strikt voneinander isoliert. Diese Isolation unterbindet es, dass Benutzer der einen Tenant-

DB Verbindung zu einer anderen Tenant-DB herstellen und dort auf die Anwendungsdaten zugreifen.

Sizing und Implementierung von MDC

Führen Sie ein Sizing für alle Anwendungen durch und wenden Sie dann einen additiven Sizing-Ansatz an. Lesen Sie hierfür die SAP-Hinweise 1774566, 1825774 und 2121768.

Da alle Tenant-DB Teil der gleichen HANA-Installation sind, werden sie alle mit derselben HANA-Revision ausgeführt. Zudem können sie unabhängig voneinander gesichert und wiederhergestellt werden. Des Weiteren gilt in Bezug auf Hochverfügbarkeit und Desaster Recovery für alle Tenants das definierte HA/DR-Szenario.

SAP hat jüngst mit HANA 2.0 SPS 01 MDC als Standard-Betriebsmodus eingeführt. Somit haben nun alle Systeme eine Systemdatenbank und mindestens eine Tenant-DB. Existierende Systeme werden während des Upgrade-Prozesses automatisch konvertiert.

Multi-tenant Database Containers

»FAQ – SAP HANA: Tenant-Datenbank«
https://launchpad.support.sap.com/#/notes/2104291

»SAP HANA: Tenant-Datenbanken – zusätzliche Informationen«
https://launchpad.support.sap.com/#/notes/2096000

»FAQ: SAP HANA Multitenant Database Containers (MDC)«
https://launchpad.support.sap.com/#/notes/2101244

Für Anwendungsfälle, bei denen ein datenbankübergreifender Zugriff erforderlich ist, können Sie den »Cross-Database Access« aktivieren und schreibgeschützte Abfragen zwischen mehreren Tenant-DB ermöglichen. Auf diese Weise können Datenbankobjekte wie Tabellen und Views aus einer Tenant-DB von Benutzern anderer Tenant-DB gelesen werden. Dafür ist eine Benutzerzuordnung in der Remote-Tenant-DB erforderlich. Der datenbankübergreifende Zugriff weist an einigen Stellen Beschränkungen auf, die Sie in der Dokumentation beschrieben finden (Kasten: Cross-Database Access).

Cross-Database Access

»SAP HANA Administration Guide«
http://help.sap.com/hana_platform

»Einschränkungen für datenbankübergreifenden Zugriff in einer SAP-HANA-MDC-Umgebung«
https://launchpad.support.sap.com/#/notes/2196359

Auch BW-Funktionen können für den datenbankübergreifenden Zugriff verwendet werden. Allerdings müssen Sie mindestens HANA 1.0 SPS 12 installiert haben. Ab BW 7.50 SP04 und BW/4HANA 1.0 wird dieser Zugriff von der neuen BW-DataSource oder dem neuen Quellsystem für SAP HANA unterstützt (SAP-Hinweis 2175904). Ab BW 7.50 SP05 und SAP BW/4HANA 1.0 unterstützt der Open ODS View ebenfalls den datenbankübergreifenden Zugriff. Mittels BW können Sie derzeit auf Tabellen, SQL- und Calulation-Views in entfernten Tenant-DB zugreifen.

BW und Cross-Database Access

»Anmerkungen zu HANA-Tenant-Datenbanken und BW«
https://launchpad.support.sap.com/#/notes/2121768

»FAQ: BW und SAP-HANA-Tenant-Datenbank: datenbankübergreifender Zugriff in SAP-HANA-Tenant-DB«
https://launchpad.support.sap.com/#/notes/2312583

BW und HANA in der Cloud

Zusätzlich zum klassischen Betrieb im eigenen Rechenzentrum (On Premise) gibt es mittlerweile einige Optionen, BW auf HANA bzw. BW/4HANA auch produktiv aus der Cloud zu beziehen.

SAP HANA-Cloud-Angebote

Einen Überblick über alle angebotenen Optionen bekommen Sie auf *http://www.sap.com/product/technology-platform/hana/implementation/deployment.html.*

Die *HANA Enterprise Cloud* ist ein Angebot der SAP SE, mit dem Sie Ihr BW HANA-basiert komplett in einer sicheren Private-Cloud-Umgebung betreiben können. Nachdem die Kunden anfänglich noch die eigenen Software-Lizenzen mitbringen mussten, gibt es dieses Angebot auch vollständig über ein Subskriptionsmodell.

HANA Enterprise Cloud

http://www.sap.com/services/hana-enterprise-cloud.html

Mehr über die SAP-Rechenzentren erfahren Sie unter *http://www.sapdatacenter.com/*

Außer in Testinstallationen können Sie BW und BW/4HANA auch produktiv in einer Public-Cloud-Umgebung betreiben. *Amazon Web Services* (AWS) bietet hierzu Systeme mit bis zu 14 TB RAM (AWS) und *Microsoft Azure* bis zu 32 TB RAM jeweils im Scale-out an.

Public-Cloud-Angebote

»SAP HANA in der AWS-Cloud« *https://aws.amazon.com/de/sap/solutions/saphana/*

»SAP BW/4HANA for the AWS Cloud« *https://aws.amazon.com/de/sap/solutions/bw4hana/*

»SAP HANA in MS Azure«
https://azure.microsoft.com/en-us/services/virtual-machines/sap-hana/

»HANA Developer Edition & Trial-Systeme«
http://www.sap.com/developer/trials-downloads.html

ABAP-Applikationsserver auf HANA-Hardware

Die HANA-Datenbankplattform und den ABAP-AS auf einem Single Server (Scale-out ist nicht unterstützt) zu betreiben, ist eine ressourcen- und kostenoptimierte Variante des Systembetriebs (siehe Abbildung 2.23).

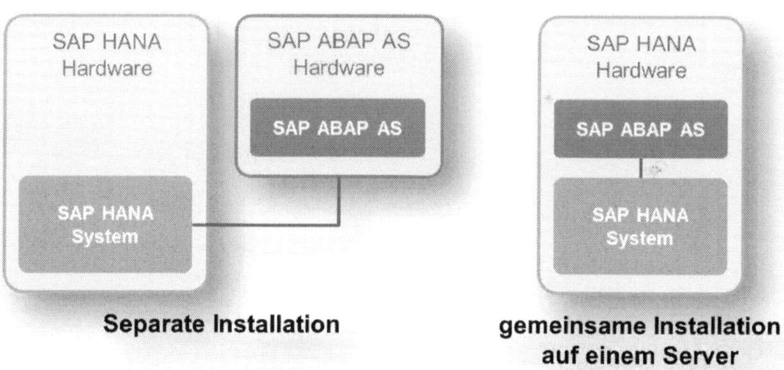

Abbildung 2.23: Installation des ABAP-AS auf HANA-Hardware

Ab HANA 1.0 SPS 07 und NetWeaver 7.4 ist dieses Betriebsmodell erlaubt (SAP-Hinweis 1953429). Im BW-Umfeld kommt oft die Frage nach dem JAVA-Applikationsserver. Auch dieser kann auf dem gleichen Server laufen, sofern genügend Ressourcen zur Verfügung stehen.

Voraussetzungen dafür sind separate SIDs sowie ein additives Sizing. Des Weiteren benötigen Sie als Kunde einen zertifizierten Spezialisten, der die HANA-Installation beherrscht (Certified Technology Specialist – HANA Installation – E_HANAINS131).

Weitere Details zum ABAP-AS auf HANA-Hardware

»HANA and ABAP-AS Deployed on One Server is Available«

https://blogs.saphana.com/2013/12/31/announcement-sap-hana-and-sap-netweaver-as-abap-deployed-on-one-server-is-generally-available/

»HANA und ABAP-AS auf nur einem Server«

https://launchpad.support.sap.com/#/notes/1953429

3 Neuerungen in der Datenbewirtschaftung

Die Datenbewirtschaftung ist ein zentrales Thema des SAP BW. Wir beschränken uns in diesem Buch auf die neueren Technologien wie Operational Data Provisioning (ODP) und die neuen Quellsystemtypen »SAP HANA« und »Big Data«. In diesem Kapitel lernen Sie, wie und in welchen Situationen Sie diese Technologien einsetzen können.

3.1 Operational Data Provisioning

Für die Bereitstellung von Daten zur weiteren Verarbeitung innerhalb oder außerhalb eines Unternehmens gibt es viele Verfahren. Typischerweise werden Daten über eng verzahnte Schnittstellen oder zusätzliche Datenintegrationswerkzeuge (sog. ETL-Werkzeuge) ausgetauscht. *Operational Data Provisioning* (ODP) hebt diese enge Bindung zwischen Quelle und Ziel auf und bietet mit einem generischeren Ansatz eine neue Qualität der Datenintegration.

BW-DataSources stellen bereits eine Abstraktionsschicht dar, welche die Extraktstruktur im Quellsystem mit der PSA-Schicht im BW verbindet. Dieser Ansatz wurde speziell für das BW-System entwickelt, allerdings gibt es andere Systeme mit abweichenden Anforderungen für analytische Anwendungen. Somit musste ein neuer Ansatz geschaffen werden, ohne für jedes Zielsystem eine separate Technologie bereitzustellen.

Abbildung 3.1 zeigt im Überblick den Aufbau des ODP mit möglichen Quellen und Zielen. Das ODP Framework basiert auf NetWeaver-Technologie und nutzt die *Operational Delta Queue* (ODQ), welche die persistente Datenablage im NetWeaver-Quellsystem darstellt. ODP benötigt deshalb keine HANA-Datenbank und funktioniert somit auch mit BW-Systemen auf traditionellen Datenbanken. Zwei Varianten benötigen tatsächlich HANA: wenn Sie HANA Views als Quelle nutzen möchten bzw. Smart Data Integration als Ziel, denn beides basiert auf HANA-Technologie.

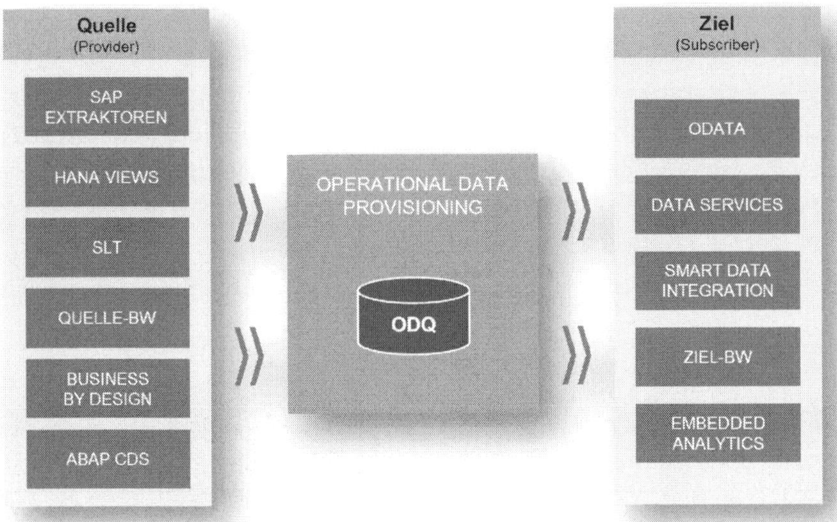

Abbildung 3.1: ODP im Überblick

Bei den ODP-Quellstrukturen wird grundsätzlich in Stamm- und Transaktionsdaten unterschieden. Die Stammdaten sind weiter in Attribute, Texte und Hierarchien unterteilt, wie Sie das von den InfoObjecten im BW kennen.

Neben der Entkopplung von Quelle und Ziel bringt ODP noch einige interessante Funktionen mit:

- ODP ermöglicht die einmalige Extraktion der Quelldaten (Provider) und stellt sie mehreren Zielsystemen (Subscriber) zur Verfügung (»extract once, deploy many«).
- Die ODQ ist eine Schlüsselkomponente von ODP. Sie vereinheitlicht den Datenaustausch, die Konfiguration und das Monitoring für alle Quell- und Zielsystemtypen mit zeitstempelbasiertem Wiederherstellungsmechanismus für alle Datenquellen

und separat konfigurierbaren Aufbewahrungsfristen (Data Retention) für jedes Ziel.

- ODP ermöglicht eine weitere Reduzierung der persistenten Datenschichten im BW bei gleichzeitiger Verkürzung der Datenlatenz. Sie können bei einer ODP-DataSource einen deltafähigen DTP ohne PSA und InfoPackages anlegen ❶ (siehe Abbildung 3.2) und die Daten direkt aus der ODQ in InfoProvider laden.

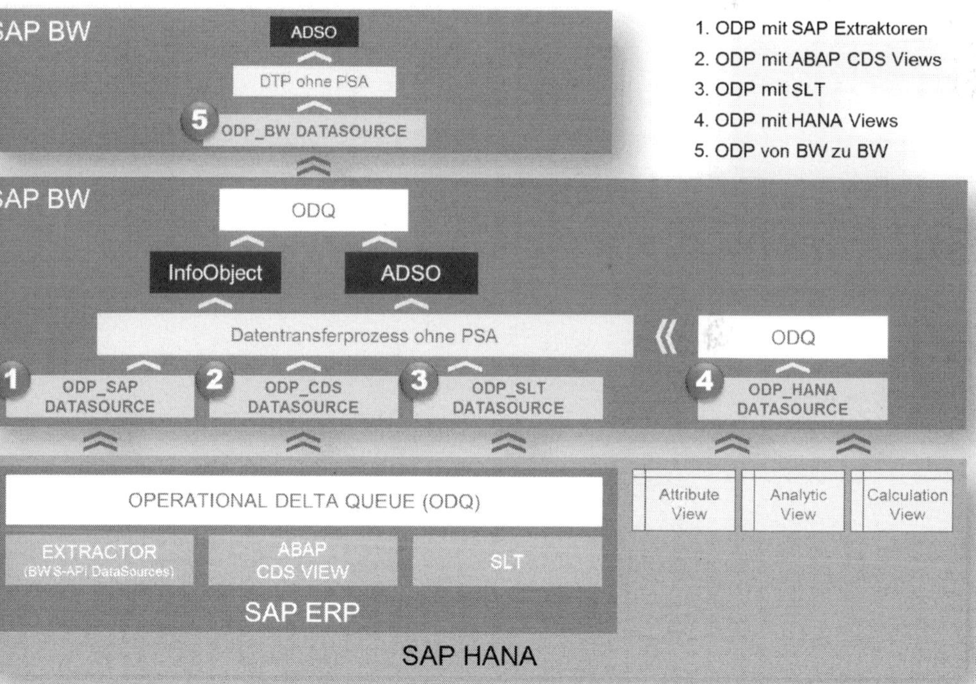

Abbildung 3.2: ODP BW-Architektur – Übersicht

- Vereinfachte Echtzeitreplikation von Daten aus SLT ins BW über die ODQ und Real-time DTPs ❸.
- Datenladung im Delta-Verfahren auch aus Nicht-SAP-Quellen via SLT.

- Die Replikation in die ODQ stellt über die *Transactional Sequence Number* (TSN) transaktionale Kohärenz sicher, indem die Transaktionen in der korrekten Reihenfolge geführt werden (»Exactly Once in Order«).
- Intelligente Parallelisierungsoptionen und hohe Datenkomprimierungsraten (bis zu 90 %) ermöglichen effiziente Laufzeiten für Datenladungen auch bei großen Datenmengen, sodass einige Standardextraktoren durch diese Technologie schneller sind als mit der bisherigen Methode. Labortests zeigen Einsparungen um 40 %. Sollte allerdings die Extraktionslogik im Quellsystem den Engpass darstellen, so wird sich der Durchsatz bzw. die Laufzeit kaum ändern.

Weitere Informationen zu ODP

»ODP Data Replication API 1.0«
https://launchpad.support.sap.com/#/notes/1521883

»ODP Data Replication API 2.0«
https://launchpad.support.sap.com/#/notes/1931427

SAP Community WIKI
https://wiki.scn.sap.com/wiki/pages/viewpage.action?pageId=449905847

SAP-Hilfe für BW 7.5
http://help.sap.com/saphelp_nw75/helpdata/de/c6/afacb707764885a6fb62f511c24f34/content.htm

SAP-Hilfe für BW/4HANA 1.0
http://help.sap.com/saphelp_bw4hana10/helpdata/de/c6/afacb707764885a6fb62f511c24f34/content.htm

Abbildung 3.3 zeigt die neuen ODP-Quellsysteme aus BW-Sicht in der Data Warehousing Workbench (RSA1). Was die einzelnen ODP-Quellsystemtypen bedeuten, erklären wir im nächsten Abschnitt.

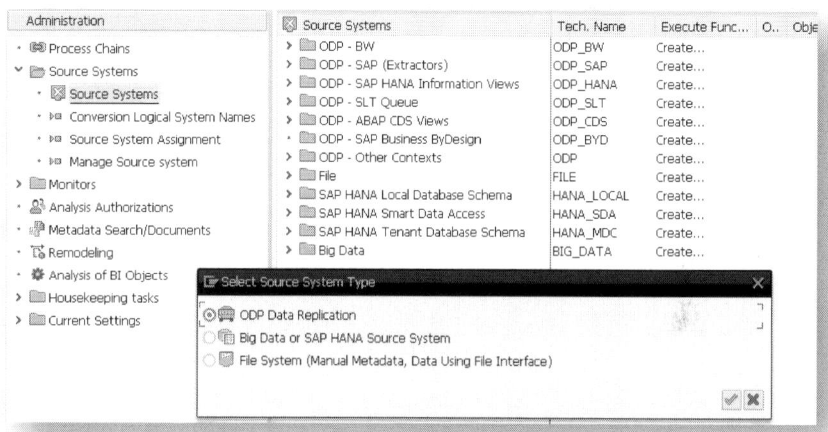

Abbildung 3.3: ODP-Quellsysteme in BW/4HANA

3.1.1 ODP-Quellen

Mit BW 7.5 bzw. BW/4HANA 1.0 sind sieben ODP-Quellsysteme verfügbar.

ODP – Business Warehouse

In Abbildung 3.2 sehen Sie auch, dass BW selbst als ODP-Quellsystem für andere BW-Systeme dienen kann ❺. Mit BW 7.4 SP5 können Sie per ODP auf (A)DSOs, InfoCubes, semantisch partitionierte Objekte (SPOs), HybridProvider, MultiProvider, InfoSets, Queries (als InfoProvider) und InfoObject-Merkmale (Attribute, Texte, Hierarchien) von BW- zu BW-System zugreifen. Technisch werden beide Systeme dabei per RFC (Remote Function Call) verbunden. CompositeProvider stehen Ihnen im Quell-BW-System ab Release 7.5 zur Verfügung.

ODP – SAP-Extraktoren

ODP in Verbindung mit den klassischen SAP-Extraktoren ist aus Sicht eines BW-Modellierers ein sehr interessanter Anwendungsfall. Ohne zusätzliche Konfiguration unterstützt ODP die BW-Extraktoren, die ab NetWeaver 7.0 SP24 (7.01 SP09, 7.02 SP08, 7.3 SP08, 7.31 SP05, 7.4 SP02) mit dem Plug-in PI_BASIS 2005_1_700 SP24 veröffentlicht wurden (mehr Informationen dazu im SAP-Hinweis 2232584). Für BW sind die ODP-basierten Extraktoren ab Release 7.4 empfohlen.

In der Tabelle ROOSATTR (DataSource Attributes) finden Sie alle für ODP freigegebenen Extraktoren im Quellsystem mit einem aktiven Flag im Feld »EXPOSED_EXTERNAL«. Sie können mithilfe des Programms RODPS_OS_EXPOSE DataSources im kundeneigenen Namensraum direkt im jeweiligen Quellsystem freigeben. Beachten Sie dazu auch SAP-Hinweis 1585204. Die Kommunikation zwischen BW und SAP-Quellsystem sowie die Konfiguration des Datentransfers sind vereinfacht. Die Kommunikation findet über eine synchrone RFC-Verbindung statt. Dabei wird der Datentransfer nicht mehr durch die asynchrone Übertragungstechnik des queued Remote Function Call (qRFC) kontrolliert, und die ALE/IDocs-Verbindung wird nicht mehr benötigt (Abbildung 3.4).

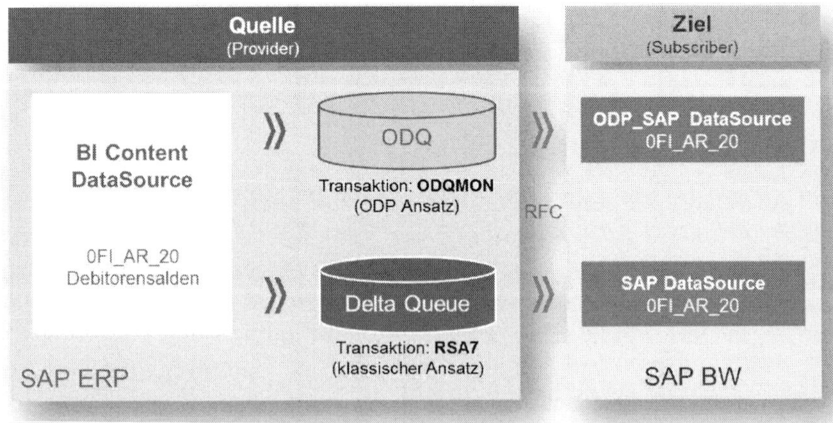

Abbildung 3.4: ODP mit SAP-Extraktoren

Kunden stellen sich oft die Frage, ob sie aufgrund der Vorteile von ODP alle SAP-Extraktionen damit durchführen sollten. Empfohlen wird ODP für die Implementierung neuer Datenflüsse ab BW 7.4, insbesondere wenn Sie planen, mittelfristig auf BW/4HANA zu wechseln.

Mit BW/4HANA werden nur noch ODP-basierte Extraktionen unterstützt.

Aber auch unabhängig von BW/4HANA kann eine Umstellung Sinn machen, etwa, wenn Sie die Daten einer Extraktion in vielen Zielen verwenden oder Sie sich Geschwindigkeitsvorteile erhoffen. Sie können dann ODP zu Testzwecken parallel zur klassischen Extraktion implementieren (Abbildung 3.4), was allerdings bedeutet, dass Sie die Daten auch doppelt vorhalten.

Für den BW-Datenfluss mit einem ODP-basierten DTP (am Beispiel des Extraktors für Debitorensalden 0FI_AR_20) sehen Sie im Dropdown von Abbildung 3.5 den Eintrag DATA EXTRACTION zur direkten DataSource-Extraktion ohne PSA im Delta-Modus sowie weitere ODP-spezifische Einstellungen.

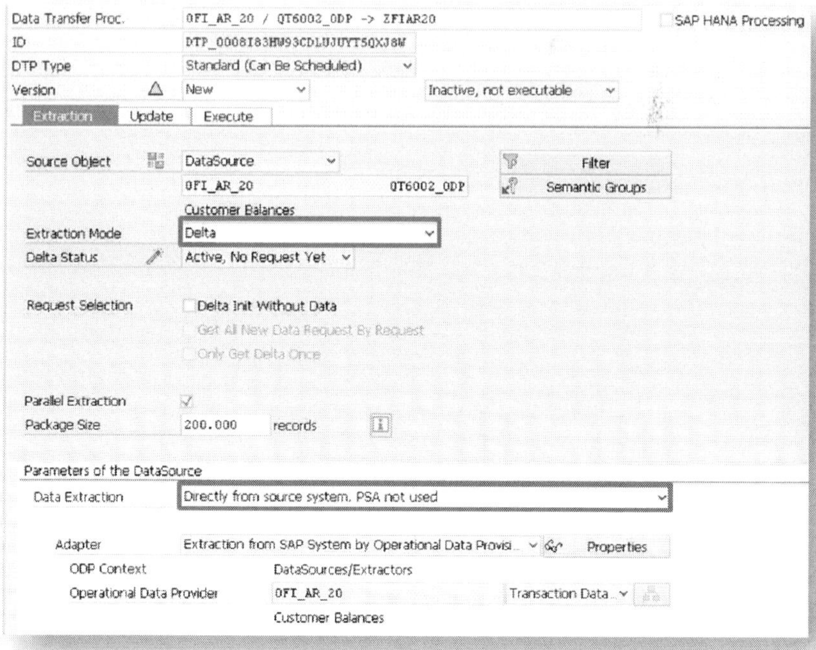

Abbildung 3.5: Beispiel Datentransferprozess mit ODP-Quelle

Mit Aktivierung des DTPs im Zielsystem wird die ODP DataSource in der Operational Delta Queue sichtbar. Im ODQ-Monitor (Transaktion **ODQMON**, siehe Abbildung 3.6) sehen Sie viele wertvolle Detailinformationen, wie z. B. Anzahl der Subscriber, Requests, Datensätze, Größe, Kompressionsfaktoren etc.

Die ODQ übernimmt die Rolle der bisherigen Delta Queue (Transaktion **RSA7**). Das ermöglicht einen vereinfachten Datenfluss mit einem DTP ohne PSA-Tabelle oder mittels direkten Zugriffs über den Open ODS View, da die Services der PSA von der ODQ übernommen werden. Sie können den Datentransfer wie bisher über Prozessketten einplanen oder auch einen Echtzeit-Datentransfer ermöglichen.

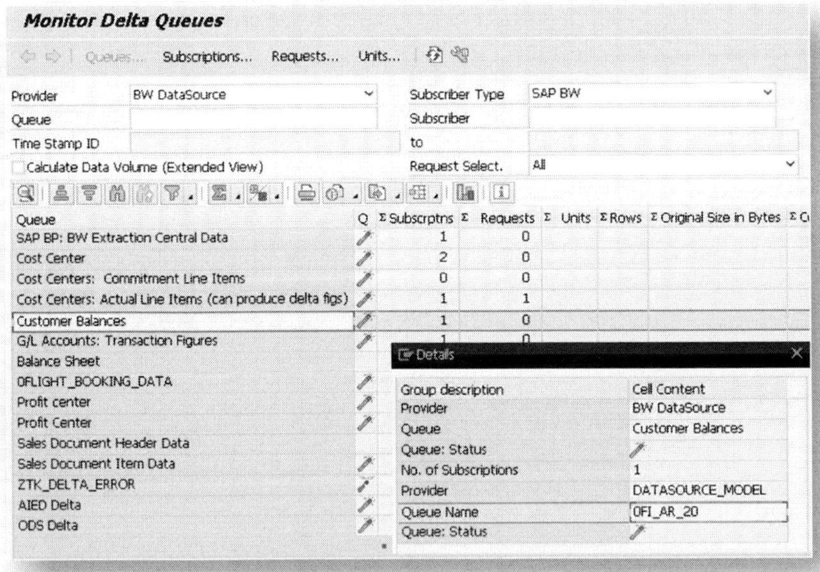

Abbildung 3.6: ODQ-Monitor in SAP ERP

Hinzu kommt die größere Flexibilität im Fehlerfall durch separate Aufbewahrungsfristen (Data Retention) für jedes Ziel. Die Daten werden in einer einzigen Operational Delta Queue gehalten und unterschiedlichen Zielsystemen zur Verfügung gestellt. Erst wenn alle Systeme die Daten erfolgreich abgeholt haben und die Aufbewahrungsfrist abgelaufen ist, werden die Daten in der ODQ gelöscht. Diese Flexibilität gibt es bei den klassischen BW-Extraktoren und deren Delta Queue nicht. Dazu kommt der durch Komprimierung bedingte erhöhte Datendurchsatz, was, zusammen mit dem DTP ohne PSA, einen deutlichen Geschwindigkeitsvorteil bieten kann.

SAP-Hinweise zur ODP-Extraktion

»Freigabe von SAP Extraktoren für ODP«
https://launchpad.support.sap.com/#/notes/2232584

»Additional information about SAP extractors released to ODP«
https://launchpad.support.sap.com/#/notes/2407906

»ETL-Schnittstelle: Freigabe von DataSources«
https://launchpad.support.sap.com/#/notes/1585204

»Freigabe von DataSources für das ‚ODP data replication API'«
https://launchpad.support.sap.com/#/notes/1560241

»How to use ABAP CDS for Data Provisioning in BW«
https://www.sap.com/documents/2017/06/50b7535e-bf7c-0010-82c7-eda71af511fa.html

ODP – HANA Information Views

ODP kann auch auf HANA Views als Datenquelle aufsetzen ❹ (Abbildung 3.2). Dazu schließen Sie eine HANA-Datenbank über ODP als Quellsystem an das BW-System an, wobei die Kommunikation über RFC erfolgt. Diese Methode stellt eine Alternative zu DB Connect-Verbindungen zu HANA-Datenbanken dar.

Über den ODP-Kontext für HANA Information Views werden *Analytic* und *Calculation Views* sowie assoziierte *Attribute Views* für die Replikation ins BW zur Verfügung gestellt. Es wird gleichzeitig ein *Operational Data Provider* angelegt bzw. aktualisiert, sobald ein HANA View aktiviert wird. Technisch sind dies TransientProvider, welche direkt für das BW-Reporting verwendet werden können (technischer Name: 2H-<Package Name>).

Auf diesem Weg können Berechnungen bereits vor dem Laden ins BW in den Views auf der HANA-Datenbank ausgeführt werden, wie z. B. Währungsumrechnungen, eingeschränkte – oder vor der Aggregation berechnete – Kennzahlen, aber auch *JOINs* oder *UNIONs*. Dabei werden die Daten physisch in das BW-System geladen (mehr in Abschnitt 5.5.2). Unsere Empfehlung ist, Daten nur bei wichtigen Gründen zu duplizieren und generell einen virtuellen Zugriff zu bevorzugen – insbesondere, wenn die Daten bereits in derselben HANA-Instanz liegen.

ODP – Echtzeitreplikation per SLT

Die Datenbewirtschaftung in Echtzeit mit ODP ist seit BW 7.4 SP6 möglich. Bereits seit BW 7.3 können Daten mit einem eingeplanten DTP aus der ODQ geladen werden. Mit dem *SAP Landscape Transformation Replication Server*, der auch oft als *SLT* oder SAP LT bezeichnet wird, werden die Daten mit einem DTP aus der ODQ direkt in den InfoProvider geladen. Dabei kann eine DataSource vom Typ »Web Service« (ab BW 7.0) oder »ODP« (ab BW 7.3) verwendet werden. HANA als Datenbank wird nicht benötigt. Da die Web Service DataSource ab BW/4HANA nicht mehr zur Verfügung steht, fokussieren wir uns im Folgenden auf ODP.

Der SLT Replication Server kann Daten Trigger-basiert von ABAP- und Nicht-ABAP-Systemen in die Operational Delta Queue des SLT-Systems schreiben (siehe Abbildung 3.7). Sobald der DTP im BW-System zur Datenreplikation aufgerufen wird, beginnen zunächst die initiale Beladung der ODQ und die anschließende Weitergabe in das BW-System. Das Delta wird danach immer direkt in die ODQ geschrieben. Aus der ODQ werden die Daten weitergegeben, sobald sie vom DTP des BW-Zielsystems angefordert werden. Wie generell bei ODPs können auch hier mehrere Zielsysteme als Subscriber auftreten.

Neben der soeben beschriebenen Variante, mit SLT direkt in BW-Objekte zu schreiben, gibt es noch eine indirekte Methode, die HANA als Datenbank und mindestens BW 7.4 voraussetzt. Wie in Abbildung 3.8

dargestellt, werden die Daten mit SLT in HANA-Tabellen repliziert und im BW über einen Open ODS View konsumiert. Sie könnten die Daten auch direkt über den CompositeProvider einbinden, doch dann ist dazwischen ein HANA View erforderlich.

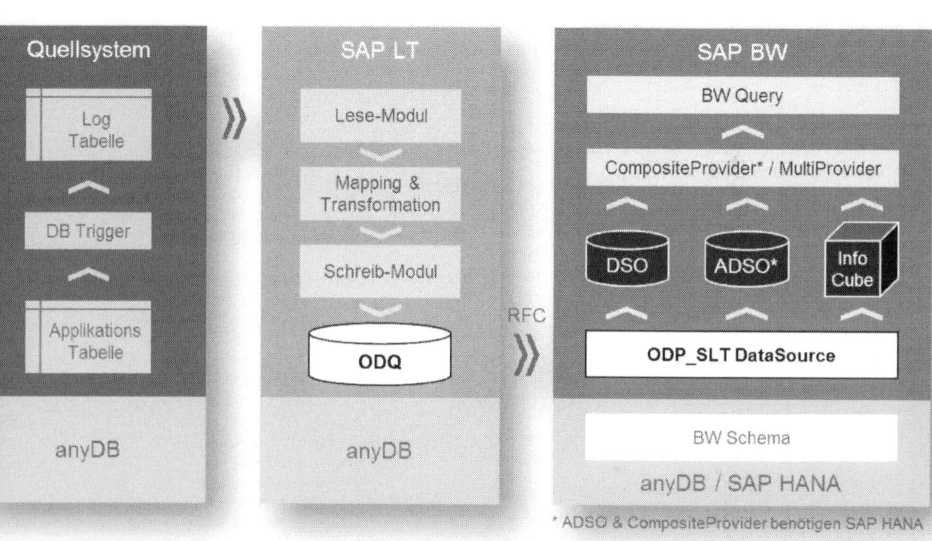

Abbildung 3.7: Echtzeitreplikation nach BW mit SLT

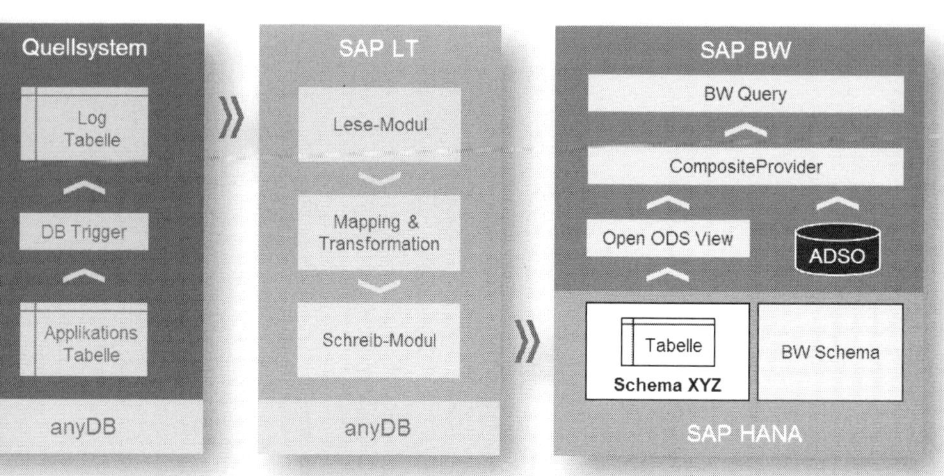

Abbildung 3.8: Echtzeitreplikation nach HANA mit SLT

Weitere Verwendungszwecke für SLT

SLT kann übrigens auch eingesetzt werden, um Szenarien abzubilden, für die keine Standard-Extraktoren zur Verfügung stehen bzw. wo keine Delta-Funktionalität vorhanden ist.

Die beiden beschriebenen Varianten haben unterschiedliche Qualitäten: Sie sollten die in Tabelle 3.1 genannten Aspekte im Hinblick auf Ihr Einsatzszenario bedenken.

	Replikation nach HANA	Replikation in BW InfoProvider
SAP HANA	Ja	Nein
Modellierung	HANA Modeler & BW	BW
Berechtigungen	HANA-Privilegien	BW-Berechtigungen
Latenz	Echtzeit	Nahe Echtzeit mit RDA
Transformationen	HANA Views, SQL-Skript	BW-Transformationen
Request Handling	Nicht verfügbar	BW
Datenqualität	Mit HANA-Mitteln prüfen	Mit BW-Mitteln prüfen
Historisierung	Keine	Über BW (0RECORDMODE)

Tabelle 3.1: Vergleich von SLT-Optionen

Weitere Informationen zu ODP und SLT

»SAP BW 7.40 – Simplified Real-Time Replication using Operational Data Provisioning (ODP)«
https://blogs.sap.com/2014/05/22/sap-bw-740-simplified-real-time-replication-using-operational-data-provisioning-odp/

»Realtime Replication with SLT Live Demo«
https://blogs.sap.com/2014/05/14/realtime-replication-with-slt-into-data-store-objects-in-sap-bw-74/

»Trigger Based Replication in a BW-InfoProvider – Part 1 of 4«
https://archive.sap.com/documents/docs/DOC-53683

»Trigger Based Replication in a BW-InfoProvider – Part 2 of 4«
https://archive.sap.com/documents/docs/DOC-53682

»Trigger Based Replication in a BW-InfoProvider – Part 3 of 4«
https://archive.sap.com/documents/docs/DOC-53681

»Trigger Based Replication in a BW-InfoProvider – Part 4 of 4«
https://archive.sap.com/documents/docs/DOC-53600

ODP – ABAP-CDS-Views

ABAP Core Data Services (ABAP CDS) ermöglichen die Definition semantischer Datenmodelle auf der zentralen Datenbank des ABAP-Applikationsservers (AS). Auf dem ABAP AS können diese Modelle unabhängig vom Datenbanksystem definiert werden. Die Entitäten solcher Modelle bieten eine erweiterte Zugriffsfunktionalität im Vergleich zu bisherigen, im ABAP Dictionary definierten Datenbanktabellen und Views und ermöglichen so die Optimierung von Open-SQL-basierten Anwendungen. Dies trifft insbesondere dann zu, wenn ein ABAP AS eine SAP-HANA-Datenbank verwendet, da deren In-Memory-Eigenschaft dadurch optimal eingesetzt werden kann.

Die Definition der Datenmodelle erfolgt mittels der von den ABAP CDS zur Verfügung gestellten Data Definition Language (DDL) und Data Control Language (DCL). Die mit diesen Sprachen definierbaren Objekte sind in das ABAP Dictionary integriert und werden von diesem verwaltet.

Die ABAP-CDS-Technologie ist Kernbestandteil von S/4HANA embedded analytics (siehe Abschnitt 7.1) und wurde mit BW 7.5 bzw. BW/4HANA 1.0 auch eine Quelle für das ODP-Framework ❷ (vgl. Abbildung 3.2).

ODP – Business ByDesign

Die ODP-Quellsystemanbindung für *SAP Business ByDesign* greift auf die multidimensionalen analytischen Views (MDAV) in ByDesign zu, um die Daten ins BW zu extrahieren. Diese Möglichkeit besteht auch für ERP-Systeme, beispielsweise um auf Daten von Niederlassungen direkt zugreifen zu können. Welche Views als MDAVs für ODP freigegeben werden, kann im Business Analytics Work Center in ByDesign kontrolliert werden.

ODP – Andere Kontexte

Dieser Quellsystemtyp steht stellvertretend für Systeme oder einen »Kontext«, der zukünftig Verwendung finden soll, und hat heute noch keine Bedeutung.

3.1.2 ODP-Ziele

SAP Business Warehouse

Im Kontext dieses Buches sind natürlich BW-Systeme die wichtigsten Zielsysteme eines ODP. Ab dem Release 7.3 SP8 (oder 7.31 SP5) kann das BW OPD-Quellen konsumieren. Die Kommunikation läuft über RFC oder HTTP/SOAP. ODP stellt somit eine effizientere Verbindung zwischen BW-Systemen her als die bisherige Data-Mart-Schnittstelle.

SAP BusinessObjects DataServices

DataServices kann ab Version 4.2 SP1 Daten aus ODP-Quellen extrahieren. Es nutzt die RFC-basierte Verbindung zum NetWeaver-System und kann die Daten in vielfältige Zielsysteme transformieren sowie weiterleiten.

SAP NetWeaver Embedded Analytics

Mit den Embedded Analytics können ab der BusinessSuite 7 Analysen mittels ODP-Technologie auch direkt im BusinessSuite-System durchgeführt werden. Eine BW-Query wird dann direkt auf einem Transient-Provider (vgl. Kapitel 7) erstellt und auf der ODP-Quelle lokal ausgeführt.

Die Liste der ODP-basierten InfoProvider kann in der Transaktion **RSRTS_ODP_DIS** angezeigt werden. Embedded Analytics auf ODP-Basis wird seit NetWeaver Version 7.3 unterstützt.

OData

OData ist als Kommunikationsprotokoll an das ODP-Datenreplikations-API angebunden. Das ODP-Framework bietet einen entsprechenden Abonnententyp an, der den OData-Zugriff auf ODP-Daten ermöglicht. Um ODP-Daten zur Extraktion über OData zur Verfügung zu stellen, benötigen Sie einen OData-Service, den Sie im *SAP Gateway Service Builder* generieren können. Mithilfe dieses Service und des darin definierten Datenmodells werden die Datenstrukturen im ODP-Framework in das OData-Protokoll übersetzt. Das Modell beschreibt, welche Daten zugreifbar sein sollen (*Entity Set*) sowie deren Struktur (*Entity Type*). Jeder ODP kann in ein Entity Set übersetzt werden. Verbindungen zwischen den ODPs können dabei berücksichtigt werden, indem assoziierte ODPs dem Datenmodell des Service hinzugefügt werden. Auf diese Weise kann der OData-Service sämtliche Entitäten umfassen, die nötig sind, um ein abgeschlossenes, sinnvolles Szenario zur Datenextraktion abzubilden: Fakten und Stammdaten (Attribute und Texte). Bei den Datenzugriffen wird dann gezielt eines der zum Szenario gehörenden Entity Sets (ODP) angesprochen.

Nachdem der Service generiert und im SAP-Gateway-System registriert ist, können externe Anwendungen den Service konsumieren. Für die Extraktion der Daten werden Standard-OData-Requests verwendet. Dabei wird die Möglichkeit unterstützt, Teilantworten (Pakete) und Delta-Requests zu liefern. Da OData REST-basiert ist, werden alle Ressourcen der Entity Sets über URLs angesprochen. D. h., dass sowohl die Metadaten des Modells über eine URL zugänglich sind als auch die Extraktion über eine URL gestartet werden kann.

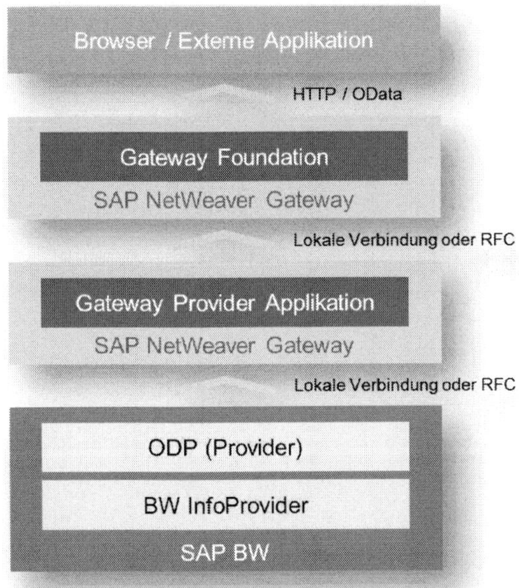

Abbildung 3.9: ODP mit OData

Für die ODP-basierte Datenverteilung über OData wird die Gateway Foundation entweder lokal im NetWeaver-System des ODP-Anbieters oder auf einer separaten NetWeaver-Instanz benötigt (siehe Abbildung 3.9). Für die OData-Service-Generierung muss das System den Funktionsumfang der Software-Komponente IW_BEP enthalten.

ODP-basierte Datenextraktion über OData

http://help.sap.com/saphelp_nw75/helpdata/de/11/853413cf124dde91925284133c007d/content.htm

Smart Data Integration

SAP HANA Smart Data Integration (SDI) ist ein neues Ziel für ODP. Über den ABAP-Adapter kann sich SDI mit ODP verbinden. Mehr zu SDI finden Sie im folgenden Abschnitt.

3.2 Das HANA-Quellsystem

Für BW-Systeme auf HANA bzw. BW/4HANA stellt HANA einen zentralen und einheitlichen Zugriff auf alle Quellen zur Verfügung, die über SAP HANA *Smart Data Integration* (SDI) oder SAP HANA *Smart Data Access* (SDA) bereitgestellt werden (Abbildung 3.10): das HANA-Quellsystem. Dieses ermöglicht zudem den Zugriff auf Tabellen oder Views der lokalen HANA-Datenbank.

Sie können über Open ODS Views und CompositeProvider virtuell auf diese Daten zugreifen (vgl. Abschnitt 5.4). Für alle Quellen sind die Datenübertragung im Full-Modus und, sofern die Quelle dies unterstützt, auch ein generisches Delta unterstützt. Für viele SDI-Adapter wird außerdem Echtzeit-Replikation angeboten.

Das HANA-Quellsystem ist ab BW 7.5 SP4 allgemein verfügbar. Es kann damit beispielsweise die Quellsystemtypen *DB Connect* und *UD Connect* ersetzen, die mit BW/4HANA nicht mehr ausgeliefert werden.

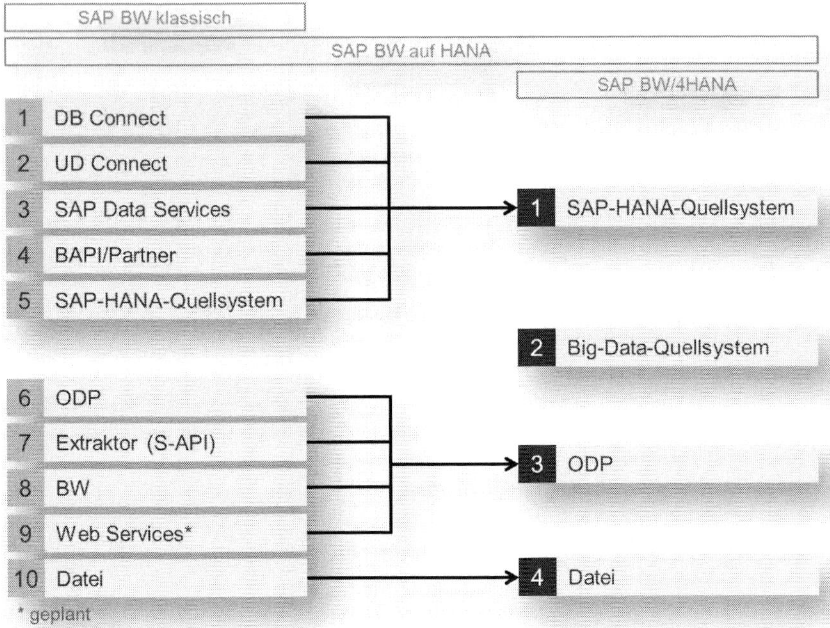

Abbildung 3.10: Quellsysteme BW vs. BW/4HANA

Die Verbindungstypen des HANA-Quellsystems verwenden die Default-Verbindung zur HANA-Datenbank. Deshalb benötigt der SAP<SID>-Benutzer die SELECT-Objektprivilegien auf Schema oder Objekt.

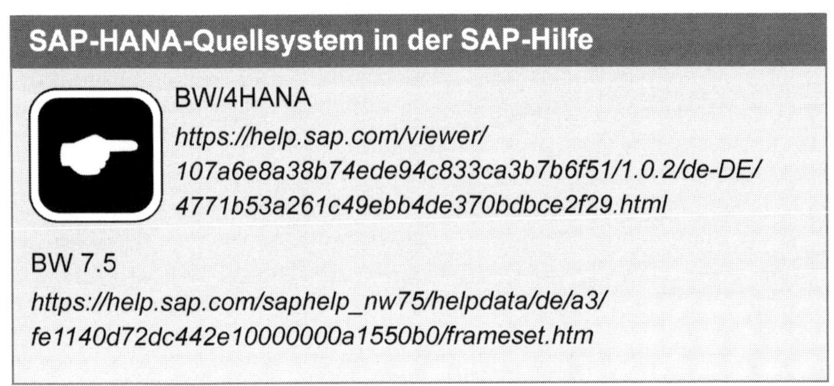

SAP-HANA-Quellsystem in der SAP-Hilfe

BW/4HANA
https://help.sap.com/viewer/107a6e8a38b74ede94c833ca3b7b6f51/1.0.2/de-DE/4771b53a261c49ebb4de370bdbce2f29.html

BW 7.5
https://help.sap.com/saphelp_nw75/helpdata/de/a3/fe1140d72dc442e10000000a1550b0/frameset.htm

3.2.1 SAP HANA Smart Data Integration und BW

HANA ermöglicht mittels SDI, externe Daten in das BW-System zu integrieren. Die Verbindung zu den externen Quellen erfolgt über Data-Provisioning-Adapter. SDI stellt drei Optionen zur Verfügung, externe Daten aus unterschiedlichen Quellen in das BW zu integrieren:

- Daten-Virtualisierung,
- Datenreplikation im klassischen Batch-Modus und
- Datenreplikation in Echtzeit.

Dieses Konzept ist offen und erweiterbar konzipiert, d.h., es funktioniert gleichermaßen mit SAP- und Non-SAP-Daten. Die SDI-Werkzeuge sind Teil der Komponente HANA Studio bzw. der webbasierten HANA Development Workbench. SDI bietet für eine Vielzahl von Quellen Adapter (Tabelle 3.2) an und stellt mithilfe eines Software Development Kits (SDK) auch die Entwicklung kundeneigener Adapter zur Verfügung.

Damit werden die Möglichkeiten der Quellsystemanbindung im BW erheblich erweitert. Die Verwaltung und die Einrichtung der Quellsysteme finden wie gewohnt im BW statt. Das bedeutet: Sie können darauf aufbauend DataSources, Transformationen, DTPs und InfoProvider erstellen.

HANA SDI Data-Provisioning-Adapter

Für neue Quellsystemverbindungen zu externen Datenbanken empfehlen wir BW-Kunden, ab BW 7.5 die Verfügbarkeit eines geeigneten SAP-HANA-Adapters zu prüfen, z.B.

- im »SDI-Administration Guide« *https://help.sap.com/viewer/p/HANA_SMART_DATA_INTEGRATION* oder
- in der »Product Availability Matrix«:

a) »SAP HANA SDI 1.0 Adapter in der PAM«
https://support.sap.com/content/dam/library/ssp/infopages/pam-essentials/TIP/PAM_HANA_SDI_1_0.pdf

b) »SAP HANA SDI 2.0 Adapter in der PAM«
https://support.sap.com/content/dam/library/ssp/infopages/pam-essentials/TIP/PAM_HANA_SDI_2_0.pdf

c) »HANA Adapter Software Development Kit«
https://help.sap.com/viewer/e974128d984d4bfeaa0c0b582ce24d79/2.0_SPS00/en-US

Adapter Name	Echtzeit-Replikation
DB2LogReader Adapter	X
OracleLog-Reader Adapter	X
MssqlLogReader Adapter	X
DB2ECC Adapter	X
OracleECC Adapter	X
MssqlECC Adapter	X
AseECC Adapter	X
DB2Mainframe Adapter	
Teradata Adapter	X
CamelAccess Adapter	
CamelFacebook Adapter	
CamelInformix Adapter	
Outlook Adapter	
Excel Adapter	
File Adapter	
Google Adapter	
Hana Adapter	X
Hive Adapter	
OData Adapter	
ASE Adapter	X
ABAP Adapter	X
Soap Adapter	
Twitter Adapter	X

Tabelle 3.2: SDI Data-Provisioning-Adapter

SDI wird über eine separate Server-Komponente installiert, den *Data Provisioning Server (DP-Server)*, und nicht über den HANA-Index-Server betrieben (siehe Abbildung 3.11). Die Adapter selbst werden vom *Data Provisioning Agent* verwaltet.

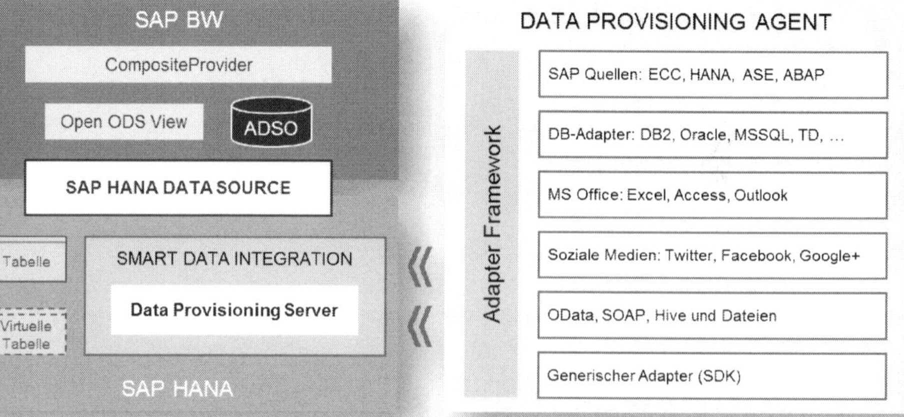

Abbildung 3.11: SAP HANA Smart Data Integration – Architektur

Neben der Datenbereitstellung bietet SDI Dienste zur Daten-Transformation an, die auch für Echtzeitreplikationen zur Verfügung stehen. Modelliert wird der Prozess über sogenannte *Flow-Graphen* im HANA Studio bzw. der webbasierten HANA Development Workbench. Folgende Transformationen stehen zur Verfügung:

1. SQL: Aggregation, Filter, JOIN, UNION und sortieren,
2. erweitertes SQL: Case, Lookup, Pivot und Unpivot,
3. Data Lifecycle: Date Generation, History Preserving Map Operation, Row Generation und Table Comparison,
4. Code Execution: Application Function Library (AFL), Procedure und R Script.

Systemanforderungen und Voraussetzungen für SDI:

- Die Mindestsystemanforderung für SAP HANA 1.0 ist SPS10. Beachten Sie jedoch, dass mit SAP HANA SPS11 eine große Anzahl an Adaptern hinzugekommen ist. Wir empfehlen HANA

SPS12 oder HANA 2.0. Weitere Informationen finden Sie in der Product Availability Matrix für SDI.

- Die Option »SAP HANA Smart Data Integration« ist eingerichtet.
- Die benötigten Data-Provisioning-Agenten sind installiert und eingerichtet.
- Die benötigten Remote Sources sind angelegt.

Daten-Virtualisierung

Die Daten-Virtualisierung lädt Daten nicht physisch ins Zielsystem, sondern repräsentiert nur eine Sicht auf die Daten, die zur Laufzeit einer BW-Query aus dem Quellsystem angefordert werden (Abbildung 3.12). Dabei sind neue Datensätze und Aktualisierungen sofort erkennbar. Die Virtualisierung wird über *Smart Data Access* hergestellt, eine Technik, die in SDI integriert wurde.

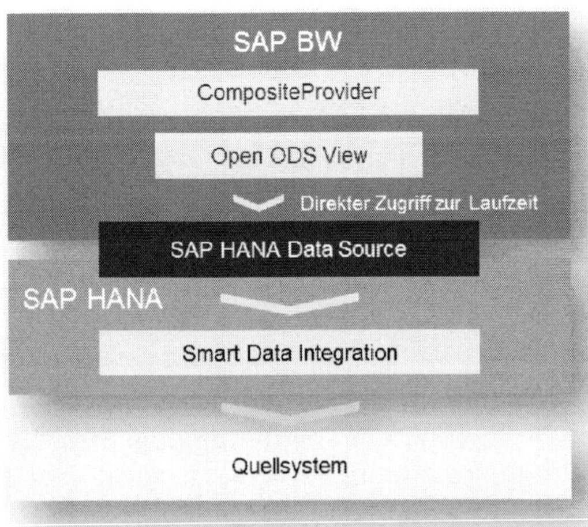

Abbildung 3.12: SDI-Daten-Virtualisierung

Die Schritte zur Umsetzung eines virtuellen Zugriffs sind:

1. HANA Studio: Stellen Sie eine Remote-Verbindung mit einem SDI-Adapter her.

2. BW-Workbench/-Modellierungstools: Definieren Sie das SAP-HANA-Quellsystem basierend auf der Remote-Verbindung.

3. BW-Modellierungstools (BW-MT): Erstellen Sie eine BW-DataSource für das neue Quellsystem mit Referenz auf eine Tabelle/View.

4. BW-MT: Erzeugen Sie einen Open ODS View auf Basis der zuvor erstellten DataSource.

5. BW-MT: Optional können Sie einen CompositeProvider und eine BW-Query auf dem Open ODS View erstellen.

Alternativ können Sie sich auch Schritt 2. und 3. sparen, indem Sie einen Open ODS View direkt auf eine Tabelle bzw. einen View erstellen.

Datenreplikation im klassischen Batch-Modus

Bei diesem Ansatz werden Daten ganz klassisch im Batch-Modus übertragen und in BW-InfoProvidern physisch abgelegt (Abbildung 3.13). Die Beladung kann manuell gestartet oder regelmäßig über Prozessketten eingeplant werden. Für alle Quellen ist die Datenübertragung im Full-Modus unterstützt und, sofern die Quelle dies unterstützt, auch im Delta-Modus.

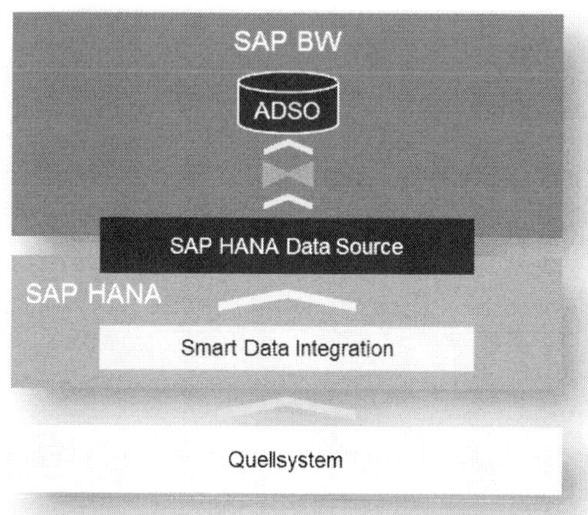

Abbildung 3.13: SDI-Datenreplikation im Batch-Modus

Die folgenden Schritte sind zur Umsetzung einer Datenreplikation im klassischen Batch-Modus notwendig:

1. HANA Studio: Stellen Sie eine Remote-Verbindung mit einem SDI Adapter her.

2. BW-Workbench/BW-MT: Definieren Sie das SAP-HANA-Quellsystem basierend auf der Remote-Verbindung.

3. BW-MT: Erstellen Sie eine BW-DataSource für das neue Quellsystem mit Referenz auf eine Tabelle/View.

4. BW-MT: Erzeugen Sie ein ADSO auf Basis der zuvor erstellten DataSource.

5. BW-Workbench/BW-MT: Definieren Sie eine Transformation zwischen DataSource und ADSO sowie einen Datentransferprozess (DTP).

6. BW-Workbench: Starten Sie den DTP manuell oder binden Sie ihn in eine Prozesskette ein, um ihn regelmäßig auszuführen.

Alternativ können Sie auch die Schritte 3. bis 5. überspringen, indem Sie zunächst einen virtuellen Open ODS View erstellen und die weiteren Objekte über die Funktion »Datenflussgenerierung« automatisch erzeugen lassen.

Datenreplikation in Echtzeit

Viele SDI-Adapter unterstützen Datenreplikation in Echtzeit über das HANA-Quellsystem (Tabelle 3.2). Diese Daten werden in eine INSERT- bzw. UPSERT-Tabelle geschrieben und können von dort entweder mit Streaming-Prozessketten in ein ADSO geschrieben oder es erfolgt ein direkter Zugriff mit einem Open ODS View.

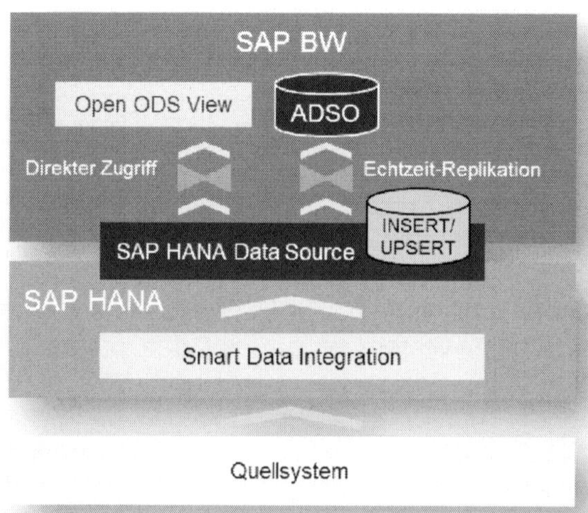

Abbildung 3.14: SDI-Datenreplikation in Echtzeit

Wie in Abbildung 3.14 dargestellt, hängen die INSERT- bzw. UPSERT-Tabellen technisch an der DataSource und erhalten einen generierten technischen Namen, der sich beim Transport verändern kann. Es werden zwei Arten sogenannter *Remote-Subscriptions* unterschieden:

1. **Remote-Subscriptions vom Typ UPSERT** liefern in der Zieltabelle der Replikation im BW eine Sicht auf den Ist-Zustand der Daten (aktuelle Daten). Das bedeutet, dass alle Arten von Datenänderungen (INSERT, UPDATE, DELETE) mit einem UPSERT-SQL-Befehl in die Zieltabelle geschrieben werden. Für Schlüssel, die aus dem Remote-Source-Objekt gelöscht wurden, schreibt das Statement den Wert »D« in die Spalte SDI_CHANGE_TYPE der Zieltabelle. In allen anderen Fällen schreibt das Statement den Wert »A« in die Spalte SDI_CHANGE_TYPE. Der Commit-Zeitstempel der Transaktion wird in der Spalte SDI_CHANGE_TIME eingetragen. Diese Art von Real-Time-Replikation kann verwendet werden, um das Reporting auf einem Open ODS View, der eine HANA

DataSource als Quelle hat, zu beschleunigen. Außerdem ermöglicht sie die Deltaextraktion und Replikation der Daten aus einer HANA DataSource basierend auf den Zeitstempeln in Spalte SDI_CHANGE_TIME.

2. **Remote-Subscriptions vom Typ INSERT** liefern in der Zieltabelle der Replikation im BW die vollständige Deltahistorie. Das bedeutet, alle Arten von Datenänderungen (INSERT, UPDATE, DELETE) werden mit einem INSERT-SQL-Befehl der Zieltabelle hinzugefügt. Das Statement schreibt den ursprünglichen Änderungstyp in die Spalte SDI_CHANGE_TYPE. Für jede Datenänderung wird ein Commit-Zeitstempel in die Spalte SDI_CHANGE_TIME und eine eindeutige Sequenznummer in die Spalte SDI_CHANGE_SEQUENCE geschrieben. Diese Art von Echtzeit-Replikation kann verwendet werden, um alle Datenänderungen zu verfolgen, die ein Remote-Source-Objekt erfahren hat. Auf diese Weise können Sie z. B. die vollständige Historie der Datenänderungen verarbeiten. Ein weiterer Vorteil des Remote-Subscription-Typs INSERT gegenüber dem Typ UPSERT ist, dass Before- und After-Images für jede Datenänderung aufgezeichnet werden. Dadurch wird es möglich, die Datenänderungen in ein INSERT-only-Ziel zu übertragen oder die Kennzahlen während der Transformation mit dem Aggregationsverhalten »Summation« zu aggregieren. Das Datenziel muss also nicht denselben Schlüssel haben wie das Remote-Source-Objekt. Beides ist mit dem Remote-Subscription-Typ UPSERT, der nur After-Images mit Löschkennzeichen liefert, nicht möglich.

Den Typ der Remote-Subscription können Sie in der Pflege einer DataSource auf der Registerkarte EXTRACTION festlegen, sofern die DataSource einen Data-Provisioning-Adapter verwendet, der Real-Time-Replikation unterstützt (Abbildung 3.15).

Abbildung 3.15: Beispiel einer SDI-Datenreplikation in Echtzeit

Wie zuvor erwähnt, gibt es mehrere technische Felder mit wichtigen Metadaten:

- SDI_CHANGE_TYPE zeigt den Typ der letzten Datenänderung an (Tabelle 3.3).

CHANGE_TYPE	Beschreibung
I	INSERT
B	UPDATE (Before image)
U	UPDATE (After image)
D	DELETE
A	UPSERT
R	REPLACE
T	TRUNCATE
X	EXTERMINATE_ROW

Tabelle 3.3: Mögliche Werte des SDI_CHANGE_TYPE

- SDI_CHANGE_TIME liefert den Commit-Zeitstempel der letzten Datenänderung.
- SDI_CHANGE_SEQUENCE liefert die Sequenznummer für jede Datenänderung. Sie identifiziert zusammen mit dem Commit-Zeitstempel jeden Satz eindeutig.
- SDI_RECORD_MODE übersetzt den Änderungstyp in entsprechende Werte des technischen Merkmals 0RECORDMODE – d. h., für Updates gibt es ein Before-Image und ein After-Image.
- SDI_ENTITY_COUNTER ermöglicht die Unterscheidung zwischen Zeilen mit Null-Werten im Remote-Source-Objekt und Zeilen, die vom Remote-Source-Objekt gelöscht wurden.

Zur Umsetzung einer Datenreplikation in Echtzeit gehen Sie wie folgt vor:

1. HANA Studio: Stellen Sie eine Remote-Verbindung mit einem SDI-Adapter her.
2. BW-Workbench/BW-MT: Definieren Sie das SAP-HANA-Quellsystem basierend auf der Remote-Verbindung.
3. BW-MT: Erstellen Sie eine BW-DataSource für das neue Quellsystem mit Referenz auf eine Tabelle/View und spezifizieren Sie den Typ der Remote-Subscription.
4. BW-Workbench: Um die Deltainitialisierung zu starten, wählen Sie »Ausführen« in der Transaktion **RSDSHANA** und legen fest, ob die Deltainitialisierung im Dialog oder im Hintergrund ausgeführt werden soll.
5. BW-MT: Erzeugen Sie ein ADSO auf Basis der zuvor erstellten DataSource.
6. BW-Workbench/BW-MT: Definieren Sie eine Transformation zwischen DataSource und ADSO sowie einen Datentransferprozess (DTP).

7. BW-Workbench: Binden Sie den DTP in eine Prozesskette ein, um ihn regelmäßig auszuführen.

8. BW-Workbench: Sie können für eine Prozesskette das Attribut »Streaming-Modus« festlegen (PROCESS CHAIN • ATTRIBUTES • STREAMING MODE), wie Abbildung 3.16 zeigt.

Alternativ können Sie in Schritt 5. auch einen Open ODS View direkt auf die DataSource und damit auf die INSERT- bzw. UPSERT-Tabelle erstellen (siehe Abbildung 3.14).

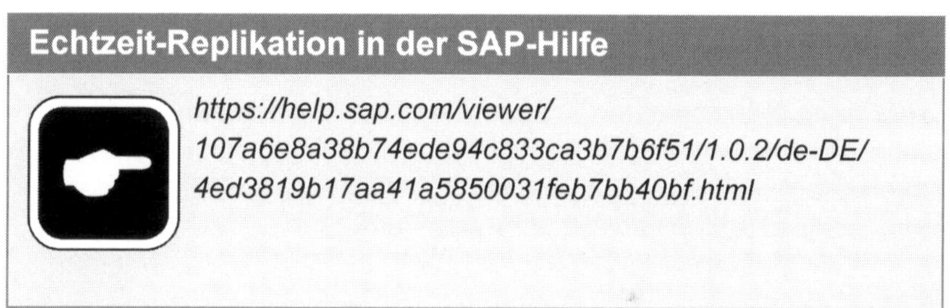

Echtzeit-Replikation in der SAP-Hilfe

https://help.sap.com/viewer/107a6e8a38b74ede94c833ca3b7b6f51/1.0.2/de-DE/4ed3819b17aa41a5850031feb7bb40bf.html

Prozessketten für Streaming

Eine Prozesskette für Streaming kann mit hoher Frequenz gestartet und ausgeführt werden und ermöglicht die Datenfortschreibung in ADSOs in Echtzeit. Zugleich wird die Architektur von BW 7.5 bzw. BW/4HANA vereinfacht, indem mit den Prozessketten einheitliche Lösungen für die periodische und hochfrequente Einplanung und für das Streaming zur Verfügung gestellt werden.

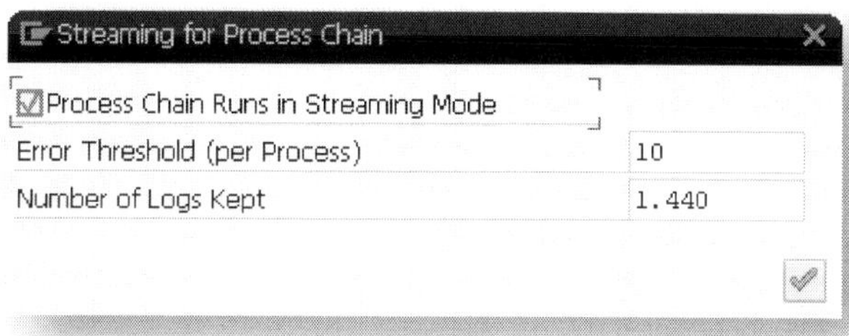

Abbildung 3.16: Prozessketten für Streaming

In Bezug auf das Streaming gibt es drei verschiedene Prozesstypen, die eine entsprechende Prozesskette triggern können:

1. den Startprozess,

2. den DTP für eine (Real-Time-)SAP-HANA-DataSource,

3. den DTP für eine ODP-DataSource.

Die Prozesstypen ADSO-Aktivierung, ABAP-Programm, AND, OR, EXOR, Entscheidung können in Streaming-Prozessketten verwendet werden.

Wenn eine Prozesskette im Streaming-Modus ausgeführt wird, dann gibt es eine flexible Anzahl von »Worker«-Jobs, die den jeweils nächsten Prozess aus einer Queue holt. Wenn eine zweite, dritte oder weitere Ausführung den laufenden Prozess erreicht, wird die Anforderung, diesen ein weiteres Mal zu starten, nur in die Queue geschrieben. Es werden keine Ressourcen verwendet, und es wird nicht gewartet. Sobald der laufende Prozess beendet ist, sammelt der »Worker«-Job alle Startanforderungen für den nächsten Prozess und startet diesen nur einmal. Das Prozessketten-Framework nimmt die letzte der in der Queue vorhandenen Kettenausführungen und weist ihr die Prozessausführung zu. Dies bedeutet, dass die zweite und dritte Kettenausführung beendet werden und die darauffolgende Kettenausführung direkt ausgelöst wird.

Streaming-Ausführungsmodi

Es gibt drei Ausführungsmodi für Streaming-Prozessketten:

1. Normale Ausführung

Wird eine Prozesskette das erste Mal oder auch erneut eingeplant, so startet sie einmalig außerhalb des Streaming-Modus. Dabei wird jeder Prozessschritt aufgerufen und ggf. initialisiert. Nach erfolgreicher Durchführung wird die nachfolgend beschriebene »erste Ausführung« gestartet; ansonsten wird die Kette mit rotem Status gestoppt.

2. Erste Ausführung

Bei der ersten Ausführung werden alle Prozesse der Kette gestartet, unabhängig davon, ob sie Daten erhalten haben oder ein Event empfangen wurde. Dadurch wird der Ausführungsmodus von normaler Ausführung auf »Streaming« umgestellt.

3. Letzte Ausführung

Die »letzte Ausführung« wird durch das Ausplanen der Prozesskette gestartet. Dabei werden ebenfalls alle Prozesse der Kette gestartet, unabhängig davon, ob sie Daten erhalten haben oder ein Event empfangen wurde. Dadurch wird der Ausführungsmodus von »Streaming« auf »normale Ausführung« zurückgestellt.

Streaming-Prozessketten-Monitoring

Mit Streaming-Prozessketten ist es möglich, eine Prozesskette in beliebiger Frequenz zu starten, unabhängig von der Ausführungsdauer eines einzelnen Prozesses in der Kette. Im Extremfall bewirkt dies so viele parallele Ausführungen, wie es Prozesse in der Kette gibt. D. h., alle Prozesse der Kette laufen parallel, unabhängig von der in der Prozesskette modellierten Vorgänger-Nachfolger-Definition. Die parallelen Ausführungen werden jedoch in ebenso vielen Prozesskettenläufen durchgeführt, sodass die Vorgänger-Nachfolger-Beziehung immer noch eingehalten wird: Wenn ein laufender Prozess endet, wird der Start des Nachfolgeprozesses noch einmal erforderlich.

In der Liste der Prozesskettenprotokolle wird als letzter Durchgang ein kumulierter virtueller Prozesskettenlauf angezeigt. Dieser hat den Namen »%%RECENT%%« und zeigt die letzte Ausführung eines jeden Prozesses der Kette, ungeachtet des tatsächlichen Prozesskettenlaufs, zu dem er gehört. Das virtuelle Protokoll wird auch in der Transaktion **RSPCM** angezeigt und der Status des virtuellen Laufs dort verwendet. Sie können also im Monitoring den letzten Status eines jeden Prozesses sehen und nicht den Status des letzten (unvollständigen) Prozesskettenlaufs.

Mit einer Einstellung im Attribut-Streaming-Modus der Prozesskette können Sie die Anzahl der Protokolle festlegen, die behalten werden sollen (Abbildung 3.16). Wenn es mehr Prozesskettenläufe gibt, als in dieser Einstellung festgelegt, werden sie automatisch gelöscht, wenn ein neuer Lauf erzeugt wird, sodass maximal die festgelegte Anzahl an Protokollen auf der Datenbank existiert. Als Default sind **1.440** Protokolle festgelegt. Das garantiert, dass bei einem minütlichen Start der Prozesskette die Protokolle eines Tages erhalten bleiben.

How-to Guide

»How to set up SAP HANA Datasource (SDI) to load data into SAP BW powered by SAP HANA«

https://blogs.sap.com/2012/05/04/sap-how-to-guides-for-sap-business-warehouse-powered-by-sap-hana/

3.2.2 SAP HANA Smart Data Access

Smart Data Access (SDA) bietet die Möglichkeit, nicht sämtliche Daten physisch in ein DWH zu laden, sondern sie logisch zu verknüpfen und die relevanten Daten erst unmittelbar zum Zeitpunkt einer Abfrage zu lesen. Darüber können Sie Szenarien eines logischen Data Warehouse umsetzen.

BW kennt diesen virtuellen Zugriff auf Daten in anderen Systemen schon lange. Dieser wird in der Applikation über virtuelle InfoProvider abgebildet und die Systeme mit DB Connect oder UD Connect verbunden. Ein häufiges Problem solcher virtueller Zugriffe ist die Performance. Oft werden sehr viele Daten übertragen, da die Verarbeitungslogik ausschließlich in der Applikationsschicht stattfindet. Dieses Problem wurde erkannt und über HANA auf Datenbankebene gelöst.

HANA bietet seit SPS6 mit SDA den Zugriff auf heterogene Datenquellen über virtuelle Tabellen. Mit diesen können Sie arbeiten, als lägen die Daten in normalen, physischen Tabellen lokal in der HANA-Datenbank, ohne sie kopieren zu müssen (siehe Abbildung 3.17). Dadurch müssen Sie nicht auf eine spezielle Syntax Rücksicht nehmen und entwickeln unabhängig von der Datenquelle.

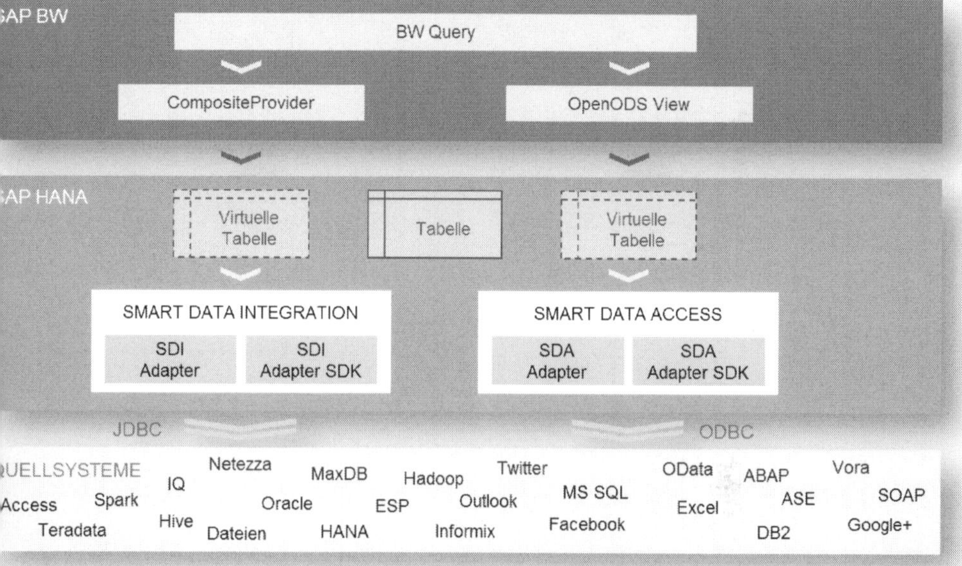

Abbildung 3.17: HANA Smart Data Access mit BW

Die virtuellen Tabellen arbeiten wie Zeiger auf externe Datenquellen. Daher wird auch häufig von *Remote-Tabellen* gesprochen. Beim SDA-Zugriff auf die externe Datenquelle wird die SQL-Abfrage zur Laufzeit optimiert. Die Ausführung der relevanten Teile dieser Abfrage erfolgt in der Quelldatenbank, sodass nur die Ergebnisse zur HANA-Datenbank weitergeleitet werden. Zunächst finden Datentypkonvertierungen und eine funktionale Kompensation zur Laufzeit statt. Letztere übersetzt HANA-Funktionen für andere Datenbanken. Zusätzlich werden Teile der SQL-Befehle weitergeleitet, was auch als *Predicate-Push-Down* bezeichnet wird, um auf diesem Weg so wenige Daten wie möglich zu transferieren.

Mit HANA 1.0 SPS12 unterstützt SDA folgende Quellen:

- SAP HANA, ESP 5.1 SP4, ASE 15.7 & 16, IQ 15.4 & 16, MaxDB 7.9,
- Apache Hive 0.9.0 oder höher,
- Spark SQL (SAP-Hinweis 2257657),
- SAP HANA Vora 1.3 (ab HANA 2.0),
- Teradata 13 & 14,
- MS SQL Server 2012,
- Oracle 12c,
- IBM DB2 10.1, Netezza 7,
- Software Development Kit (SDK) für eigene Adapter.

Mit dem SDK können Sie selbstständig einen Adapter für bislang nicht unterstützte Datenbanken erstellen. Seit HANA 1.0 SPS7 können Sie auch die Befehle INSERT, UPDATE, DELETE und UPSERT (ab SPS12) auf virtuelle Tabellen anwenden. Damit erweitert sich das Anwendungsgebiet über das reine Lesen von Daten hinaus.

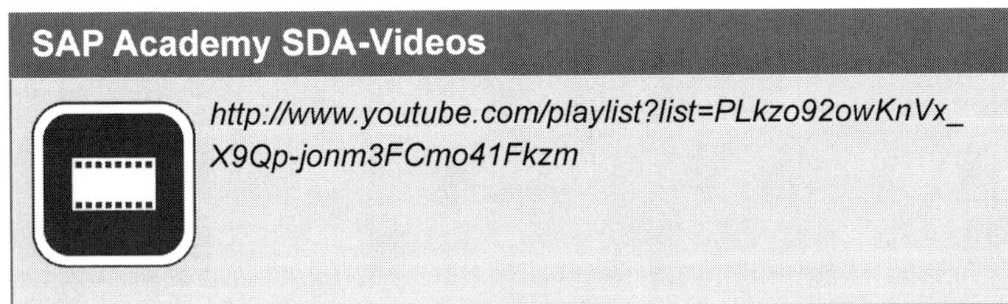

SAP Academy SDA-Videos

http://www.youtube.com/playlist?list=PLkzo92owKnVx_X9Qp-jonm3FCmo41Fkzm

Ab HANA SPS11 können sowohl native SDA-Adapter als auch SDI-Adapter verwendet werden, um auf noch mehr Drittanbieter-Remote-Sources als bisher zugreifen zu können (siehe Abbildung 3.17). SDI-Adapter wurden für SDA-Verwendungsfälle ohne zusätzliche Kosten verfügbar gemacht. Sofern HANA SDI nicht in Ihrer Lizenzvereinbarung enthalten ist, sind Sie nicht dazu berechtigt, SDI-Adapter für andere Zwecke als SDA zu verwenden. Um die SDI-Adapter einsetzen zu können, muss der Datenbereitstellungsserver in der SAP-HANA-Instanz aktiviert werden. Einen Vergleich der beiden Technologien haben wir in Tabelle 3.4 vorgenommen.

	Smart Data Access	Smart Data Integration
Verfügbarkeit	HANA SPS06	HANA SPS09
Technologie	ODBC-Treiber	JDBC-Treiber und Adapter-Framework
Host	HANA Index Server	Data Provisioning Server bzw. Agent
Deployment	Nur On-premise	Cloud und On-premise
Anzahl Quellen	14	20+
Anwendungsfälle	Daten-Virtualisierung	Daten-Virtualisierung, Daten-Replikation (Batch/Echtzeit), Daten-Transformation
Erweiterbarkeit	Eingeschränkt	Offenes SDK verfügbar

Tabelle 3.4: Vergleich von SDA und SDI

Die Konvertierung von SDA-Adaptern zu SDI-Adaptern wird nur für einige Adaptertypen unterstützt (Tabelle 3.5). Voraussetzungen sind ein gestarteter Data-Provisioning-Server und konfigurierte Data-Provisioning-Adapter. Damit können Sie die Umstellung entweder über das HANA Studio oder über den SQL-Befehl »ALTER REMOTE SOURCE« vornehmen.

Smart Data Access Adapter	SDI-DP Server Adapter
MSSQL (GENERIC ODBC)	MssqlLogReaderAdapter
ORACLE (GENERIC ODBC)	OracleLogReaderAdapter
DB2 (GENERIC ODBC)	DB2LogReaderAdapter
TERADATA (ODBC)	TeradataAdapter

Tabelle 3.5: Unterstützte Adapter für die Konvertierung

Darüber hinaus erweitert HANA 1.0 SPS12 SDA um die *Kerberos-Integration* zur Unterstützung von Single-Sign-on(SSO-)Szenarien und

Textsuchen über virtuelle Tabellen mit *Enterprise Semantic Search (ESS)*.

Um nicht jedes Mal die gleiche Abfrage auf selten aktualisierte Quellen auszuführen, wurde eine »Remote Caching«-Funktion für Hadoop-Datenquellen eingerichtet. Mit HANA 2.0 wird für virtuelle Tabellen grundsätzlich die Option angeboten, einen Ergebnis-Cache zu führen, der auch periodisch aktualisiert werden kann. Er verhindert, dass identische Queries immer wieder Daten aus dem Quellsystem abfragen und es dadurch unnötig belasten. Einen statischen Cache gibt es übrigens schon seit HANA 1.0 SPS11.

Insgesamt kann SDA helfen, die Entwicklungskosten für analytische Applikationen zu senken, indem die Zahl der Datenkopien aus verschiedensten Quellsystemen verringert wird. Darüber hinaus ermöglicht SDA einen Echtzeitzugriff auf Daten und gibt somit Applikationen eine neue Qualität.

HANA Smart Data Access allgemein

Mehr Informationen zu SDA im »HANA Administration Guide«
http://help.sap.com/hana_platform

»SAP HANA Smart Data Access: Zentraler Hinweis«
https://launchpad.support.sap.com/#/notes/1868209

Blog: »What's New in HANA 2.0 SPS 00 Smart Data Access«
https://blogs.sap.com/2016/12/01/whats-new-in-hana-2.0-sps-00-smart-data-access/

Ab BW 7.4 können Sie den Smart Data Access auch im BW nutzen. Hierfür gibt es zwei Anwendungsfälle:

1. Im Rahmen der Nearline Storage-Anbindung von IQ mit BW 7.4 (siehe Abschnitt 4.1.4).

2. Die Nutzung von SDA als Datenquelle für den Open ODS View oder CompositeProvider, um Analysen auf externen Daten durchzuführen.

Bevor Sie im zweiten Fall SDA für das BW nutzen, muss die Quelldatenbank im SAP HANA Studio als »Remote Source« eingerichtet werden. Im BW wird die Verbindung zur HANA-Datenbank und dem dortigen Schema – je nach BW Version – entweder über das HANA-Quellsystem oder über ein DB Connect-Quellsystem angelegt. Bei der Definition des Open ODS Views (mehr in Abschnitt 5.4.4) mit dem Quelltyp VIRTUELLE TABELLE ÜBER HANA SMART DATA ACCESS wird in HANA automatisch eine virtuelle Tabelle erzeugt. Diese verweist auf die Originaltabelle mit den Daten im externen System.

Für die Nutzer des BWs ist dieser Zugriff vollkommen transparent. Auf dem gleichen Weg können Sie auch ohne größeren Aufwand vom virtuellen Zugriff zur persistenten Datenbeladung wechseln. Darüber hinaus bietet SDA neue Möglichkeiten für die Entwicklung von Prototypen. Dabei verzichten Sie auf physische Datenbewegung und können dadurch schneller prototypische Applikationen aufbauen oder einfach nur prüfen, ob Daten aus verschiedenen Systemen zueinander passen.

Smart Data Access mit BW in der SAP-Hilfe

BW/4HANA
https://help.sap.com/viewer/107a6e8a38b74ede94c833ca3b7b6f51/1.0.2/de-DE/bbdf686dc0d94f779b5c11d06753da95.html

BW 7.5
https://help.sap.com/saphelp_nw75/helpdata/de/a0/efe8240b754ee4ac1acc1ff57fa87c/frameset.htm

3.3 Big-Data-Quellsystem

Das Big-Data-Quellsystem ermöglicht den einheitlichen und zentralen Zugriff auf Hadoop-Quellen, die über Smart Data Access unter Verwendung des SAP HANA Spark-Controllers und des Spark-SQL-Adapters bereitgestellt werden. Seit BW/4HANA SP4 kann auch der VORA-ODBC-Adapter über SDA verwendet werden.

Durch beide Adapter können Sie über Open ODS Views und CompositeProvider virtuell auf die Daten eines Big-Data-Quellsystems zugreifen. Für alle Quellen sind die Datenübertragung im Full-Modus und, sofern die Quelle dies unterstützt, auch ein generisches Delta möglich. Als Voraussetzung benötigen Sie eine Remote Source, die mithilfe des Spark-SQL-Adapters eine Verbindung zu einer Big-Data-Quelle herstellt.

Letztlich steckt hier nicht viel Neues dahinter, denn bereits unter BW 7.5 konnten Sie manuell diese Verbindung zwischen HANA und einem Hadoop-System herstellen. Aus unserer Sicht ist das System eher für SAP-Marketingzwecke interessant.

Weitere Informationen in der SAP-Hilfe

Im »HANAAdministration Guide« unter »HANA-Hadoop Integration«
http://help.sap.com/hana_platform

»Quellsystem vom Typ Big Data anlegen«
https://help.sap.com/viewer/107a6e8a38b74ede94c833ca3b7b6f51/1.0.2/de-DE/60231af0b6254cd9b4985c16436ba521.html

4 Modernes Datenmanagement

In diesem Kapitel erklären wir die unterschiedlichen Einsatzmöglichkeiten für das Data Lifecycle Management im BW und wie Sie die Werkzeuge der SAP Data Warehousing Foundation für BW einsetzen können.

4.1 Data Lifecycle Management

Die *Datenhistorisierung* und die Verwaltung des Lebenszyklus der Daten (*Data Lifecycle Management*) zählen zu den wichtigen Aufgaben eines Data Warehouse. Je älter ein Datensatz ist, desto seltener wird darauf zugegriffen. Diese Tendenz kann in allen Unternehmen festgestellt werden. Allerdings unterscheiden sich die Zeiträume, wie lange Daten stark nachgefragt bleiben und damit auch häufig im Zugriff sind, zum Teil erheblich. Das hängt auch stark von der Branche und dem Geschäftsmodell des einzelnen Kunden ab. Je nach Land und Branche gibt es zudem regulatorische Anforderungen, Daten für gewisse Mindestzeiträume aufzubewahren.

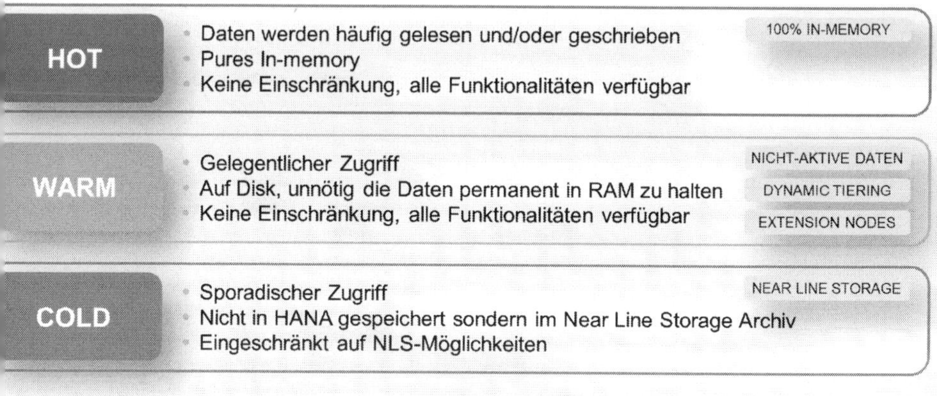

HOT
- Daten werden häufig gelesen und/oder geschrieben
- Pures In-memory
- Keine Einschränkung, alle Funktionalitäten verfügbar

100% IN-MEMORY

WARM
- Gelegentlicher Zugriff
- Auf Disk, unnötig die Daten permanent in RAM zu halten
- Keine Einschränkung, alle Funktionalitäten verfügbar

NICHT-AKTIVE DATEN
DYNAMIC TIERING
EXTENSION NODES

COLD
- Sporadischer Zugriff
- Nicht in HANA gespeichert sondern im Near Line Storage Archiv
- Eingeschränkt auf NLS-Möglichkeiten

NEAR LINE STORAGE

Abbildung 4.1: Multi-Temperature-Datenverwaltung

Das *Multi-Temperature-Datenverwaltung* ist eine Methodik, Daten gemäß ihrem Wert und ihrer Nutzung (»Temperatur der Daten«) auf einem entsprechend kostengünstigen Speichermedium bereitzustellen. Demnach werden die am häufigsten benötigten Daten im schnellstmöglichen Speichermedium der Datenbank bzw. des Storage-Systems abgelegt, um maximale Performance beim Lesen und Schreiben zu erzielen (siehe Abbildung 4.1).

Diese Daten werden auch als *heiße Daten* oder *hot data* bezeichnet. Bei einem HANA-basierten System werden heiße Daten ständig im Hauptspeicher gehalten. Die extrem heißen Daten (white hot) hält HANA noch näher an den CPU-Kernen in den Level-1- bis 3-Caches der CPU.

Warme Daten werden hingegen nicht permanent benötigt und können auf etwas langsameren und damit meist auch kostengünstigeren Speichermedien liegen. BW auf HANA bzw. BW/4HANA bietet Möglichkeiten, mit warmen Daten umzugehen: *nicht aktive Daten*, *Extension Nodes* und *Dynamic Tiering*. Auf diese Konzepte werden wir in den nächsten Abschnitten näher eingehen.

Von *kalten Daten* (cold data) spricht man bei sporadischen Zugriffen, d.h., diese Daten können sich auch ausgelagert auf kostengünstigen Speichern befinden. Sie sind allerdings weiterhin online im Zugriff der Applikation. Unabhängig von HANA als Datenbank bietet das BW die Möglichkeit, kalte Daten in ein sogenanntes Near-Line-Storage-Archiv auszulagern.

Darüber hinaus bietet das BW-System schon seit Langem Möglichkeiten zur Datenarchivierung via *Archive Development Kit* (ADK). Da der Datenarchivierungsprozess (DAP) keine spezielle Funktion von HANA nutzt, werden wir auf eine nähere Betrachtung im Rahmen dieses Buches verzichten.

Multi-Temperature-Datenverwaltung

Um die Möglichkeiten der Multi-Temperature-Datenverwaltung im BW sinnvoll für Ihre Zwecke einzusetzen, sollten Sie sich so früh wie möglich Gedanken machen, welche Daten Sie wie lange in welcher Schicht vorhalten möchten. Dies können für einzelne Anwendungsgebiete, wie z. B. bei Finanz- und Marketingdaten, durchaus unterschiedliche Zeitspannen sein.

4.1.1 Nicht aktive Daten

Seit BW 7.3 SP8 in Kombination mit HANA 1.0 SPS5 gibt es das Konzept der aktiven und *nicht aktiven Daten* im BW. Aktive Daten werden demnach permanent im Hauptspeicher gehalten (hot), während nicht aktive Daten dort eben nicht permanent vorliegen müssen. Die nicht aktiven Daten können bei einem Speicherengpass priorisiert aus dem Hauptspeicher verdrängt und erst bei Zugriff wieder von der Festplatte nachgeladen werden.

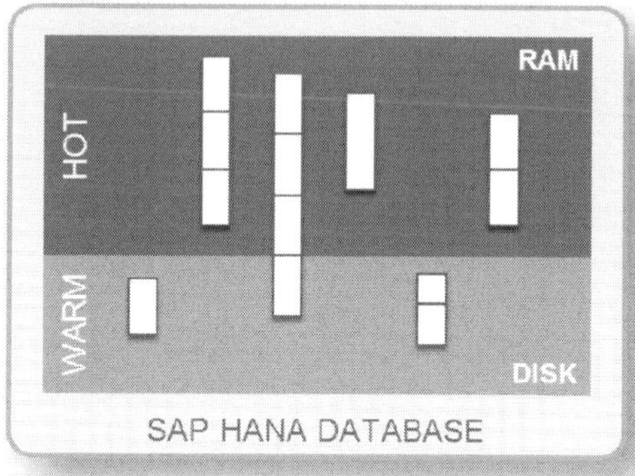

Abbildung 4.2: Nicht aktive Daten

Technisch gesehen, basiert diese Möglichkeit auf der Funktion UNLOAD PRIORITY von HANA-Tabellen, mit der festgelegt wird, ob und mit welcher Priorität Datenspalten aus dem Hauptspeicher verdrängt werden können. Bei partitionierten Tabellen greift dieser Mechanismus auch für einzelne Tabellenpartitionen, wie in Abbildung 4.2 dargestellt.

Es gibt deshalb Tabellen oder Partitionen, die ständig im Hauptspeicher vorliegen, und andere, die nur bei Bedarf in den RAM geladen werden. Der Prozess arbeitet vollautomatisch im Hintergrund und bedarf keiner manuellen Aktivität seitens eines Administrators.

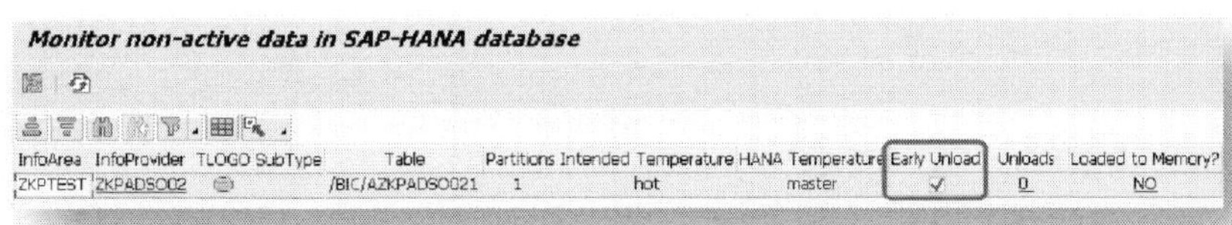

Abbildung 4.3: Kennzeichen für »frühes Entladen« in RSHDBMON

In BW auf HANA bzw. BW/4HANA sind grundsätzlich alle PSA- und Change-Log-Tabellen sowie schreiboptimierte DataStore-Objekte automatisch mit dem Early Unload Flag (dt. Kennzeichen für frühes Entladen) versehen (siehe Abbildung 4.3). Bei einer Datenbankmigration erfolgt diese Kennzeichnung automatisch im Rahmen der Nacharbeiten. Das bedeutet, dass diese Objekte früher aus dem Speicher verdrängt werden als andere BW-Objekte. Da diese Objekte automatisch nach Request partitioniert sind, werden immer nur die neuesten Partitionen im Hauptspeicher gehalten. Wenn Sie im Rahmen von Lookups auf einzelne Spalten dieser Tabellen zugreifen, werden letztlich nur diese Spalten in den RAM nachgeladen.

Abbildung 4.3 zeigt die Objektansicht der Transaktion **RSHDBMON**, in der das Early Unload Flag bei einzelnen Objekten ersichtlich ist und auch geändert werden kann. Zusätzlich stehen über diese Transaktion viele wichtige Monitoringinformationen rund um die nicht aktiven Daten zur Verfügung. Auf Tabellenebene können Sie in der Transaktion **SE14** unter Storage Parameters (Speicherparameter) die UNLOAD PRIORITY der einzelnen Tabellen sehen (siehe Abbildung 4.4). Sofern das Early Unload Flag gesetzt ist, steht dieser Wert auf »7«.

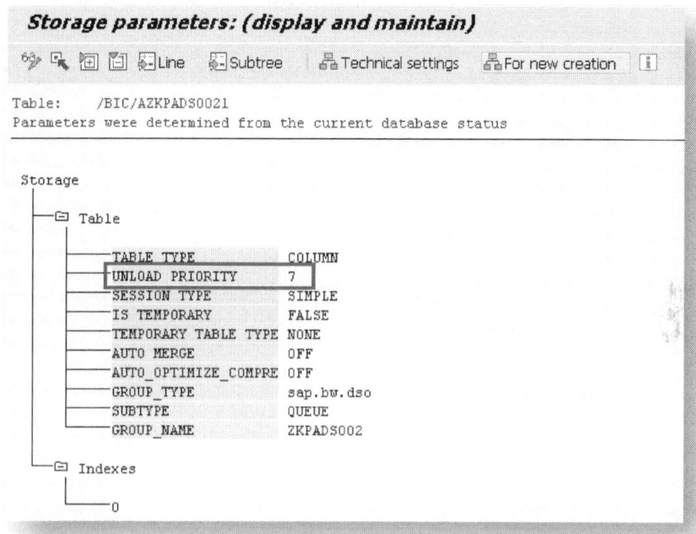

Abbildung 4.4: UNLOAD PRIORITY in der Transaktion SE14

Vorsicht bei manueller Zuweisung

Sie können auch manuell InfoCubes oder andere DSOs für ein »frühes Entladen« markieren. Wir empfehlen Ihnen, sorgfältig zu prüfen, bei welchen Objekten Sie diese Option nutzen, z. B. wenn Objekte nicht mehr beladen werden und kein Reporting mehr stattfindet. Mehr Informationen, was Sie zu beachten haben, finden Sie im SAP-Hinweis 1767880.

Die Folgen bei falscher Nutzung sind nicht absehbar und könnten zur Instabilität Ihres Systems führen.

Die nicht aktiven Daten verbessern das Ressourcenmanagement des Hauptspeichers deutlich. Der in Abschnitt 2.1.1 beschriebene Sizing-Report berücksichtigt bereits die positiven Auswirkungen auf das Hardwaresizing.

Weitere Informationen zu nicht aktiven Daten

Blog von Thomas Zurek: »How BW Uses HANA's Memory In A Smarter Way«
https://blogs.sap.com/2012/10/15/how-bw-uses-hanas-memory-in-a-smarter-way/

»Konzept ,Nicht aktive Daten' für BW auf HANA DB«
https://launchpad.support.sap.com/#/notes/1767880

4.1.2 Dynamic Tiering

Gibt es Massendaten, die Sie nicht permanent im Hauptspeicher in HANA vorhalten wollen? Diese warmen Daten können Sie über das *Dynamic-Tiering*-Konzept ganz oder teilweise günstiger auf Disks (Festplatte bzw. SSD) speichern. Abbildung 4.5 zeigt die dem Konzept zugrunde liegende Idee der *Extended*- und *Multistore-Tabelle*, wobei die Multistore-Tabelle erst mit HANA 2.0 verfügbar ist.

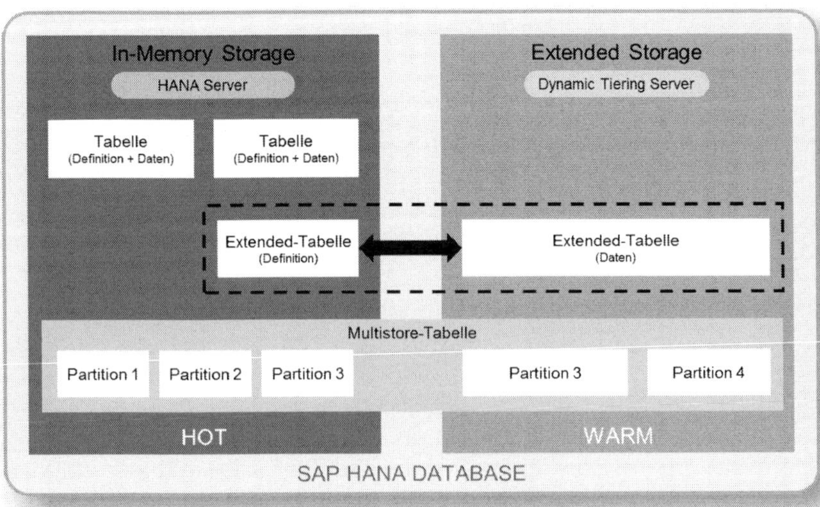

Abbildung 4.5: Extended- und Multistore-Tabellen

Tabellen vom Typ »Extended Table« liegen nur logisch im Hauptspeicher, d. h., ihre Definition liegt im *HANA Dictionary,* vor, ihre Daten sind aber physisch nur auf Disk im Dynamic Tiering Server abgelegt (siehe Abbildung 4.5). Dennoch können Sie mit der Tabelle umgehen, als ob die Daten direkt im HANA-Hauptspeicher verfügbar wären. In HANA 1.0 liegen die Daten einer Tabelle somit entweder komplett im Hauptspeicher (Standardeinstellung) oder über das Dynamic-Tiering-Konzept komplett auf Disk. Mit HANA 2.0 und Multistore-Tabellen können einige Partitionen im Hauptspeicher und andere auf dem Dynamic Tiering Server liegen. Es lassen sich verschiedene Partitionierungsoptionen wählen (range, hash-range und range-range mit Zeitabhängigkeit).

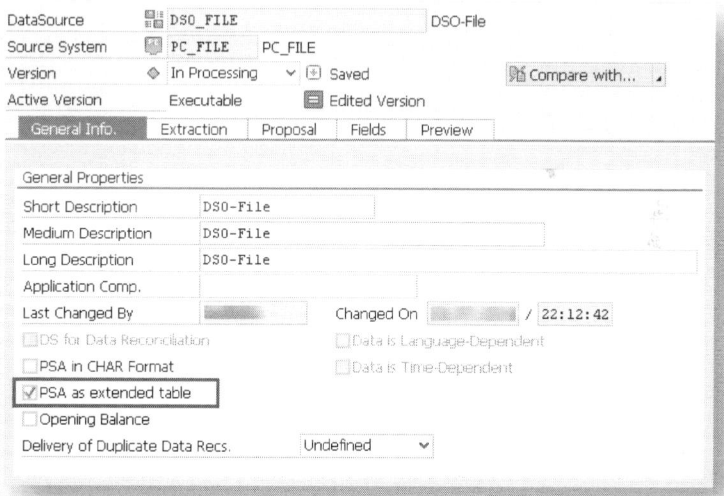

Abbildung 4.6: PSA als Extended Table

Ab HANA 1.0 SPS9 und BW 7.4 SP8 wurde Dynamic Tiering (DT) für BW freigegeben. Damit können PSA-Tabellen (Abbildung 4.6) und schreiboptimierte DSOs (Abbildung 4.7) als Extended Table gekennzeichnet werden. Mit BW 7.5 bzw. BW/4HANA werden auch ADSO unterstützt (Abbildung 4.10). Als Konsequenz ändert sich für diese Tabellen die primäre Persistenz von Hauptspeicher zu Disk. Alle BW-Operationen funktionieren weiterhin ohne Änderungen oder Einschränkungen. Dafür benötigen Sie, je nach Datenmenge im Warm Store, weniger Hauptspeicher für die HANA-Datenbank.

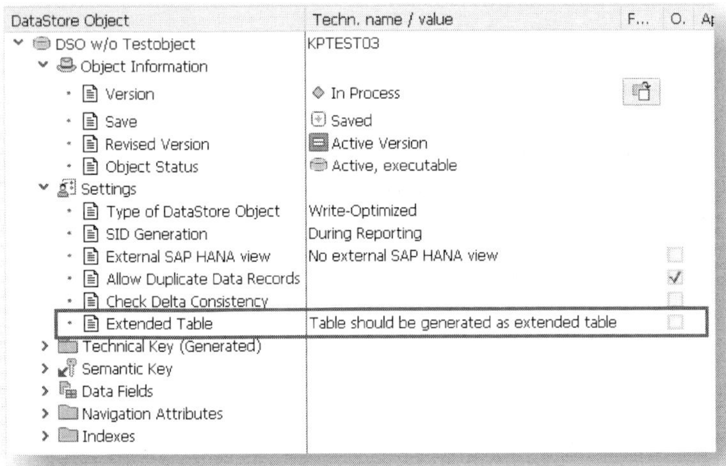

Abbildung 4.7: Schreiboptimierte DSOs als Extended Table

Im Vergleich zum Konzept der nicht aktiven Daten müssen Extended-Tabellen nicht aus dem HANA-Hauptspeicher verdrängt werden, da sie dort keinen Speicherplatz belegen. Diese Funktionalität wird vom Sizing-Report (SAP-Hinweis 2296290) unterstützt.

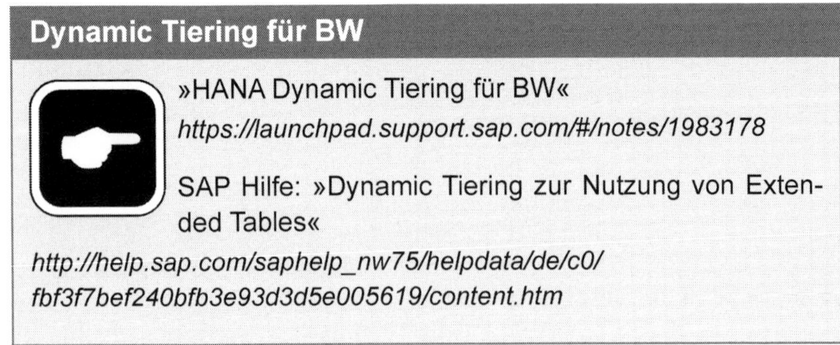

Dynamic Tiering für BW

»HANA Dynamic Tiering für BW«
https://launchpad.support.sap.com/#/notes/1983178

SAP Hilfe: »Dynamic Tiering zur Nutzung von Extended Tables«
http://help.sap.com/saphelp_nw75/helpdata/de/c0/fbf3f7bef240bfb3e93d3d5e005619/content.htm

Aufgrund von Restriktionen mit Dynamic Tiering bei HANA 1.0 hat diese Funktionalität noch keine große Verbreitung gefunden. Unter HANA 2.0 sind viele dieser Einschränkungen nun beseitigt, was sicherlich zu einer größeren Akzeptanz der Lösung führen wird. So werden jetzt auch hochverfügbare Systeminstallationen mit Systemreplikation, Delta-Backups, verschlüsselte Daten im Extended Store und ein Co-Deployment von HANA und dem Dynamic Tiering Server auf einer Hardware für die Produktion unterstützt. Mit den Multistore-Tabellen erhält die Lösung auch endlich ihre dynamische Komponente, denn bislang waren komplette Tabellen entweder »hot« oder »warm«.

Weitere Informationen zu Dynamic Tiering

»SAP HANA Dynamic Tiering« in der SAP-Hilfe
http://help.sap.com/hana_options_dt

»Best Practices Guide: SAP HANA Dynamic Tiering«
http://www.sap.com/documents/2016/02/8c7bc509-617c-0010-82c7-eda71af511fa.html

»SAP HANA Dynamic Tiering Quick Start Guide«
https://blogs.sap.com/2015/08/17/sap-hana-dynamic-tiering-quick-start-guide-overview/

HANA Academy: »SAP HANA Dynamic Tiering Playlist«
https://www.youtube.com/playlist?list=PLkzo92owKnVxDWNSB_4CdC1W5SD7yZRfR

»SAP HANA 2.0 Dynamic Tiering – Zusatzinformationen«
https://launchpad.support.sap.com/#/notes/2394124

4.1.3 Extension Nodes

Für den Umgang mit »warmen« Daten im BW-System auf HANA haben Sie bereits zwei Methoden kennengelernt: nicht aktive Daten und Dynamic Tiering. Weshalb also ein weiteres Verfahren?

Das Konzept der »nicht aktiven Daten« funktioniert zwar vollautomatisch, greift allerdings erst, wenn der Platz im Hauptspeicher knapp wird. Dynamic Tiering ist bei der Einrichtung recht aufwendig, bedarf eines zusätzlichen Servers und unterstützt möglicherweise nicht alle Betriebsmodi Ihres BW-auf-HANA-Systems.

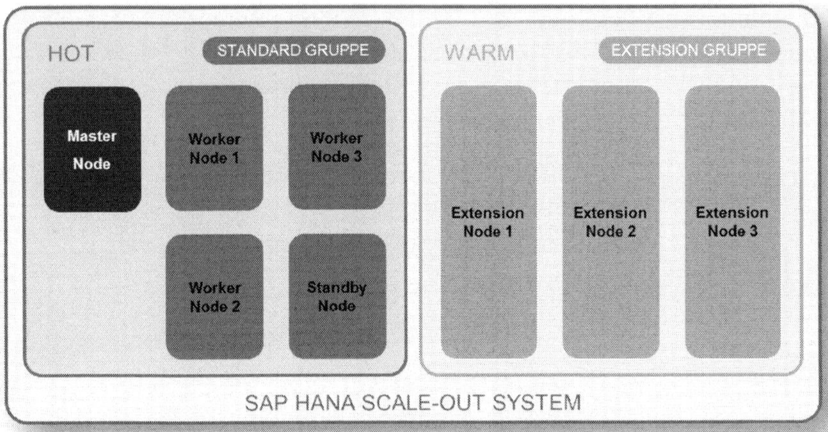

Abbildung 4.8: Extension Nodes

Für Extension Nodes nutzen Sie normale HANA-Serverknoten. Da Sie diese nur für »warme« Daten verwenden, können Sie ein anderes Sizing (CPU-RAM Ratio) nutzen und mehr als die üblichen 50 % Daten ablegen. Damit betreiben Sie eine »asymmetrische« HANA-Scale-out-Landschaft, skizziert in Abbildung 4.8, die eine Gruppe von Knoten mit Standard-Sizing (»heiße« Daten) und eine mit einem gelockerten Sizing für warme Daten enthält. Dabei können Sie einen oder mehrere Extension Nodes einsetzen. Die Erfahrung aus dem Konzept der nicht aktiven Daten zeigt, dass eine Klassifikation von mehr als 50 % der Daten als »warme«-Daten unrealistisch ist.

Die Konfiguration der Extension Nodes erlaubt es Ihnen, die gleiche Menge an Daten auf weniger Serverknoten abzulegen und damit insgesamt weniger Hauptspeicher zu belegen. Die Differenzierung in heiße und warme Daten findet über die BW-Applikation statt. Die Aktivierung einer Checkbox beim jeweiligen BW-Objekt erlaubt die Nutzung ab BW 7.5 SP4 und HANA 1.0 SPS12. Unterstützt werden PSA-Tabellen, schreiboptimierte DSO und ADSO.

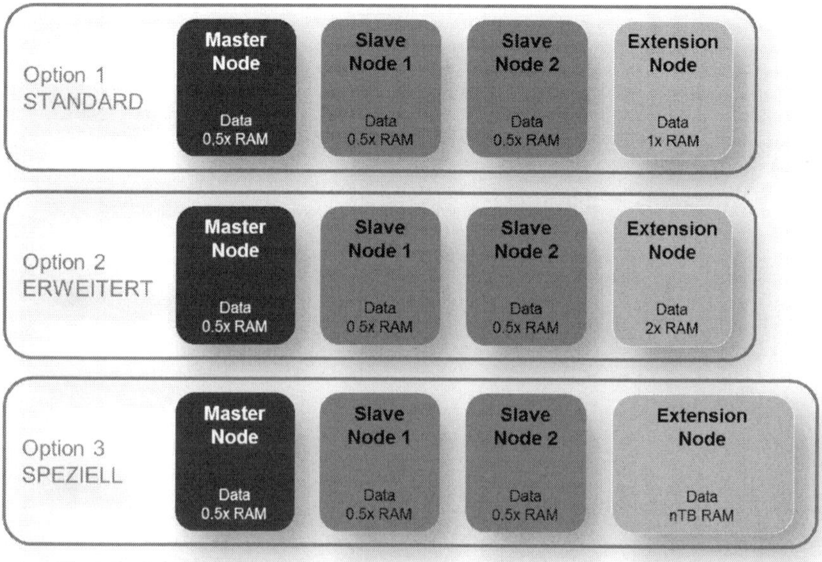

Abbildung 4.9: Deployment Optionen von Extension Nodes

Abbildung 4.9 zeigt mehrere Optionen, um Extension Nodes zu betreiben. In der »Standard-Option 1« ist es eine minimale Rekonfiguration und anschließende Umverteilung der Daten eines bestehenden Systems bei 100 % RAM-Nutzung im Extension Node. In der erweiterten »Option 2« nutzen Sie bis zu 200 % RAM im Extension Node. Dafür müssen Sie zusätzlichen Speicherplatz zur Verfügung stellen, also Änderungen in der Hardwarekonfiguration vornehmen. Die spezielle »Option 3« ist zur Drucklegung des Buches noch nicht freigegeben. Sie würde es erlauben, einen Knoten mit mehr Hauptspeicher als die anderen einzusetzen.

Prinzipiell können Extension Nodes auch unter BW 7.4 mit HANA 1.0 SPS12 eingesetzt werden, allerdings sind dort nur PSA- und Change-Log-Tabellen verfügbar. Durch ein ordentliches Housekeeping-Konzept kann deshalb ohne viel Aufwand ein ähnlicher Effekt erzielt werden wie mit BW 7.4 und Extension Nodes. Ähnlich wie bei Dynamic Tiering können mit BW 7.5 nur ganze Objekte als »hot« oder »warm« definiert werden. Das ändert sich mit BW/4HANA 1.0 und wird deutlich flexibler, denn in der Modellierung von ADSOs (Abbildung 4.10) können Sie genau einstellen, welche Temperatur eine bestimmte Datenpartition haben soll:

- HOT – im Hauptspeicher von HANA,
- WARM – im Extension Node,
- COLD – im Near-line Storage.

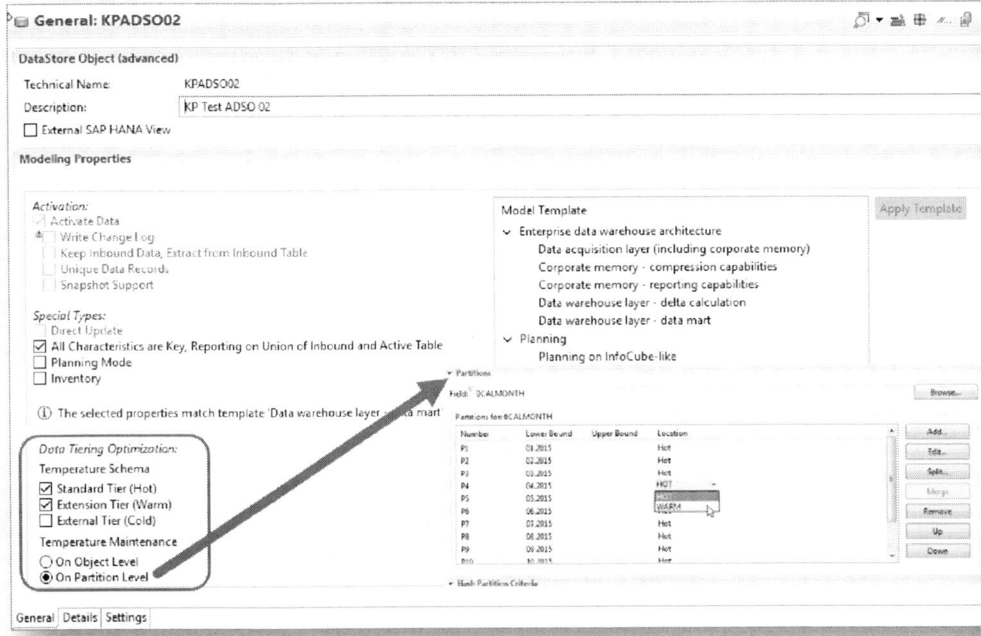

Abbildung 4.10: ADSO Data Tiering in BW/4HANA

Um Daten entsprechend ihrer Klassifikation zwischen den Knoten zu verteilen, stehen auch Werkzeuge zur Verfügung:

- *Landscape Redistribution* im HANA Studio
  Details entnehmen Sie bitte dem How-To-Guide unter *https://archive.sap.com/documents/docs/DOC-57368,*
- *Data Distribution Optimizer (DDO)*
  mehr dazu im Abschnitt 4.2,

- Transaktion **RSHDBMON** zum Überwachen nicht aktiver Daten (SAP-Hinweis 2316757).

Weitere Informationen zu Extension Nodes

»Update – Data Lifecycle Management for BW-on-HANA«
https://blogs.sap.com/2016/04/14/important-update-data-lifecycle-management-for-bw-on-hana/

»More Details – HANA Extension Nodes for BW-on-HANA«
https://blogs.sap.com/2016/04/26/more-details-hana-extension-nodes-for-bw-on-hana/

»Data Lifecycle Management für BW auf SAP HANA und Extension Nodes«
https://launchpad.support.sap.com/#/notes/2317200

»Konfiguration von SAP HANA für BW Extension Nodes«
https://launchpad.support.sap.com/#/notes/2343647

»How to Configure SAP HANA Table-Distribution for BW-on-HANA Scale-out Systems«
https://archive.sap.com/documents/docs/DOC-57368

4.1.4 Nearline Storage

Die Schnittstelle *Nearline Storage* (NLS) wurde bereits mit BW 7.0 eingeführt. Über sie werden Daten, auf die nur noch sporadisch zugegriffen wird, in Zeitscheiben in ein externes System ausgelagert. Die Daten stehen über die NLS-Schnittstelle nach wie vor für Analysen online zur Verfügung, können allerdings nicht mehr verändert werden. Zunächst hatten einige Partnerunternehmen eigene Lösungen für NLS angeboten. Seit BW 7.3 SP9 wird NLS in Kombination mit der SAP-IQ-Datenbank über eine SAP-eigene Schnittstelle angeboten.

Eine der wichtigsten Voraussetzungen für ein konsistentes Reporting auf Daten im Near-Line-Archiv in Kombination mit Daten aus BW-InfoProvidern ist ein gesicherter Überführungsprozess, der eben diese Datenkonsistenz sicherstellt. Dazu müssen der Datenarchivierungsprozess (DAP) und die Löschung der Online-Daten im Nachgang als ein untrennbar miteinander verbundenes, logisches Arbeitspaket behandelt werden.

Bevor Sie in die Implementierung von NLS einsteigen, sollten Sie ein Konzept für das Data Lifecycle Management haben und die genauen Aufbewahrungszeiten für die unterschiedlichen Daten festlegen. Häufig wird ein rollierendes Konzept gewählt, das die Daten für ein oder zwei Jahre in den InfoProvidern vorhält. Monatlich oder einmal im Quartal wird dann die »älteste« Periode in das NLS überführt. Dies kann manuell oder per Prozesskette angestoßen werden.

Während der Archivierung werden die selektierten Datenpakete zuerst ins Archiv geschrieben, danach verifiziert, bevor sie abschließend in den InfoProvidern gelöscht werden. Infolgedessen sind die archivierten Daten gegen Änderungen im InfoProvider geschützt (siehe Abbildung 4.11). Darüber hinaus muss es Möglichkeiten geben, einzelne Archivierungsschritte konsistent zurückzurollen.

Die NLS-Schnittstelle ist generisch und arbeitet aus Anwendersicht unabhängig vom Zielsystem des NLS. Hinter den Kulissen arbeiten jedoch alle NLS-Lösungen unterschiedlich. Die SAP-eigene Lösung benutzt eine native ABAP-basierte Schnittstelle, um die IQ-Datenbank über eine DBSL (Database Shared Library)-Schicht anzubinden. Diese native Schnittstelle und die extrem gute Ladeperformance der IQ-Datenbank sorgen für einen hohen Datendurchsatz. Das hilft Ihnen, die Zeit für den Datentransfer zu minimieren. Dazu kommt noch die sehr gute Datenkomprimierung der IQ-Datenbank. Hier können Sie mit einer Kompression um die 90 % rechnen. Dieser Wert ist selbstverständlich erheblich von den Daten selbst abhängig.

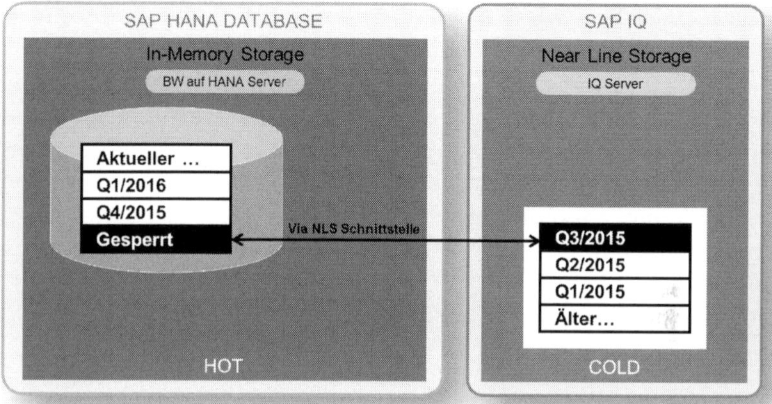

Abbildung 4.11: Datenarchivierungsprozess mit NLS

Abbildung 4.12 zeigt die Funktionsweise einer Query, die Daten aus NLS und HANA gleichzeitig anfordert. In BW 7.3 ist dieser Zugriff bei der SAP-eigenen Lösung und den Partnerangeboten noch identisch. Das Ergebnis aus beiden Teil-Queries wird im BW-Applikationsserver zusammengeführt.

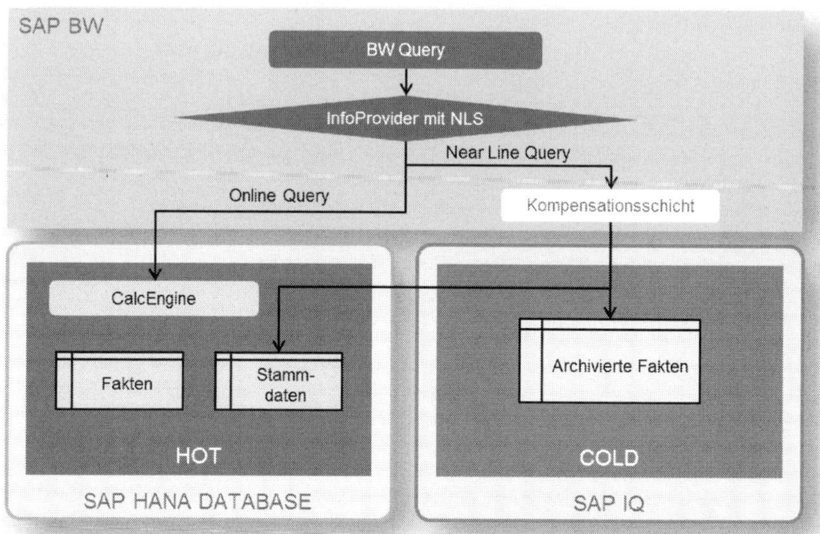

Abbildung 4.12: NLS mit IQ in BW 7.3 ab SP9

Im Fall von HANA als primärer Datenbank des BWs kann der BW-Query-Zugriff mit BW 7.4 SP5 (siehe Abbildung 4.13) auf IQ optimiert werden, indem die Smart-Data-Access-Schnittstelle eingesetzt wird. Das ermöglicht eine weitaus bessere Performance durch einen optimierten Query Execution Plan, der nun auch Filter in die IQ-Datenbank weiterleiten (Push-Down) und durch semi-JOINs deutlich effizienter arbeiten kann. Davon profitieren vor allem Queries, die Hierarchien oder Navigationsattribute nutzen.

Mit BW 7.4 SP8 gibt es weitere Neuerungen:

- Vorschläge zur Datenarchivierung,
- NLS Integration ins DBA Cockpit,
- NLS für InfoCubes mit Bestandskennzahlen,
- generierte Views beinhalten nun auch NLS Daten,
- weitere Query-Optimierungen durch Code-Push-Down.

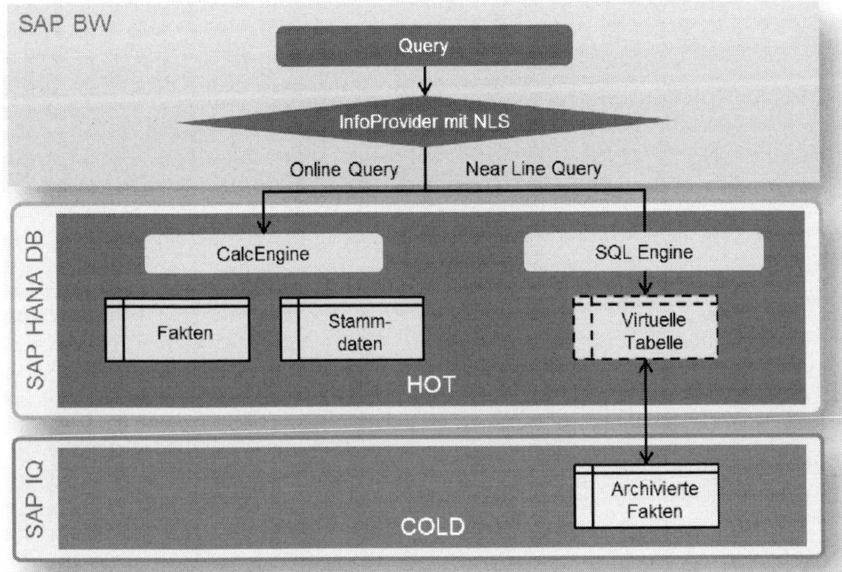

Abbildung 4.13: NLS mit IQ in BW 7.4 ab SP5

ADSOs werden ab BW 7.5 mit NLS unterstützt, auch für Partner-Lösungen (SAP-Hinweis 2215265). Darüber hinaus gibt es einen BW-Prozesstyp, mit dem Sie Datenbankstatistiken für NLS-Zugriffe anlegen können.

Änderungen am bereits archivierten Datenbestand waren bisher nicht vorgesehen. Diese Änderungen (INSERT, UPDATE, DELETE) für sogenannte »Nachzügler« (engl. straggler) konnten nur vorgenommen werden, indem die archivierten Daten auf der Online-Datenbank wiederhergestellt und nach dem Übernehmen der Änderungen erneut archiviert wurden. Ab BW 7.5 SP4 können im Rahmen eines Pilotkundenprojekts Daten auch im NLS-Archiv geändert werden. Diese Ausnahme-Änderung ist für Nachzügler in klassischen DSOs erlaubt. Mehr Informationen dazu finden Sie in den SAP-Hinweisen 2286607 und 2391722.

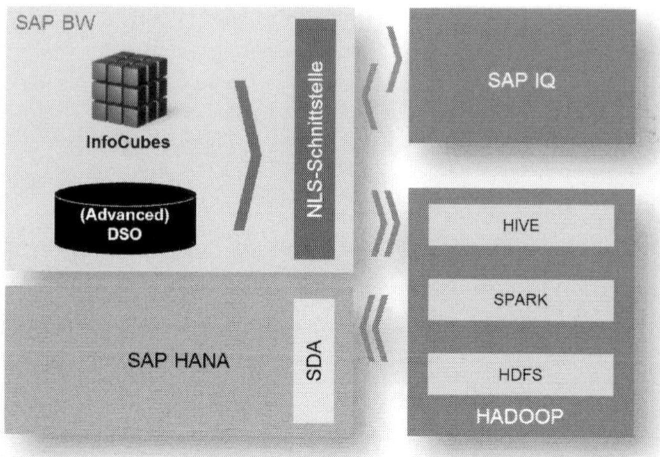

Abbildung 4.14: NLS mit Hadoop

Mit BW 7.5 SP4 ist auch *Hadoop* (ab Version 2.7.1) als Ziel für NLS-Archive möglich. Das gilt für alle BW-Objekte, die NLS unterstützen. HANA ist hierfür nicht zwingend als Datenbank erforderlich. NLS mit Hadoop funktioniert auch mit BW auf klassischen Datenbanken, allerdings nur als Archivlösung ohne direkten lesenden Zugriff. Ein lesender Zugriff erfordert HANA, denn der Durchgriff auf die Hadoop-Daten erfolgt mit Smart Data Access (SDA) über Apache Spark ab Version 1.4.1 (siehe Abbildung 4.14). Die Voraussetzungen bei HANA 1.0 sind das SPS12 und der HANA Spark Controller 1.6. Sie könnten Hadoop und IQ auch parallel als NLS-Lösungen an einem BW-System einsetzen. Auf Objektebene müssen Sie sich dann entscheiden, in welches NLS-Archiv die jeweiligen Daten geschrieben werden sollen.

Die Archivdateien werden als ORC-Format direkt auf das Hadoop File System (HDFS) geschrieben. Die Dateistruktur wird über Apache Hive ab Version 1.2.1 erzeugt. Eine potenzielle Wiederherstellung der Daten im BW-System kann über das REST API im ABAP-Server oder, bei HANA-basierten BW-Systemen, über SDA erfolgen. Zukünftig ist zudem eine Integration von SAP HANA Vora geplant.

Weitere Informationen zu Nearline Storage

»Überblick: SAP-NLS Solution for SAP BW«
https://blogs.sap.com/2016/10/12/sap-nls-solution-sap-bw/

»First Guidance – NLS Solution with IQ«
https://archive.sap.com/documents/docs/DOC-39627

»NLS FAQ«
https://blogs.sap.com/2014/04/23/sap-bw-nls-frequently-asked-questions/

»FAQ: BW-NLS mit SAP HANA Smart Data Access«
https://launchpad.support.sap.com/#/notes/2165650

»BW FAQ – Multi Temperature Data«
https://archive.sap.com/documents/docs/DOC-59759

»BW-Near–Line-Lösung mit IQ«
https://launchpad.support.sap.com/#/notes/1796393

»Ausnahme-Updates in SAP BW NLS IQ für klassische DSO«
https://launchpad.support.sap.com/#/notes/2286607

»SAP NLS Roadmap Update – Q1/2017«
https://www.sap.com/documents/2016/06/f6fdb616-767c-0010-82c7-eda71af511fa.html

»Hadoop NLS: Informationen, Empfehlungen und Einschränkungen«
https://launchpad.support.sap.com/#/notes/2363218

4.2 Data Warehousing Foundation

Die Option *SAP HANA Data Warehousing Foundation (DWF)* ist Bestandteil der meisten SAP-HANA-Lizenzen und beinhaltet verschiedene HANA-XS-basierte Werkzeuge zum Datenmanagement, die nicht nur für große HANA-Installationen interessant sind. Die DWF ergänzt primär native HANA-Data-Warehouse-Implementierungen auf SQL-Basis, aber auch das BW auf HANA bzw. BW/4HANA und Architekturen mit hybrider Modellierung.

Die DWF 1.0 im SP5 enthält folgende Werkzeuge:

- *Data Distribution Optimizer* (DDO),
- *Data Lifecycle Manager* (DLM).

In der Version DWF 2.0 SP1, die gleichzeitig HANA 2.0 SP1 voraussetzt, sind folgende Werkzeuge hinzugekommen:

- *natives DataStore Object* (NDSO),
- *Data Warehouse Scheduler* (DWS),
- *Data Warehouse Monitoring* (DWM).

Informationen zur Data Warehousing Foundation

»Release Note SAP HANA Data Warehousing Foundation 1.0«
https://launchpad.support.sap.com/#/notes/2092669

»SAP HANA Data Warehousing Foundation – SP05 Patch 1«
https://launchpad.support.sap.com/#/notes/2404708

»Release Note SAP HANA Data Warehousing Foundation 2.0«
https://launchpad.support.sap.com/#/notes/2435452

»SAP-Hilfe: SAP HANA Data Warehousing Foundation«
http://help.sap.com/hana_options_dwf

»SAP HANA Data Warehousing Foundation Community«
https://blogs.sap.com/2015/03/04/sap-hana-data-warehousing-foundation/

»SAP HANA Academy Channel – DWF«
https://www.youtube.com/playlist?list=PLkzo92owKnVxZcLRGmfZS-bdlIFYRQ39R

4.2.1 Data Distribution Optimizer

Der *Data Distribution Optimizer (DDO)* ist ein Werkzeug, mit dem Sie eine intelligente Verteilung der Daten in Scale-out-HANA-Systemen planen, analysieren und anpassen. DDO hilft dem HANA-Administrator, die optimale Verteilung der Tabellen und bestmögliche Nutzung der Hauptspeicher-Ressourcen über die verschiedenen Knoten zu finden. DDO kann für ein lokales oder für Remote-Systeme genutzt werden, auch in Kombination mit Multi-tenant Database Containers. Umverteilungspläne lassen sich über Systemgrenzen hinweg exportieren und importieren. Darüber hinaus bietet der DDO umfassende Analyse- und Monitoring-Möglichkeiten.

Dank spezialisierter Algorithmen erhöht eine effiziente Datenverteilung auch die SQL-Performance des Systems, wobei die Algorithmen bei der Umverteilung sowohl die Beziehungen von Tabellen als auch Landschaftsinformationen wie allokierter RAM pro Knoten oder eine Unterscheidung in Master- und Server-Knoten etc. berücksichtigen. Übliche JOIN-Pfade von zusammengehörenden Tabellen werden ebenfalls einbezogen, und der DDO schlägt daraufhin eine entsprechende Tabellengruppierung vor (siehe Abbildung 4.15). Bei BW-Objekten wie InfoObject und ADSO passiert diese Gruppierung automatisch. Außerdem werden große Tabellen ausbalanciert über verschiedene Knoten verteilt.

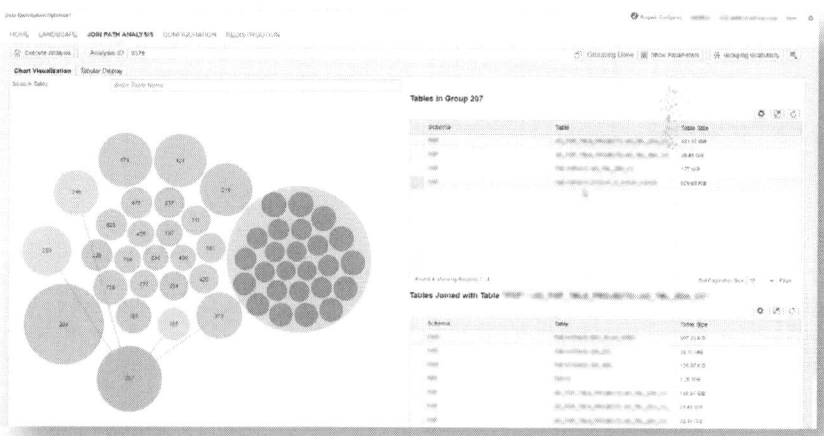

Abbildung 4.15: JOIN-Pfad-Analyse mit DDO

Mittels DDO können Sie Umverteilungspläne nicht nur erstellen, anpassen und einplanen, sondern auch interaktiv simulieren und durch grafische Visualisierung miteinander vergleichen. Die Simulation kann mehrfach erfolgen, bis der optimale Plan gefunden ist. Die Umverteilung kann auf unterschiedlichen Detailebenen ablaufen, z. B. auf Ebene eines Datenbank-Schemas, einer Tabellengruppe, einer Tabelle etc.

Mit SP5 der DWF 1.0 unterstützt der DDO auch Extension Nodes, um Objekte entsprechend ihrer Tabellenklassifikation (warm/heiß) anzuzeigen und, bei vom Zielzustand abweichender Klassifikation, auf andere Knoten zu verschieben. Die Auswahl der neuen Server-Knoten erfolgt wie bei der Umverteilung unter Einbeziehung von Datenbank-Statistiken. Dabei wird vermieden, Daten auf bereits ausgelastete Knoten zu verschieben.

Datenverteilung im BW-Scale-out-System

»Tabellenpositionierung und Landschaftsumverteilung bei BW auf HANA«
https://launchpad.support.sap.com/#/notes/1908075

»BW/4HANA«
https://launchpad.support.sap.com/#/notes/2334091

»Export HANA system meta-data for DDO application«
https://launchpad.support.sap.com/#/notes/2138117

»Data Distribution Optimizer Administration Guide«
https://help.sap.com/viewer/bfa0630d575d473a98ea9e2a14c9d35a/1.0.5.0/en-US

»HANA Landscape Redistribution with SP6«
http://scn.sap.com/community/hana-in-memory/blog/2013/09/03/sap-hana-landscape-redistribution-with-sp6

4.2.2 Data Lifecycle Manager

Der *Data Lifecycle Manager (DLM)* dient zur Optimierung der Hauptspeichernutzung nativer HANA-Anwendungen durch Verschieben der Daten aus dem RAM in Dynamic Tiering, SAP IQ oder Hadoop (Spark SQL). DLM erlaubt dem Administrator, Regeln zur Datenhistorisierung auf HANA-Tabellen anzulegen und automatisiert zu verteilen.

Aktuell arbeitet der DLM nicht mit BW oder BW/4HANA, weshalb wir das Werkzeug auch nicht ausführlicher beschreiben.

4.2.3 DataStore-Objekt (nativ)

Neu ist das *native DataStore-Objekt (NDSO)* in HANA 2.0, mit der Version 2.0 der Data Warehousing Foundation zur Verfügung gestellt. Es ist, ähnlich wie die zuvor genannten Werkzeuge, auf Basis von HANA-XS-Advanced implementiert und bietet ADSO-Funktionalität als natives SQL-Objekt in HANA ohne ABAP.

Die bekannte Struktur mit drei Tabellen (Inbound Queue, aktive Daten- und Change-Log-Tabelle) ermöglicht ein Delta-Datenmanagement und das komfortable Zurückrollen von Datenladungen, wie Sie es von BW gewohnt sind. Die Modellierung erfolgt über die HANA-Web-IDE. Beladen werden die Objekte entweder über die Flow-Graphen in HANA oder andere ETL-Werkzeuge.

Mit BW/4HANA SP4 kann das NDSO als Quellobjekt des HANA-Quellsystems verwendet werden. Bei NDSO ohne Change-log ist ein direkter Zugriff oder Full-Extraktion unterstützt. Mit Change-log ist zudem die Deltaextraktion unterstützt.

Natives DataStore-Objekt erklärt in der HANA Academy

»Introduction«
https://youtu.be/FRMssPFER_4

»Creating an NDSO«
https://youtu.be/6SA9XW8lYw8

»Preparing for Data Load«
https://youtu.be/B3BYQqL8AOA

»Loading an NDSO using a FlowGraph«
https://youtu.be/2uTkMb_O2EE

4.2.4 Data Warehouse Scheduler und Data Warehouse Monitoring

Der *Data Warehouse Scheduler* (DWS) ist ein Werkzeug zur Definition und Bearbeitung von Aufgabenketten, die sich – wie Prozessketten im BW – aus einzelnen Prozessschritten zusammensetzen und flexibel eingeplant werden können. Das *Data Warehouse Monitoring* (DWM) ermöglicht die Einplanung, Ausführung und ein Monitoring dieser Aufgabenketten.

Ähnlich wie bei DLM arbeiten auch die beiden neuesten Werkzeuge der DWF nicht mit BW oder BW/4HANA zusammen. Ein zukünftiges Zusammenspiel ist nicht ausgeschlossen und könnte bei hybriden Architekturen durchaus sinnvoll sein.

5 Neue Modellierungsansätze

In einem Enterprise-Data-Warehouse-System (EDW) spielt die Datenmodellierung eine zentrale Rolle. Ein Datenmodell definiert die Struktur der Datenbasis und bildet dabei möglichst genau die realen Benutzeranforderungen ab. Dieses Modell besteht aus verschiedenen Datenobjekttypen sowie deren Beziehungen untereinander [10].

In einer idealisierten Umgebung wäre Modellierung eine leichte Aufgabe: Ein Anwendungsentwickler könnte einfach alle benötigten Details in ein Datenmodell überführen und dieses den Anwendern bereitstellen – fertig. In der Realität allerdings bewegt man sich stets im Spannungsfeld zwischen den gewünschten Anforderungen und ihrer technischen Machbarkeit. Somit muss immer ein Kompromiss zwischen diesen Dimensionen gesucht und bestmöglich umgesetzt werden. Je mehr Informationen und Details etwa in ein Modell aufgenommen werden, desto schwieriger wird es, geforderte Antwortzeiten zu erreichen. Außerdem macht die daraus resultierende Komplexität das Datenmodell immer unüberschaubarer und erschwert eine flexible Nutzung sowie eine effiziente Wartung des Systems [6]. In-Memory-Technologien wie SAP HANA reduzieren diese Problematik erheblich, doch bleibt grundsätzlich die Aufgabe der Datenmodellierung weiterhin eine wichtige und anspruchsvolle Tätigkeit.

In SAP BW steht für die Aufgabe der Datenmodellierung neben der klassischen *Data Warehousing Workbench* (früher auch *Administrator Workbench* genannt) jetzt außerdem eine Eclipse-basierte BW-Modellierungsperspektive in *SAP HANA Studio* zur Verfügung. Dies ist nur eine von vielen Neuerungen durch HANA, auf die wir in diesem Kapitel eingehen werden. Neben Änderungen an bekannten Datenmodellen liegt das Hauptaugenmerk auf neuen InfoProvidern und deren Bedeutung für den kombinierten Einsatz von BW und HANA.

5.1 Änderungen an bestehenden BW-Objekten

Seit BW 7.3 haben sich massive Neuerungen an bisherigen Datenmodellen und Datenflüssen ergeben. Diese setzen mit wenigen Ausnahmen den Einsatz von HANA voraus, sodass Ihnen diese Funktionen verschlossen bleiben, wenn Sie Ihr BW-System nicht auf einer SAP-HANA-Datenbank betreiben. Bitte beachten Sie, dass einige der hier behandelten Themen für das aktuelle BW/4HANA keine Relevanz mehr haben, da folgende Objekte entfallen sind: InfoCube, DataStore-Objekt (klassisch), semantisch partitioniertes Objekt (SPO), MultiProvider und InfoSet (siehe auch »Gelöschte TLOGO-Objekte in BW/4HANA« im Anhang).

5.1.1 Code-Push-Down nach SAP HANA

In den vergangenen Jahren wurden alle SAP-Softwarelösungen »HANA-fähig«, d. h., alle bereits existierenden Anwendungen können mittlerweile mit der HANA-Datenbank betrieben werden. Das klingt zunächst nur nach einer Kompatibilitätserweiterung um eine weitere Datenbank, zusätzlich zu den bereits existierenden. Tatsächlich bedeutet es aber deutlich mehr, denn der Einsatz von SAP HANA hat das große Potenzial einer nachhaltigen Optimierung der SAP-Applikationen.

Der große Unterschied zu den klassischen Datenbanken besteht nicht nur in der In-Memory-Technologie, sondern vor allem darin, dass HANA auch Applikationslogik abbilden kann. Somit kommt zur Hardwareverbesserung noch eine Softwareoptimierung hinzu. Dies heißt konkret, dass Applikationslogik durch neue Programme ersetzt wird, welche direkt auf der Datenbank ablaufen können. Natürlich ist es weder möglich noch erstrebenswert, die Applikationsschicht komplett aus der SAP-Kernarchitektur zu entfernen. Da aber das Verbesserungspotenzial vor allem bei datenintensiven Prozessen besonders hoch ist, empfiehlt sich hier eine Migration auf SAP HANA.

Während die klassischen Systeme durch eine klare Trennung von Applikationsverarbeitung und Datenhaltung geprägt sind, ermöglicht SAP HANA, die Applikationslogik in Teilen von der Applikationsschicht auf die Datenbank zu übertragen (vgl. Abbildung 5.1). Dies ist vor allem für Prozesse von Vorteil, die sehr viele Daten verarbeiten. Sie lösen in der Regel aufwendige Leseoperationen auf der Datenbank aus und veranlassen die Übertragung großer Ergebnismengen an die Applikationsschicht mit der Folge, dass sehr viele Ressourcen belegt werden und die Antwortzeiten unbefriedigend sind.

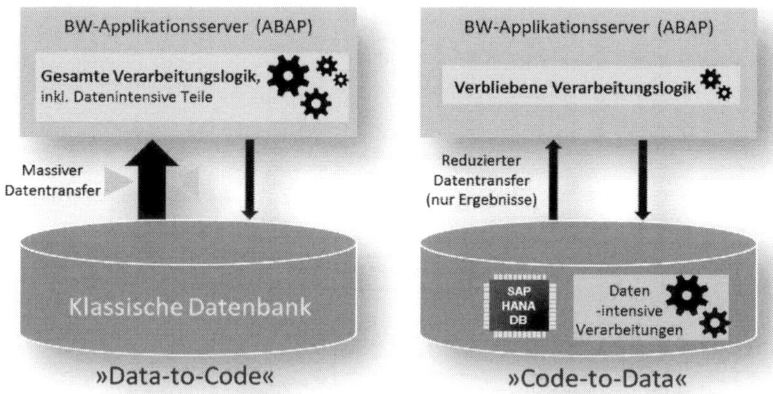

Abbildung 5.1: Code-to-Data-Paradigma

Viel ressourceneffizienter ist es, diese datenintensiven Aufgaben ohne teuren Datentransfer direkt auf der Datenbank auszuführen. Dieses Konzept wird auch als *Code-Push-Down* bezeichnet und ist der Kern von HANA-optimierten Prozessen.

Nehmen wir die Aktivierung eines DataStore-Objekts (DSO) als Beispiel: Diese Aufgabe ist in einem klassischen BW-System häufig die langsamste innerhalb der gesamten Datenbewirtschaftung. Hier müssen dafür alle neuen und alle relevanten aktiven Daten des DSOs aus der Datenbank zum Applikationsserver übertragen werden (*data-to-code*), um diese zu vergleichen und als Ergebnis daraus den Change Log generieren zu können. Sollten Sie allerdings stattdessen HANA einsetzen, dann kann dieser Transfer entfallen, und die Aktivierung läuft HANA-optimiert direkt auf der Datenbank ab (*code-to-data*); einzig das Ergebnis bzw. dessen Metadaten werden an die BW-Applikationsseite zurückgemeldet, während sich der Change Log direkt in HANA ermitteln lässt.

Die ABAP-Applikation ermittelt zur Laufzeit, ob eine HANA-Datenbank zur Verfügung steht. Sollte dies der Fall sein, so wird – sofern verfügbar – HANA-optimiertes Coding ausgeführt. Es existiert folglich eine klare Trennung zwischen dem klassischen und dem optimierten Ausführungspfad. Das bedeutet für unser Beispiel, dass die Aktivierung für alle klassischen Datenbanken unverändert durchgeführt werden kann, während die optimierte Version nur bei Verfügbarkeit von SAP HANA aufgerufen wird.

Seit der ersten HANA-fähigen BW-Version 7.3 wurden viele datenintensive ABAP-Programme im SAP-BW-Umfeld optimiert. Die folgende Liste gibt einen Überblick über die wichtigsten Verbesserungen, auf die wir in den folgenden Abschnitten noch detaillierter eingehen werden:

- Aktivierung DSOs (klassisch), SID-Generierung,
- InfoCubes: Komprimierung, Stützstellenermittlung,
- Remodellierung von BW-Objekten,
- Verarbeitung von Transformationsregeln,
- Verarbeitung von OLAP-Berechnungen,
- Verarbeitung von Planungsfunktionen.

5.1.2 InfoObject

InfoObjects sind und bleiben die elementaren Bestandteile, die Stammdaten im BW abbilden und aus denen die Datenmodelle grundsätzlich bestehen. Allerdings gibt es durch Open ODS Views und DataStore-Objekte (advanced) mittlerweile neue InfoProvider, die auch ohne InfoObject auskommen und dennoch für das BW-Berichtswesen zur Verfügung stehen (siehe Abschnitt 5.3.4). InfoObjects sind durch ihre reiche Semantik (Attribute, Texte, Hierarchien, Berechtigungen) weiterhin sehr wichtig, aber das System erzwingt nicht wie in der Vergangenheit die Integration aller Details in dieses Konzept. Wenn gewünscht, können Daten auch als Felder weiterbestehen, was deutlich mehr Flexibilität in die Modellierung bringt.

Es gibt bei InfoObjects einige interessante Erweiterungen, die HANA nicht voraussetzen. Auch diese werden wir Ihnen am Ende dieses Abschnitts kurz vorstellen.

Neuer Editor

BW 7.5 schaltet den SAP GUI für das Anlegen oder Ändern von InfoObjects ab. Die bekannten Funktionen der Data Warehousing Workbench (Transaktionen **RSA1**, **RSD1**) erlauben dann nur noch das Prüfen und Anzeigen bestehender InfoObjects. In BW/4HANA entfällt die gesamte Modellierung aus der Data Warehousing Workbench, die weiteren Bereiche »Administration«, »Transportwesen« etc. bleiben allerdings weiterhin erhalten.

Für die Modellierung haben Sie folglich keine Alternative mehr zu den BW-Modellierungstools im SAP HANA Studio (siehe Abbildung 5.2, bzw. Abschnitt 5.2).

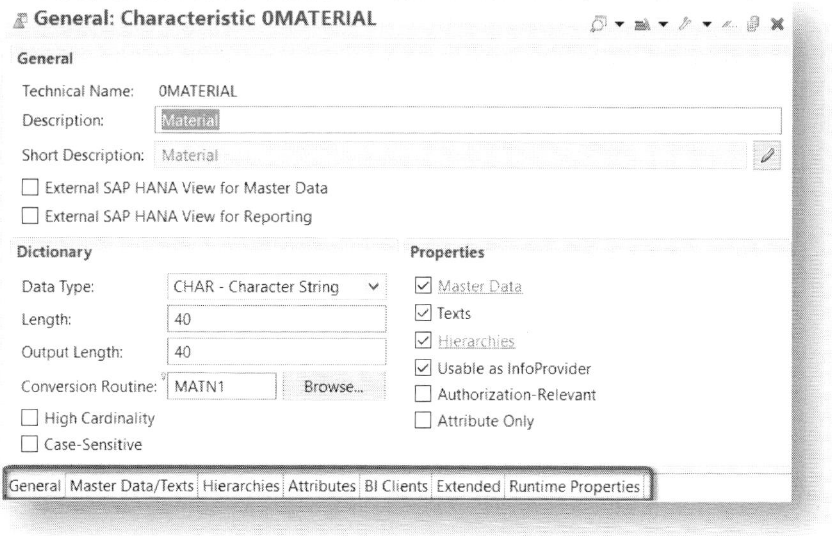

Abbildung 5.2: Eclipse-basierte InfoObject-Pflege

Ablage in InfoAreas

Mit Version 7.5 SP1 auf HANA werden InfoObjects grundsätzlich in InfoAreas statt in InfoObject-Katalogen im BW-Metadata-Repository verwaltet. Ein Migrationsprogramm finalisiert die Zuordnung zu den InfoAreas. Es muss spätestens bei Migration zu SAP BW/4HANA ausgeführt werden. Beachten Sie zudem, dass das Berechtigungsobjekt S_RS_IOBJA das bisherige S_RS_IOBJ ablöst.

Weitere Details zu InfoObjects

»Migrationsreport RSDG_IOBJ_IOBC_MIGRATE_TO_AREA«
https://launchpad.support.sap.com/#/notes/2382919

»SAP-Hilfe zu InfoAreas«
http://help.sap.com/saphelp_nw75/helpdata/en/2a/06df6c091148ab9d61e48ae711f6a0/content.htm

Transitive Attribute

Ab BW 7.5 SP4 bzw. BW/4HANA ist der Einsatz von sogenannten *transitiven Attributen* bei Merkmalen erlaubt. Dabei handelt es sich um die Möglichkeit, Stammdaten eines Merkmalsattributes als zusätzliche Anzeige- oder Navigationsattribute zum Datenmodell einzufügen. Diese neue Funktion finden Sie in der InfoObject-Pflege im Kontextmenü des Reiters Attribute • Transiente Attribute pflegen.

Einsatzmöglichkeit für ein transitives Attribut

Sie bauen ein Vertriebsberichtswesen auf und wollen u. a. den Umsatz pro Zeitzone auswerten. Die Zeitzone ist bisher kein Attribut in Ihrem Kundenstamm, liegt aber bei den Geografiedaten vor. Sie können die Anforderung wie folgt umsetzen:

1) Merkmal Kunde nutzt das Attribut Land.

2) Merkmal LAND wiederum nutzt das Attribut ZEITZONE.

3) ZEITZONE könnte nun auch als sog. transientes Attribut zu KUNDE eingeschaltet werden und so als Anzeige- oder sogar Navigationsattribut im Vertriebsberichtswesen dienen.

Hohe Kardinalität

Für InfoObject-Merkmale galt bisher die Einschränkung, dass nicht mehr als zwei Milliarden Ausprägungen erzeugt werden können. Falls sich dies nicht garantieren ließ, mussten die Merkmalswerte manuell auf verschiedene InfoObjects aufgeteilt werden. Die neue Eigenschaft *hohe Kardinalität* schafft hier Abhilfe und ermöglicht eine höhere Anzahl an Ausprägungen in einem Merkmal.

Dies geschieht durch den Verzicht auf SID-Werte bzw. die SID-Tabelle. Allerdings hat dies zur Folge, dass Merkmale mit hoher Kardinalität in folgenden InfoProvidern nicht eingesetzt werden können:

- in InfoCubes,
- in HANA-Analyseprozessen,
- als Klammervater in einer InfoObject-Klammerung,
- als Navigationsattribut,
- in Hierarchien.

Der Grund hierfür ist, dass in diesen Objekten die SID-Werte vorausgesetzt und dazu genutzt werden, auf die Merkmalswerte zu referenzieren.

Um die hohe Kardinalität zu nutzen, müssen Sie die Länge des Merkmals mit mindestens 10 Zeichen angeben. Da BW-Berichte auf technischen IDs basiert, werden diese schließlich als lokale SIDs erzeugt, was wiederum längere Antwortzeiten zur Folge haben kann.

Praxistipp

Nutzen Sie die hohe Kardinalität mit Vorsicht und nur dort, wo tatsächlich eine sehr hohe Anzahl an Merkmalsausprägungen zu erwarten ist.

Virtuelle Stammdaten

Es existiert ein neuer Stammdatenzugriff, der es möglich macht, HANA Views als Quelle für ein InfoObject-Merkmal zu definieren. Sobald das HANA-Paket und der entsprechende View spezifiziert sind, müssen die Merkmalswerte und ggf. die Attribute und Texte mit den entsprechenden Feldern der Quelle verknüpft werden. In der Kopfzeile der InfoObjectpflege befinden sich die entsprechenden Funktionen HANA-Verknüpfungen vorschlagen bzw. HANA-Verknüpfungen pflegen. Diese virtuellen Stammdaten lassen sich in entsprechende BW-Datenmodelle mit Bewegungsdaten aus SAP HANA integrieren (siehe Abschnitt 5.3.1).

Nicht HANA-spezifische Erweiterungen

- **Extra lange Texte**: Bei Merkmalen mit Texten können Sie einen Langtext jetzt als »sehr lang« (XL) kennzeichnen. Das bedeutet konkret: Er darf bis zu 1333 Zeichen anstelle von bisher nur 60 Zeichen enthalten. Dafür wurde die ABAP-Domäne RSCHAVL geändert, was evtl. Auswirkungen auf kundenspezifisches Coding beispielsweise in Customer-Exits haben kann. Weitere Informationen hierzu finden sich in SAP-Hinweis 1823174 (BW 7.4: Umstellungen und kundeneigene Programme).
- **Stammdatenpflege**: Die bisherige Stammdatenpflege wurde durch eine neue ABAP-Webdynpro zum Anlegen, Bearbeiten und Löschen von Stammdaten abgelöst. Die komfortablere Funktion eignet sich gut, um Massendaten zu pflegen, und unterstützt außerdem das Anlegen der neuen, extralangen Texte.

- **Attribute an Zeitmerkmalen**: Seit BW 7.5 ist es möglich, Anzeige- oder Navigationsattribute in den SAP-Standard-Zeitmerkmalen zu definieren. Die Attribute sind damit auch für alle hierauf referenzierenden Merkmale verfügbar. Es entfällt also die Notwendigkeit, alle auswertungsrelevanten Zeitmerkmale physisch in Datenmodelle aufzunehmen, denn die gesamte Zeithierarchie kann über Navigationsattribute flexibel bereitgestellt werden (z. B. Datum-Woche-Monat-Quartal-Halbjahr-Jahr).
- **Längere Merkmalswerte**: Bisher konnten Merkmalswerte maximal bis zu 60 Zeichen umfassen (einschließlich der Länge eines geklammerten InfoObject). Diese Beschränkung wurde nun bei Zeichenfolgen (`CHAR`) auf 250 und bei Zeichenfolgen nur mit Ziffern (`NUMC`) auf 69 erweitert. Das heißt, der Schlüsselwert eines Merkmals kann nun deutlich mehr Zeichen enthalten als in der Vergangenheit.
- **XXL-InfoObject**: Zu den bisherigen vier InfoObject-Typen »Merkmal«, »Kennzahl«, »Einheit« und »Zeitmerkmal« kommt der Typ »XXL-InfoObject« hinzu. Dieser ermöglicht das Hinzufügen von zusätzlichen Merkmalsattributen zu InfoObject-Merkmalen in Form von langen Texten oder MIME-Datentypen. So können z. B. Texte mit Dateipfaden oder URLs bzw. verschiedene gängige Dateiformate für Dokumente, Bilder, Audio- oder Videoinhalte zu Merkmalswerten verbunden werden.
- **Remodellierung**: Die Remodellierungswerkzeuge (Transaktion **RSMRT**), die bisher nur Änderungen an InfoCubes oder DataStore-Objekten erlaubten, sind mittlerweile auch für InfoObjects verfügbar.

5.1.3 DataStore-Objekt (klassisch)

Das *DataStore-Objekt* (DSO) wurde bereits mit SAP-BW-Version 2.0 im Jahr 2000 – damals noch unter der Bezeichnung ODS-Objekt – zur Verfügung gestellt und spielt seitdem für die Datenmodellierung eine zentrale Rolle in verschiedenen Architekturschichten des Enterprise-Data-Warehouse-Systems.

Im Gegensatz zu multidimensionalen Datenmodellen werden die Daten hier ganz einfach in transparenten, flachen Tabellen mit Schlüssel- und Datenfeldern strukturiert. DSOs werden in der Regel dazu eingesetzt, um granulare Datensätze auf Dokumentenebene mit allen Attributen zu verwalten. Diese Daten können per Delta-Fortschreibung an weitere Datenziele im System übergeben werden. Voraussetzung für diese Deltafähigkeit ist die sogenannte *Aktivierung* der neuen Daten, die in ein DataStore-Objekt übertragen werden sollen. Bei diesem Vorgang werden die neuen Datensätze mit den bestehenden abgeglichen und daraus die als *Change Log* bezeichnete Summe der Veränderungen generiert. Die Aktivierung ist bei großen Datenmengen (ab 100.000 neuen Datensätzen, aber auch abhängig von Hardware-Ressourcen und Datenmodell) sehr ressourcenintensiv und kann bis zu 80 % des Zeitaufwands beanspruchen, der nötig ist, um Daten in ein DSO (klassisch) zu laden.

Aus diesem Grund wurde mit der Version 7.0 das *schreiboptimierte DataStore-Objekt* als Alternative bereitgestellt, welches keine Aktivierung erfordert und sich für Anwendungen eignet, in denen Deltafähigkeit keine Rolle spielt.

Da eine Aktivierung jedoch für viele Szenarien unverzichtbar ist, wurde schon lange nach Verbesserungen gesucht. Die Lösung brachte schließlich der Einsatz von SAP HANA, da hier – im Gegensatz zu traditionellen Datenbanken – große Datenmengen schnell verarbeitet und zudem datenintensive Verarbeitungsschritte direkt in der *Calculation Engine* der HANA-Datenbank ausgeführt werden können. Somit wurde dieses Thema während der Umstellung von SAP BW zu BW auf HANA besonders priorisiert. Die Aktivierung erfolgt jetzt vollständig auf der Datenbank, der teure Datentransfer zwischen Datenbank und Anwendung ist obsolet geworden.

Im Ergebnis wird das Laden von Daten in ein DSO beim Einsatz von SAP HANA deutlich verbessert. Die Aktivierungslogik ist vollständig in SAP HANA integriert und ersetzt die bisherige Abarbeitung in der ABAP-Applikationsschicht. Auf diese Weise müssen nicht mehr große Datenmengen aufwändig zwischen Datenbank und Applikationsserver bewegt werden, sondern die Applikation löst die Aktivierung aus und verwaltet die hiermit verbundenen Logs, Requests und Steuertabellen. Die Aktivierung selbst (d. h. das Vergleichen der neuen mit den bestehenden Daten) wird jetzt vollständig von der Datenbank erledigt. Erfahrungen zeigen, dass Performancegewinne um den Faktor 7–10 zu erwarten sind [12] (siehe Abbildung 5.3).

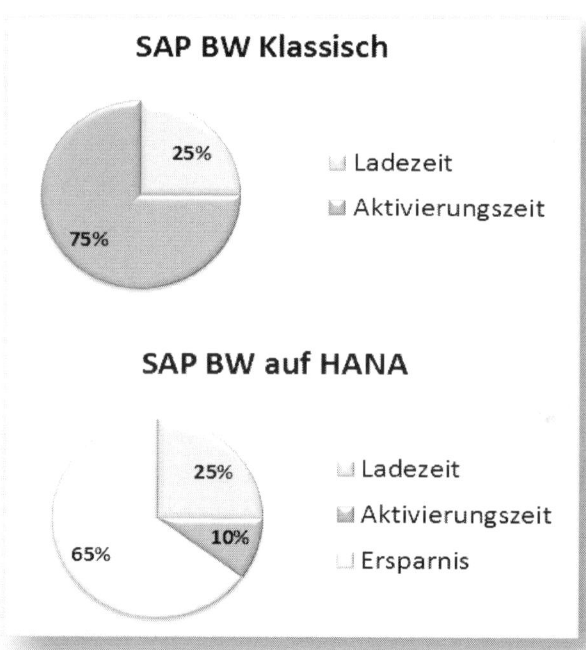

Abbildung 5.3: DSO – Zeitverbesserung Aktivierung

Zusammengefasst: Die Aktivierung von Standard-DataStore-Objekten ist für SAP HANA optimiert. Um von dieser Optimierung zu profitieren, müssen keine weiteren Voraussetzungen erfüllt sein. Die Struktur dieses Datenmodells besteht unverändert aus den drei folgenden Tabellen:

1. Neue Daten /BIC/A<techn.Name>40,
2. Aktive Daten /BIC/A<techn.Name>00,
3. Change Log /BIC/B<10-stellige Ziffernfolge>.

Es ist noch zu erwähnen, dass zwei neue Steuertabellen für die In-Memory-Verarbeitung dazugekommen sind (`/BIC/A<techn.Name>70` bzw. `80`). Diese haben allerdings für die Modellierung keine weitere Bedeutung. Zudem haben sich die bisherigen Beschränkungen bzgl. der Anzahl der InfoObjects nicht geändert:

- Im Schlüsselteil können maximal 16 Merkmale sein, Kennzahlen sind nicht zugelassen.
- In den Datenteil können bis zu 749 InfoObjects aufgenommen werden.

Obsolete HANA-optimierte Version

Zur Vollständigkeit möchten wir hier noch ergänzen, dass dieses Konzept zu Beginn der Reise von BW auf HANA (bis Version 7.3 SP10) ein anderes war: Es wurde bei DSOs, analog zu InfoCubes, zwischen klassischen und HANA-optimierten Objekten unterschieden; eine Migration war zwingend, um vom neuen Konzept profitieren zu können. Das HANA-optimierte Datenmodell zeichnete sich vor allem dadurch aus, dass der Change Log anstelle der transparenten Tabelle nur noch virtuell durch einen HANA Calculation View abgebildet war.

Aus verschiedenen Gründen wurde dieses Konzept allerdings bald wieder verworfen. Es wird stattdessen empfohlen, bereits HANA-optimierte DSOs zurückzukonvertieren. Hierfür steht der Report `RSDRI_RECONVERT_DATASTORE` zur Verfügung.

Keine Konvertierung für DSOs notwendig!

Der Typ »HANA-optimiert« des Standard-DSOs ist seit der oben benannten Versionsnummer obsolet. Eine Migration dieses Datenmodells ist nicht nötig und auch nicht mehr möglich.

Es könnte sein, dass der Migrationsreport (Transaktion **RSMIGRHANADB**) noch immer die Option zur Migration von DataStore-Objekten enthält. Lassen Sie sich davon nicht verwirren. Diese Option ist veraltet!

Weitere Details zu DSOs

»SAP HANA: Optimierung von Standard-DataStore-Objekten«
https://launchpad.support.sap.com/#/notes/1849497

»Rückkonvertierung von HANA-optimierten DataStores«
https://launchpad.support.sap.com/#/notes/1849498

»DataStore Objects in SAP NetWeaver BW on SAP HANA«
https://archive.sap.com/documents/docs/DOC-41327

Erzeugung von SIDs

Die *SID-Generierung* hat ihre Berechtigung, an dieser Stelle erwähnt zu werden, denn ihre Bedeutung wird häufig missverstanden, und entsprechend wird sie falsch genutzt. Es handelt sich um einen Parameter, der früher auch unter der Bezeichnung *BEx-Flag* bekannt war, da seine Existenz technisch für das Reporting über eine BW-Query erforderlich ist. Ist also für einen Merkmalswert noch keine SID vorhanden (der Wert könnte durch einen vorgelagerten Aktivierungslauf der Stammdaten schon erzeugt worden sein), dann erfolgt die Erzeugung zusammen mit der Aktivierung der neuen Datensätze, sofern dieser Parameter gesetzt ist. Folglich handelt es sich um eine zusätzliche Aufgabe innerhalb des Datenaktivierungslaufs und verlangsamt diesen entsprechend. Daher sollten Sie das Setzen dieses Parameters gründlich überdenken und nur dann vornehmen, wenn dies wirklich notwendig ist wie beispielsweise, wenn tatsächlich BW Reporting direkt auf diesem Datenmodell ausgeführt werden soll.

Häufig ist das SID-Generierungskennzeichen standardmäßig gesetzt, wenn man ein Standard-DSO anlegt (vgl. Abbildung 5.4). Ist man sich dessen nicht bewusst, werden hier Ressourcen in Anspruch genommen, die in vielen Fällen gar nicht gebraucht werden. Die Ausprägung NIE SIDS ERZEUGEN ist für die meisten Anwendungen besser, vor allem wenn das DSO nur für die Weiterverbuchung der Daten in nachgelagerte Datenmodelle gedacht ist. Als zusätzliche Alternative existiert die Ausprägung Während Reporting, aber hierbei muss dem Modellierer klar sein, dass das auf Kosten der Reportingperformance geht. Dieser Kompromiss eignet sich folglich nur bedingt. Der Parameter SID-Generierung lässt sich noch im Nachhinein, wenn schon Daten geladen wurden, korrigieren, sodass hier flexibel auf sich ändernde Anforderungen reagiert werden kann.

Schließlich bleibt hervorzuheben, dass auch die Generierung der SID-Werte, analog zum Aktivierungsprozess in die HANA-Datenbank, verlagert wurde. Somit kostet die Nutzung dieses Parameters mit SAP HANA deutlich weniger Verarbeitungszeit.

Modellierungstipp

Die SID-Generierung sollte nur eingeschaltet werden, wenn sie tatsächlich benötigt wird. Für alle anderen Fälle gilt: Die Standardeinstellung beim Anlegen eines DSO in Nie SIDs erzeugen oder Während Reporting ändern!

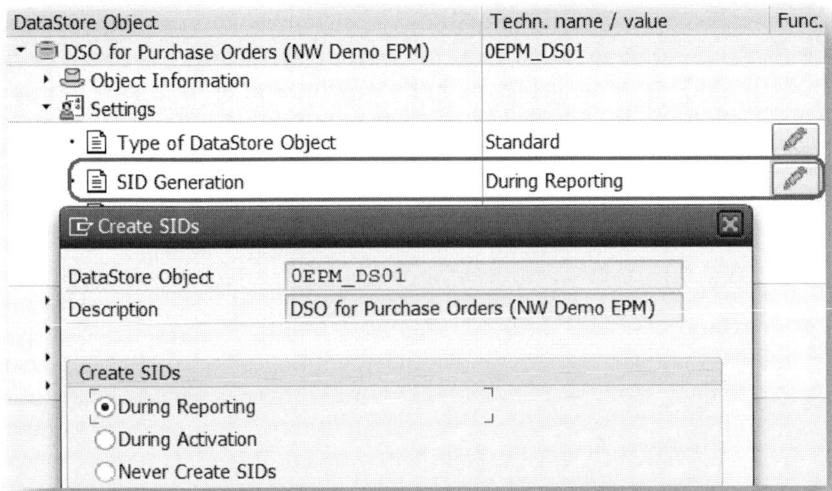

Abbildung 5.4: DSO (klassisch) – SID-Generierung

Hinweis zur DSO-Bezeichnung

Im weiteren Verlauf dieses Kapitels werden Sie sehen, dass ein neues, HANA-optimiertes zentrales DataStore-Objekt existiert. Um beide Objekte klar gegeneinander abzugrenzen, schließen wir uns dem allgemeinen Sprachgebrauch in der SAP-Community an und bezeichnen im weiteren Verlauf dieses Buches das hier beschriebene »alte DSO« als *DataStore-Objekt (klassisch)* bzw. *DSO (klassisch)*.

5.1.4 InfoCube

InfoCubes sind wohl das prominenteste Datenmodell des SAP Business Warehouses. Ein InfoCube beschreibt den für eine Reportinganwendung in sich geschlossenen Datenbestand aus Merkmalen und Kennzahlen beispielsweise eines betriebswirtschaftlichen Bereichs. Dieser Datenbestand kann mit einer BW-Query für das Berichtswesen bereitgestellt werden.

Ausgehend vom technischen Datenmodell umfasst ein InfoCube einige relationale Tabellen, die in einem sogenannten *Sternschema* organisiert sind: Die Dimensionstabellen gruppieren sich um eine große, zentrale Faktentabelle, die Verknüpfung beider Tabellentypen erfolgt durch Surrogatschlüssel (auch DIM-IDs genannt). Die Kennzahlen der Faktentabelle werden so mit den Merkmalen in den Dimensionen verbunden, was wiederum die Granularität festgelegt, in welcher Auswertungen auf diesen InfoCube möglich sind. Das Sternschema ist ein besonderes Datenmodell eines klassischen Data-Warehouse-Systems. Damit nimmt man einen erhöhten Speicherbedarf bewusst in Kauf und optimiert so die Leseperformance.

Für SAP BW gilt die Besonderheit, dass in den Dimensionen nicht die Merkmalswerte selbst, sondern die Schlüsselwerte der zentral verwalteten Stammdaten mit ihren Attributen, Texten und Hierarchien geführt werden. Die InfoObject-Merkmale sind somit InfoCube-übergreifend verfügbar, weshalb man im Falle von BW InfoCubes von einem *erweiterten Sternschema* spricht.

Im klassischen Modell besteht der InfoCube aus mindestens vier Tabellen: der *Faktentabelle* und den drei Standarddimensionen *Datenpaket, Einheit* und *Zeit*. Um ein sinnvolles Anwendungsmodell zu definieren, kann man noch bis zu 13 Dimensionen mit kontextspezifischen eigenen Merkmalen festlegen. Alle Dimensionen sind Schlüsselfelder in der zentralen Faktentabelle, und da im ABAP Dictionary in der Vergangenheit nicht mehr als 16 Schlüsselfelder erlaubt waren, kam es zu dieser für InfoCubes noch heute existierenden Beschränkung.

Zusätzlich lassen sich die Fakten in eine komprimierte und somit leseoptimierte Faktentabelle übertragen. In der Summe kann ein klassisches InfoCube-Modell also aus bis zu 18 Tabellen bestehen und ist ein dementsprechend komplexes Gebilde.

Physisches Datenmodell klassischer InfoCube:

- **Faktentabelle** — **/BIC/F<techn.Name>**
- **Faktentabelle (komprimiert)** — **/BIC/E<techn.Name>**
- **Standard-Dimension Paket** — **/BIC/D<techn.Name>P**
- **Standard-Dimension Zeit** — **/BIC/D<techn.Name>T**
- **Standard-Dimension Einheit** — **/BIC/D<techn.Name>U**
- **Kunden-Dimension 01 - 09** — **/BIC/D<techn.Name>1-9**
- **Kunden-Dimension 10 - 13** — **/BIC/D<techn.Name>A-D**

Summe: Mindestens sechs bis maximal 18 Tabellen

Physisches Datenmodell HANA-optimierter InfoCube:

- **Faktentabelle** — **/BIC/F<techn.Name>**
- **Standard-Dimension Paket** — **/BIC/D<techn.Name>P**

Summe: Zwei Tabellen

Abbildung 5.5: InfoCube – Vergleich der Datenmodellkonzepte

Während das erweiterte Sternschema für die Bedingungen relationaler Datenbanken ideal ausgelegt ist, kann es für eine moderne In-Memory-Datenbank wie HANA deutlich vereinfacht werden: Die Dimensionstabellen entfallen aus technischer Sicht ersatzlos (mit einer Ausnahme), und die komprimierten Daten werden in einer separaten Partition der Faktentabelle verwaltet (siehe Abbildung 5.5). Somit ermöglicht SAP HANA, das Datenmodell auf zwei verbleibende Tabellen zu reduzieren:

1. Faktentabelle `/BIC/F<techn.Name>`,
2. Standarddimension Paket `/BIC/D<techn.Name>P`.

Die verbleibende Dimension steuert aus technischer Sicht die Verwaltung der einzelnen Lade-Requests; sie hat aber für das Berichtswesen in der Regel keinerlei Bedeutung.

Es können weiterhin bis zu 248 Merkmale und 233 Kennzahlen aufgenommen werden. Entscheidend ist hierbei, dass jedes Merkmal direkt auf zentrale Stammdatentabellen verweist und keine separaten Dimensionstabellen mehr aufgebaut werden. D. h., jedes Merkmal entspricht dem Konzept einer sogenannten *Line-Item-Dimension* im klassischen InfoCube. Aus technischer Sicht entfällt damit beim InfoCube die Beschränkung von maximal 16 Schlüsselfeldern in der Faktentabelle; die Stammdaten-SIDs bilden gemeinsam mit dem Schlüssel der Paketdimension den Schlüsselteil der Faktentabelle. Dieses vereinfachte Sternschema eines HANA-optimierten InfoCubes bringt entscheidende Vorteile:

- **Schnelleres Reporting:** Sicherlich ist nachvollziehbar, dass der Zugriff auf Daten schneller erfolgen kann, wenn sich das Datenmodell um viele Tabellen vereinfacht und weniger SQL Lookups und Joins durchgeführt werden müssen. Allerdings macht dies bei einer In-Memory-Datenhaltung einen kaum wahrnehmbaren Unterschied. Das heißt, dass aus Reportingsicht in einem HANA-System der Zugriff auf einen HANA-optimierten InfoCube anstelle eines klassischen InfoCubes fast keine Unterschiede erkennen lässt. Der Performancevorteil (im Reporting) gegenüber einem BW-System basierend auf einer klassischen Datenbank ist ganz klar auf die spaltenorientierte Datenhaltung In-Memory zurückzuführen. Das vereinfachte Datenbankschema eines HANA-optimierten InfoCubes trägt hierzu weniger bei, als man annehmen könnte.

- **Schnelleres Schreiben neuer Daten in den InfoCube:** Praxiserfahrungen bestätigen, dass Ladevorgänge in das optimierte Datenmodell drei- bis fünffach schneller ablaufen [11]. Abhängig von der Anzahl und Größe der Merkmale in einer Dimension, kann der Aufbau der Dimensionswerte (DIM-IDs) im klassischen Modell ressourcenaufwendig sein, denn es muss geprüft werden, ob ein Schlüsselwert für die neue Merkmalskombination bereits existiert. Wenn nicht, wird dieser neu angelegt oder der gefundene Dimensionsschlüssel wiederverwendet. Diese teure Aufgabe entfällt durch den Wegfall des Konzepts persistenter Dimensionstabellen.
- **Deutlich vereinfachte Modellierung und flexible Remodellierung:** Durch den Einsatz von HANA werden bisherige Modellierungsparadigmen obsolet. Zwar können Sie in der Arbeitsoberfläche der InfoCube-Bearbeitung nach wie vor maximal 13 Kundendimensionen definieren, dies ist aber eine rein semantische Gruppierung von Objekten und hat keinen Einfluss auf das physische Datenmodell. Als Konsequenz ist mit HANA kein Expertenwissen mehr nötig, um passende InfoCubes zu definieren. Die in der Vergangenheit häufig missverstandenen Dimensionseigenschaften »Line-Item« und »Hohe Kardinalität« sowie die »Datenbankpartitionierung nach Zeitmerkmalen« entfallen ersatzlos. Durch den Wegfall der Dimensionstabellen besteht auch keine Notwendigkeit mehr, deren Wachstum und Größe zu kontrollieren.

Weitere Details zu InfoCubes

»Aspects of the HANA-optimized InfoCube« *https://archive.sap.com/documents/docs/DOC-61049*

»FAQ: Technische Limitationen von BW-InfoProvidern« *https://launchpad.support.sap.com/#/notes/1837308*

Anzahl der Objekte in einem klassischen InfoCube:
Merkmale: 1–248
Kennzahlen: 1–233

Anzahl der Objekte in einem HANA-optimierten InfoCube:
Merkmale und Kennzahlen zusammen: 748

Komprimierung von InfoCubes

Wie eben beschrieben, ist es nicht mehr notwendig, die Faktentabellen von HANA-optimierten InfoCubes technisch nach Zeitmerkmalen zu partitionieren, da sie bereits automatisch in vier Partitionen unterteilt sind:

- **Partition 4**: Nicht komprimierte Requests: Neue Daten werden in diese Partition abgelegt.
- **Partition 1**: Komprimierte Requests: Bei der Komprimierung werden die Daten aus Partition 4 hierher übertragen, die Request-ID konstant auf 0 gesetzt und somit eine Aggregation sonst merkmalsgleicher Datensätze ermöglicht.
- **Partition 2**: Stützstellen für Bestandsdaten: Nur relevant für Bestandsszenarien, sonst leer.
- **Partition 3**: Historische Bewegungen der Bestandsdaten: Nur relevant für Bestandsszenarien, sonst leer.

Somit ist klar, dass es im HANA-optimierten Datenmodell nur noch eine Faktentabelle gibt, die komprimierte wie auch unkomprimierte Datensätze gemeinsam in verschiedenen Partitionen verwaltet. Ebenso offenkundig ist, dass die Komprimierung als Konzept weiterhin besteht und logisch genauso abläuft wie bisher. Da es sich um einen datenintensiven Prozess handelt, eignet sich dieser vorzüglich, um ihn in einer HANA-Prozedur zu verarbeiten und die Laufzeit enorm zu verbessern. Somit profitiert auch hier das BW-System von HANA.

Grundsätzlich diente die Komprimierung bisher immer den folgenden drei Zielen:

1. Verbesserung der Reportinglaufzeit: Für eine In-Memory-Umgebung wie HANA ist dieser Effekt zu vernachlässigen.

2. Verbesserung der Ladelaufzeit: Hier hat die Komprimierung auch unter SAP HANA noch immer ihre Berechtigung, denn je kleiner die Partition 4 mit den Detaildaten ist, desto schneller kann der MERGE-Prozess verarbeitet werden (siehe Abschnitt 5.1.11). Dieser Effekt ist aber erst bei Datenmodellen mit über 50 Millionen Einträgen messbar.

3. Geringer Speicherbedarf (TCO): Dieser Effekt hängt weniger von der Datenbanktechnologie als vielmehr vom Umfang der Übereinstimmung in den Merkmalswerten der Daten ab. Wenn sich beispielsweise im Durchschnitt zwei Datensätze zu einem zusammenziehen lassen, dann hätte diese Komprimierung einen durchaus spürbaren, positiven Effekt auf die Größe der Datenbanktabelle wie auch auf die Größe des benötigten Volumens im Speicher.

Konvertierung

Wenn Sie in BW auf HANA einen neuen InfoCube anlegen, dann wird dieser automatisch in der oben beschriebenen HANA-optimierten Struktur erzeugt. Eine Wahlmöglichkeit existiert nicht. Dies gilt auch für neue InfoCubes, die aus einem BW-System mit klassischer Datenbank in ein BW auf HANA-System per Transport importiert werden; auch diese werden direkt als HANA-optimiert erzeugt, obwohl das Quellobjekt noch in der alten Version vorliegt.

InfoCubes, die auf einem System mit einer klassischen, relationalen Datenbank definiert wurden, werden durch den Migrationsprozess allerdings nicht automatisch geändert; dies sollte von Ihnen daher als Aufgabe eingeplant werden.

Bei der Konvertierung werden die Dimensionstabellen entfernt und die Faktentabelle entsprechend angepasst. Es handelt sich hierbei um eine rein technische Anpassung, die keine Auswirkung auf abhängige Objekte (z. B. Transformationsregeln, DTPs, MultiProvider, Queries) hat; im InfoCube enthaltene Daten bleiben erhalten. Erfolgt in einem Kundensystem der Zugriff auf die beschriebenen Datenbanktabellen nicht ausschließlich über SAP-Standardschnittstellen, sondern durch kundeneigene Programme, so müssen diese Programme unweigerlich ebenfalls migriert werden.

Diese Migration mag vor allem aus Sicht der Datenbank recht aufwendig und komplex erscheinen. Sie läuft jedoch als HANA-interne Prozedur und ist daher schnell und zuverlässig. Natürlich hängt die tatsächliche Laufzeit neben dem Datenvolumen und der Struktur des Datenmodells auch von den verfügbaren Hardwareressourcen ab. Erfahrungen aus Projekten zeigen allerdings, dass klassische InfoCubes mit mehreren hundert Millionen Datensätzen in wenigen Minuten in das neue Modell übertragen werden [11].

Während der Migration ist das Objekt für Anpassungen und Ladeprozesse gesperrt, Berichte können jedoch weiterhin ausgeführt werden.

Der Migrationsreport (siehe Abbildung 5.6) kann folgendermaßen aufgerufen werden:

- InfoCube bearbeiten • Springen • Konvertierung nach SAP-HANA-optimiert
- direkter Aufruf der Transaktion **RSMIGRHANADB**
- Programm RSDRI_CONVERT_CUBE_TO_INMEMORY

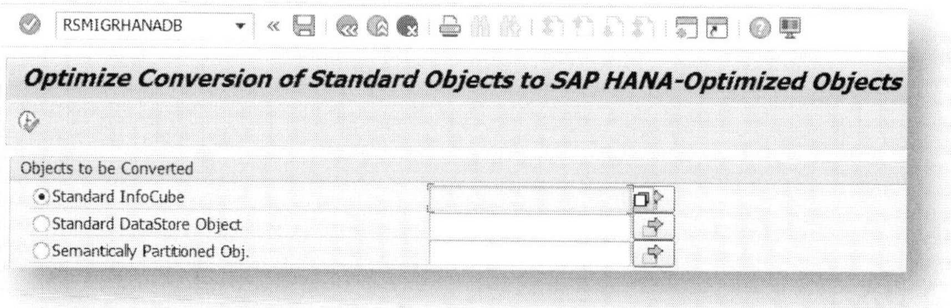

Abbildung 5.6: InfoCube – Migration zu HANA-optimiert

Im Ergebnis wird der InfoCube zum Subtypen »SAP-HANA-optimiert«. Dies können Sie an den Eigenschaften des Modells oder in der Übersicht in der Data Warehousing Workbench erkennen (vgl. Abbildung 5.7 und Abbildung 5.8).

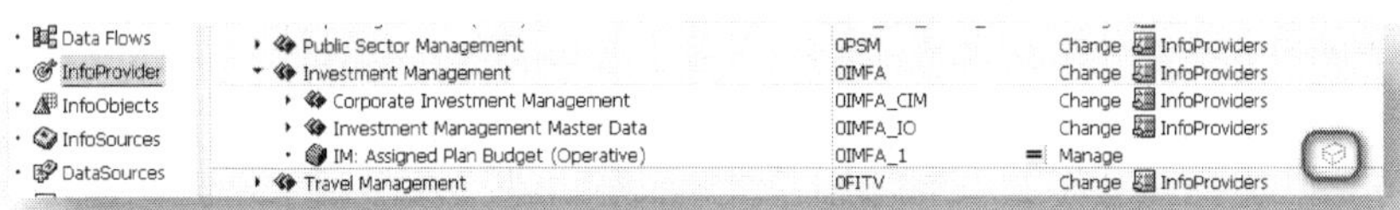

Abbildung 5.7: InfoCube – Darstellung konvertierter Objekte (1)

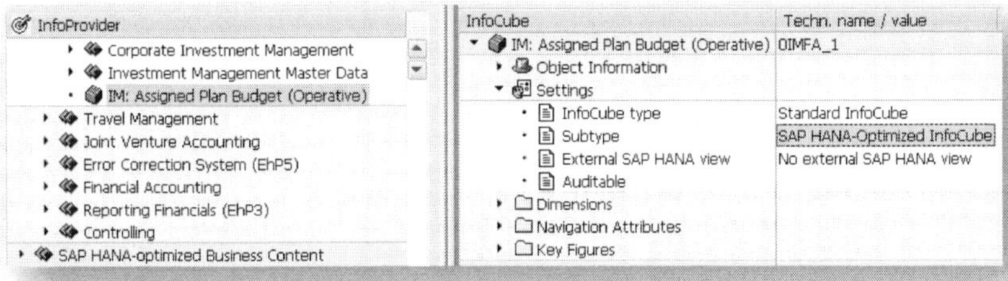

Abbildung 5.8: InfoCube – Darstellung konvertierter Objekte (2)

Ist der Ausgangspunkt der Überführung eines BW-Systems nach SAP HANA eine Architektur mit einem *BW Accelerator* (BWA), dann sind InfoCube-Modelle möglich, die nur im BWA Daten vorhalten (BWA-Status = »InfoCube speichert seine Daten nur in BWA«). Diese InfoCubes werden mit Migration nach SAP HANA durch den Entfall des BWAs inaktiv gesetzt und müssen aktiviert werden, bevor eine Migration in die HANA-optimierte Version möglich ist. Danach können sie mit Daten aus Ihrem Quellobjekt versorgt werden.

Modelle mit Bestandskennzahlen

Selbstverständlich können auch InfoCubes mit Bestandskennzahlen konvertiert werden. Allerdings ist zu beachten, dass das Konvertierungsprogramm vor der Ausführung prüft, ob alle Laderequests komprimiert sind, und die weitere Verarbeitung nur erlaubt, wenn dies gegeben ist.

Weitere interessante Details zu Datenmodellen für Bestandsszenarien finden Sie in »First Guidance: SAP BW on HANA Inventory Handling and non-cumulative key figures« *https://blogs.sap.com/2012/05/23/sap-first-guidance-collection-for-sap-bw-powered-by-sap-hana/.*

Aufgrund der dargestellten Vorteile raten wir grundsätzlich, InfoCubes in die HANA-optimierte Version zu übertragen. Diese Konvertierung geschieht in jedem System individuell und kann nicht transportiert werden. Je nach Anzahl solcher Objekte im System kann der Aufwand dafür beträchtlich sein. Anstelle eines großen Migrationsprojekts sollte man evaluieren, ob ein schrittweises Vorgehen in mehreren kleineren Projekten vorteilhafter sein kann. In diesem Zusammenhang erscheint es auch sinnvoll, die InfoCubes nach verschiedenen Prioritäten zu gruppieren und mit Applikationen zu beginnen, die besonders intensiv genutzt werden oder besonders performancekritisch sind. Es sollte aber auf jeden Fall klar sein, dass es keinen Migrationszwang gibt, dass es sich also um einen optionalen, wenn auch empfehlenswerten Schritt handelt.

5.1.5 Semantisch partitioniertes Objekt

Das *semantisch partitionierte Objekt (SPO)* wurde erst mit Version 7.3 veröffentlicht. »Semantische Partitionierung« bedeutet in diesem Zusammenhang, dass mehrere strukturgleiche Objekte angelegt und als sogenannte »Partitionen« verwaltet werden.

Ein SPO besteht aus den in diesem Kapitel bereits beschriebenen Datenmodellen: entweder InfoCubes oder DSOs (klassisch). Wie beide von SAP HANA profitieren können, haben wir Ihnen ebenfalls erläutert. Zusätzlich sei an dieser Stelle noch hervorgehoben, dass man analog zu InfoCubes auch auf InfoCubes aufbauende SPOs migrieren kann, sollte man solche Objekte bereits in einem klassischen BW auf HANA angelegt haben. Der Migrationsreport (Transaktion **RSMIGRAHANDB**) bietet die entsprechende Möglichkeit hierzu an.

5.1.6 MultiProvider

Die Rolle und Verwaltung von MultiProvidern bleiben in einem BW-System auf HANA unverändert. Die Laufzeit der Berichte auf einem MultiProvider wird sich verbessern, da die SQL-Verarbeitung, mit der die verbundenen InfoProvider kombiniert werden, HANA-optimiert wurde. Da es ein neues Datenmodell gibt, welches neben den Möglichkeiten des MultiProviders noch einiges mehr bietet, sollte die Definition neuer MultiProvider in BW auf HANA kritisch evaluiert und der neue *CompositeProvider* (siehe Abschnitt 5.3.3) als bessere Alternative in Betracht gezogen werden.

5.1.7 InfoSet

Ein *InfoSet* ist ein virtueller InfoProvider, der als Verbindung von DataStore-Objekten (klassisch) und/oder InfoObject-Merkmalen definiert wird. Diese »Verbindung« umfasst alle Arten eines SQL JOIN (mit Ausnahme von SQL UNION). Dieses Datenmodell hat nichts mit dem klassischen InfoSet in SAP-ERP-Systemen zu tun, auch wenn die Bezeichnung dies nahelegen könnte, denn das BW-Infoset stellt eine BW-spezifische Sicht auf Daten dar.

BW/4HANA kennt keine InfoSets mehr, aber im BW auf HANA ist es weiterhin möglich, InfoSets zu nutzen. Allerdings muss beachtet werden, dass hier keine Optimierung erfolgt, d. h., ein BW-Infoset kann nicht von der Calculation Engine der SAP-HANA-Datenbank profitieren wie beispielsweise ein MultiProvider. Die Ausführung der Joins erfolgt also weiterhin in der ABAP-Applikationsschicht. Alle Daten müssen zunächst hierher transferiert werden, bevor die SQL JOINs verarbeitet werden können. Daher leiden Abfragen auf InfoSets schon seit jeher unter langen Antwortzeiten, was sich durch SAP HANA nicht wesentlich verbessert hat.

Grund für die fehlende Optimierung ist die oben schon erwähnte Alternative in Form des neuen CompositeProviders. Dieser neue InfoProvider ist völlig HANA-optimiert und kann alle Funktionen des InfoSets abbilden (seit BW 7.5 SP4 auch temporale Joins). Somit sollten Sie in einem BW-auf-HANA-System auf keinen Fall mehr InfoSets einsetzen. Sie sollten vielmehr die Migration bestehender InfoSets zum neuen CompositeProvider ernsthaft in Betracht ziehen.

5.1.8 InfoSource

InfoSources bleiben dem BW-Modellierer erhalten, um mehrere Transformationen miteinander zu verbinden, ohne die Daten dazwischen speichern zu müssen. Außerdem lässt sich mit ihnen ein spezifisches Aggregationsverhalten abbilden. Einzige Änderung bzgl. der InfoSources betrifft ihre Verwaltung: Sie beruht jetzt auf InfoAreas anstelle von Applikationskomponenten (siehe folgender Abschnitt 5.1.9). Dies hat zur Folge, dass das Berechtigungsobjekt S_RS_TRCS das bisherige Objekt S_RS_ISNEW ersetzt.

5.1.9 InfoArea

Im SAP-BW-Metadaten-Repository strukturieren InfoAreas Objekte auf ähnliche Art und Weise wie Ordner Ihre alltägliche Dateienverwaltung. Dies galt bisher grundsätzlich für alle BW-InfoProvider und Open-Hub-Destinationen. Dieses Konzept wurde jetzt für InfoSources und InfoObjects übernommen. Somit entfallen die Objekttypen *InfoSource-Anwendungskomponente* bzw. *InfoObject-Katalog* in BW/4HANA. Ausgenommen hiervon sind DataSources, die weiterhin in der vom Quellsystem definierten Struktur von Applikationskomponenten abgelegt sind.

5.1.10 Transformationsregeln

Die klassische Verarbeitung von ABAP-basierten Transformationen folgt einer klaren Trennung zwischen Datenhaltung und Datenverarbeitung: Die zu verarbeitenden Daten werden Paket für Paket von der Datenbank in den Hauptspeicher des SAP-BW-Applikationsservers übertragen und dort verarbeitet. Das Ergebnis wird wieder an die Datenbank zurückgegeben und dort verbucht.

Diese klare Trennung wurde mit BW auf HANA aufgehoben, denn BW-Transformationen werden mittlerweile *soweit wie möglich* direkt auf der Datenbank ausgeführt. Die Transformationslogik, die früher als ABAP-Programm abgebildet wurde, wird nun während der Aktivierung in ein sog. SAP-HANA-Kalkulationsszenario übersetzt und in einem HANA-Column-View abgelegt. Während der Verbuchung kann der BW-Datentransferprozess (DTP) SQL-Anweisungen direkt auf den HANA View absetzen und so die Verarbeitung ohne ABAP-Schicht durchführen. Auf diese Art und Weise lassen sich Daten auf der HANA-Datenbank vom Quell- direkt in das Zielobjekt übertragen.

Der Vorteil dieser Verarbeitung liegt auf der Hand: Neben einem geringeren Aufwand beim Datentransfer kann die Verarbeitung auch von den enormen Hardwareressourcen des HANA-Servers profitieren. Das Ausmaß der Leistungssteigerung hängt allerdings sehr von der Datenmenge, der Transformationslogik und der daraus resultierenden Parallelisierung der Arbeitsschritte ab.

Für die HANA-Optimierung sind die folgenden beiden Schritte nötig:

1. Anlegen einer Transformation, die sich optimieren lässt,

2. Anlegen eines DTP und Einschalten der »SAP-HANA-Ausführung«.

Eine Transformation lässt sich in der HANA-Datenbank verarbeiten, wenn sie keine Bestandteile enthält, die die Optimierung verhindern. Dies wird während der Aktivierung geprüft und bei der Umsetzung entsprechend berücksichtigt. Zu den nicht-unterstützten Eigenschaften zählen

- ABAP-Routinen jeder Art,
- kundenspezifische Formeln,
- Regelgruppen,

- BW Queries als Quellobjekt,
- BW 7.4: Datenziele mit SID-Bezug (InfoCubes, InfoObjects und ADSOs mit InfoCube-Verhalten).

Eine Transformation mit zumindest einer dieser Eigenschaften lässt sich nicht HANA-optimieren und wird daher im System folgendermaßen gekennzeichnet: »Unterstützt nur ABAP-Runtime«. Auch der entgegengesetzte Fall ist denkbar: Für eine Transformation gilt »Unterstützt nur HANA-Runtime«, wenn sie HANA-spezifisches Coding (SQL-Skript) enthält, denn dann kann sie ABAP-Applikationen nicht verarbeiten. Beginnend mit BW 7.4 können Sie Expertenroutinen und seit Release 7.5 bzw. BW/4HANA Start-, End- und Feldroutinen in der Programmiersprache SQL-Skript verfassen und so die HANA-Verarbeitung erzwingen.

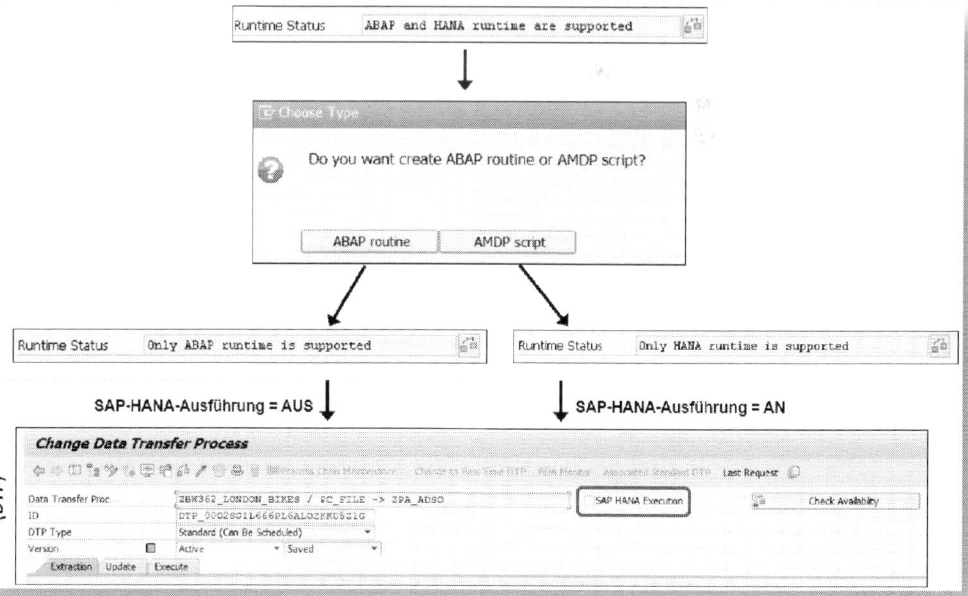

Abbildung 5.9: HANA-optimierte Transformation/DTP

Nehmen wir am Beispiel von Abbildung 5.9 an, die Transformation hat bisher keine Logik und alle relevanten Felder sind 1:1 mit den entsprechenden Zielobjekten verbunden. Zu diesem Zeitpunkt sind beide Verarbeitungsarten möglich. Der Status lautet somit »Unterstützt ABAP- und HANA-Runtime«, und Sie können die gewünschte Verarbeitung im DTP wählen. Beachten Sie, dass jede Transformation zunächst grundsätzlich HANA-optimiert angelegt wird und diese Eigenschaft erst verliert, wenn nicht unterstützte Funktionen eingebaut werden.

Zurück zu unserem Beispiel: Jetzt wird eine Startroutine angelegt, bei welcher zu entscheiden ist, ob sie als ABAP-Programm oder als SQL-Skript erzeugt werden soll. An dieser Stelle entscheiden Sie als Modellierer, ob eine HANA-Optimierung erfolgt oder nicht. Im Ergebnis kann der DTP nur die ABAP-Verarbeitung oder nur die HANA-Verarbeitung auslösen. Sollten Sie das SQL-Skript bevorzugen, dann erzeugt das SAP-System eine ABAP-Klasse als Schnittstelle. Diese beinhaltet eine unvollständige Methode, welche durch Ihr kundeneigenes Coding zu ergänzen ist. Beachten Sie hierbei, dass im SAP GUI nur die neu erzeugte Klasse angezeigt wird. Die Programmierung selbst erfolgt in der *ABAP-Perspektive in SAP HANA Studio*. Sie legen dort ein ABAP-Projekt an, melden sich am ABAP-Server an und suchen nach dem technischen Namen der Klasse. Diese muss um Ihr Coding ergänzt werden, bevor sie sich überhaupt aktivieren lässt. Nach diesen Schritten im HANA Studio ist es möglich, zum SAP GUI zurückzukehren und die ursprüngliche Transformation zu aktivieren.

Durch den Einsatz von InfoSources ist es denkbar, dass mehrere Transformationen nacheinander durch einen einzigen DTP gesteuert werden. In der Vergangenheit galt hier, dass der Code-Push-Down nur dann verfügbar ist, wenn sich *alle* Teile optimieren lassen. Mittlerweile lassen sich beide Ausführungsmethoden auch mischen und dennoch optimiert ausführen, vorausgesetzt die Transformationen mit HANA-Runtime stehen am Beginn der Verarbeitung.

Abschließend möchten wir Ihnen noch folgende Empfehlungen und Hinweise für den Umgang mit Transformationen in SAP BW geben:

- Bei der hier beschriebenen HANA-Optimierung handelt es sich ausschließlich um ein Werkzeug zur Verbesserung der Performance. Werden Ihre Erwartungen an die Laufzeit der Ladeprozesse erfüllt, dann gibt es keinen Grund, in eine Remodellierung der Transformationen und DTPs zu investieren. Fokussieren Sie sich vielmehr auf Prozesse, für die Sie eine weitere »Stellschraube« zur Leistungssteigerung suchen!

- Nutzen Sie die Standard-Möglichkeiten der Transformation, wo immer möglich. Formeln und die neuen Lookup-Interfaces können heutzutage viele kundenspezifische Routinen ersetzen.
- SAP arbeitet daran, diese Optimierung für mehr Transformationsfunktionen zu öffnen. Die HANA-Ausführung ist allerdings nur als Verbesserungsoption zu sehen und nicht dafür gedacht, die traditionelle Arbeitsweise zu ersetzen. Die ABAP-Ausführung wird auch in Zukunft unterstützt und weitere Verbesserungen erfahren.

Weitere Details zu Transformationen/DTPs

»HANA based BW Transformations«
https://blogs.sap.com/2016/05/24/hana-based-bw-transformation/

»SAP First Guidance – Using SAP HANA SQL Script in BW«
https://archive.sap.com/documents/docs/DOC-70169

5.1.11 Prozessketten

In einem SAP-BW-System wird die Datenbewirtschaftung von *Prozessketten* gesteuert. Sie ermöglichen die ereignisgesteuerte und automatische Abarbeitung komplexer Abläufe sowie deren zentrale Steuerung und Überwachung. Aus den bisherigen Ausführungen konnten Sie ableiten, dass der Einsatz von HANA einen beträchtlichen positiven Einfluss auf die Laufzeit der einzelnen Datenbewirtschaftungsschritte hat. Gute Beispiele hierfür sind die Aktivierung des DSO (klassisch) oder das Verbuchen in einen InfoCube (vgl. Abschnitte 5.1.3 und 5.1.4).

Darüber hinaus werden die Datenbewirtschaftungsprozesse in HANA durch den Wegfall einiger Arbeitsschritte (Prozesstypen) erheblich übersichtlicher und einfacher. Es handelt sich hierbei vor allem um die Schritte, die für die Performanceoptimierung einer traditionellen relationalen Datenbank wichtig sind und somit im HANA-Kontext keine Bedeutung mehr haben.

Folgende Prozesstypen werden beim Einsatz der HANA-Datenbank nicht benötigt und daher in der Prozesskettenpflege nicht mehr zur Auswahl angeboten:

- Index löschen,
- Index aufbauen,
- Datenbankstatistik aufbauen,
- BW-Accelerator-Indizes aktualisieren,
- Hochrollen gefüllter Aggregate,
- initiales Füllen neuer Aggregate,
- Anpassen von Aggregaten durch ChangeRun,
- BusinessObjects Explorer-Eigenschaften aktualisieren.

In SAP BW/4HANA entfallen zudem alle Prozesstypen, die mit nicht mehr existierenden Objekten zu tun haben (InfoCube, DSO klassisch, PSA). Tabelle 5.1 vergleicht die Prozesstypen im klassischen BW mit BW auf HANA bzw. BW/4HANA.

Bei einer Überführung des Systems nach SAP HANA müssen bestehende Prozessketten nicht zwingend sofort um die aufgelisteten obsoleten Prozesstypen bereinigt werden, denn diese Schritte werden schlicht übersprungen und lösen keine Fehler aus. Es gilt allerdings zu beachten, dass beim Einsatz der HANA-Datenbank mit dem sog. *Delta-Merge* eine neue datenbankspezifische Aufgabe hinzugekommen ist. Diese ist wichtig und wird daher an dieser Stelle besonders hervorgehoben.

ETL-Aufgabe	BW klassisch	BW auf HANA, BW/4HANA
InfoPackage ausführen	Kein Unterschied, erfolgt im Quellsystem	
DTP nach DataStore-Objekt	X	x*
DataStore-Objekt aktivieren	X	x*
Index löschen	X	--
DTP nach InfoCube	X	x*
Index generieren	X	--
InfoCube komprimieren	X	x*
DB-Statistik aufbauen	X	--
Aggregate aktualisieren	X	--
Attribute Change Run (Aggregate)	X	--
Attribute Change Run (InfoObjekte)	X	x*
BWA Index aktualisieren	X	--
Delta-Merge durchführen	--	x*

x* = relevant, aber HANA-optimiert

Tabelle 5.1: Prozessketten – Vergleich der beiden Konzepte

Delta-Merge

Hintergrund des »Delta Merge« ist, dass es einen relativ hohen Aufwand bedeutet, Daten in die spaltenorientierten Tabellen einzufügen oder zu ändern, da dies jedes Mal eine vollständige Reorganisation der Tabelle zur Folge hätte. Der Sachverhalt wurde folgendermaßen gelöst:

Neue und geänderte Datensätze, die in eine spaltenbasierte Tabelle geschrieben werden, werden zunächst in einem sogenannten Delta-Container (*Delta Storage*) abgelegt. Dieser ist spaltenorientiert, aber nicht sortiert. Im Falle der Erfassung von Massendaten kommt ein zweiter Delta Storage in zeilenbasierter Form hinzu. Der gesamte Delta Storage wird regelmäßig in den sortierten Hauptbereich (*Main Storage*) der Tabelle überführt. D. h., Delta und Main werden in einen neuen Main Storage überführt und zeitgleich ein neuer, leerer Delta Storage angelegt. Diesen Vorgang bezeichnet man in HANA als Delta Merge bzw. *Datenbank-Merge*. Die Trennung der Datenablage von SAP-HANA-Tabellen ermöglicht deren enorm hohe Lese- und Schreibperformance (siehe Abbildung 5.10).

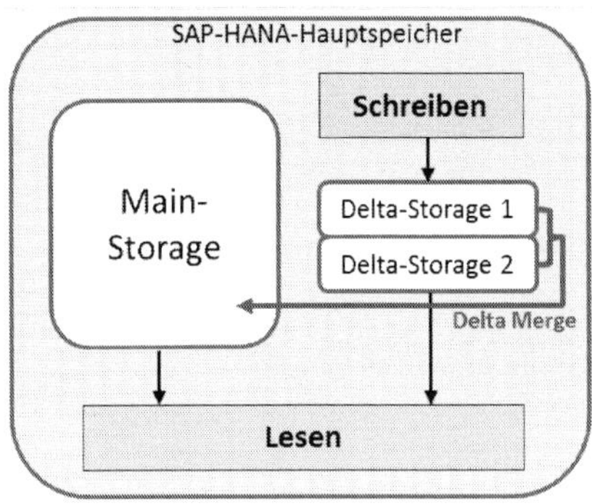

- Main-Storage: Spaltenbasiert (sortiert), dadurch komprimiert und leseoptimiert
- Delta-Storage 1: Spaltenbasiert (unsortiert), dadurch schreiboptimiert
- Delta-Storage 2: Zeilenbasiert, dadurch schreiboptimiert für Massendaten

Abbildung 5.10: SAP HANA Delta-Merge

Vor allem bei **DataStore-Objekten (advanced)**, **InfoCubes**, sowie **schreiboptimierten DataStore-Objekten (klassisch)** müssen neue Daten nach erfolgreicher Verarbeitung manuell vom Delta Storage in den Main Storage überführt werden, während dies bei anderen InfoProvidern im Aktivierungslauf integriert ist. Daher sollten Sie bei diesen InfoProvidern im Datentransferprozess das neue Kennzeichen »Datenbank-Merge ausführen« beachten, welches per Standard gesetzt ist. Es existiert zudem eine neue Prozessvariante »*Trigger für Datenbank-Merge*« für Prozessketten. Wollen Sie in einer Prozesskette mehrere DTPs in dasselbe Datenziel schreiben, dann ist es effizienter, den Delta-Merge nicht in jedem DTP, sondern erst am Ende in der genannten Prozessvariante auszulösen, denn die Gesamtlaufzeit der Einzelverarbeitungen ist höher als ein einmaliger Delta-Merge am Ende der Verbuchungen.

Weitere Details zum Delta-Merge

»How To Delta Merge for SAP HANA«
https://archive.sap.com/documents/docs/DOC-27558

5.1.12 Analytic Manager

Der *Analytic Manager* ist eine wichtige BW-Komponente und wurde früher unter der Bezeichnung »OLAP Engine« geführt. Er erzeugt einen Ausführungsplan für die Berechnung der Berichtsergebnisse und delegiert die Aufgaben unter dem Gesichtspunkt der Performanceoptimierung in der am besten geeigneten Reihenfolge an HANA bzw. den BW-Applikationsserver. Der Analytic Manager stellt somit das Bindeglied zwischen BW-Datenhaltung und -Berichtswesen dar. Das zentrale Designwerkzeug für den Analytic Manager war über Jahre hinweg der BEx Query Designer. Mittlerweile wurde er durch den Eclipse-basierten Query Designer ersetzt, dessen Query-Definitionen zur Laufzeit in ausführbare Objekte umgewandelt werden. Deshalb verwenden wir in diesem Buch den Begriff »BW-Query« anstelle »BEx Query«.

Wenn Sie SAP HANA einsetzen, werden klassische OLAP-Operationen immer häufiger nicht mehr exklusiv vom ABAP-Applikationsserver, sondern von der *HANA Calculation Engine* übernommen. D. h., es werden nicht mehr nur ausschließlich ABAP-Objekte erzeugt, sondern auch HANA-Objekte (sog. *Kalkulationsszenarien*).

Über all diese Vorgänge hat der Analytic Manager die volle Kontrolle. Er erzeugt für jede Anforderung den optimalen Ausführungsweg, indem er BW-ABAP-Objekte und HANA-Kalkulationsszenarien kombiniert und die Aufgaben entsprechend delegiert.

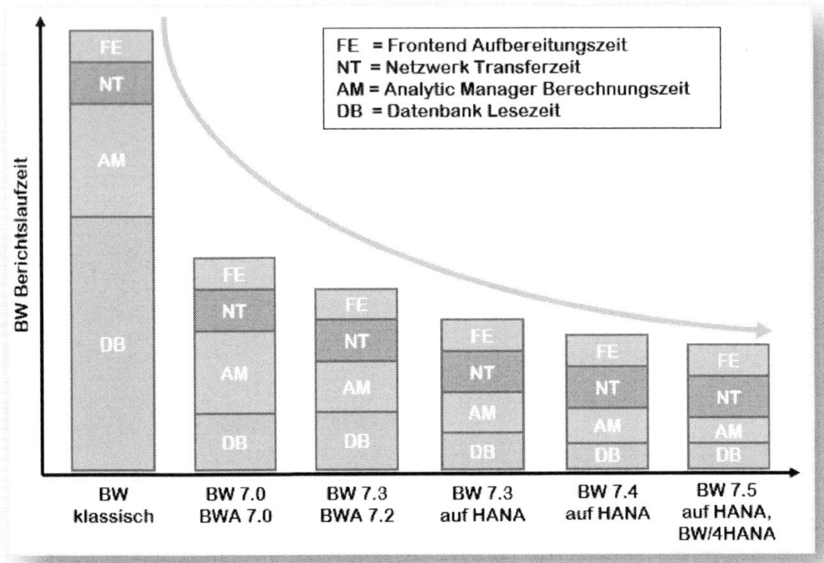

Abbildung 5.11: Typische Zusammensetzung von Berichtslaufzeiten, in Anlehnung an K. Nagel [13]

Abbildung 5.11 zeigt anschaulich, wie das in Abschnitt 5.1.1 beschriebene Konzept des Code-Push-Downs in die HANA-Datenbank im Bereich des Analytic Managers Performancevorteile für die Berichtsausführung bewirkt. Neben den verkürzten Datenbankzugriffen verbessert sich vor allem die Berechnungszeit. Hierdurch lassen sich mehr Daten in kürzerer Zeit analysieren, was neue Analyseszenarien ermöglichen kann (z. B. Auswertungen auf Einzelpositionsdaten).

Historie und Pläne für die Optimierung von OLAP-Operationen (sog. Push-Down-Liste, siehe auch SAP-Hinweis 2063449):

1. **BW 7.x mit BWA 7.0**
   - Standard-Aggregation,
   - Standard-Selektionen und Filter,

- Hierarchieverarbeitung Teil 1,
- zellenbasierte Berechnungen.

2. **BW 7.3 mit BWA 7.2**
   - Ausnahmeaggregation Teil 1,
   - [F4]-Wertehilfe,
   - MultiProvider SQL Union,

3. **BW 7.3 auf HANA**
   - eingeschränkte Kennzahlen,
   - Ausnahmeaggregation Teil 2,
   - Währungsumrechnung.

4. **BW 7.4 auf HANA**
   - CompositeProvider: SQL-Operationen,
   - Umrechnung von Mengeneinheiten,
   - Verarbeitung von Bestandskennzahlen,
   - Ausnahmeaggregation Teil 3.

5. **BW 7.5 auf HANA**
   - Ausnahmenaggregation Teil 4,
   - Hierarchieverarbeitung Teil 2.

6. **BW/4HANA 1.0 (geplant)**
   - Top-N-/Bottom-N-Berechnungen,
   - Ermittlung Bestandsdeckung,
   - Current-Member-Variablen.

Grundsätzlich entscheidet ein vordefinierter Ausführungspfad, ob eine BW-Query HANA-optimiert ausgeführt wird oder nicht. Es existieren verschiedene Modi, welche pro InfoProvider (Transaktion **RSDIPROP**) oder pro BW-Query (Transaktion **RSRT** bzw. direkt in den Query-Eigenschaften) individuell zu definieren sind.

- Modus »0« – keine Optimierung in HANA/BWA,
- Modus »2« – Einzelzugriff pro InfoProvider,
- Modus »3« – Standard (Cluster-Zugriff),
- Modus »6« – Ausnahmeaggregation,
- Modus »7« – Formelberechnung in SAP HANA.

Ob Sie von der Standardeinstellung »6« abweichen sollten, kommt immer auf den Einzelfall an. Es kann aber durchaus sein, dass eine bestimmte Query-Definition in einem vom Standard abweichenden Ausführungsmodus schneller verarbeitet werden kann. Um dies zu prüfen, empfehlen wir Ihnen folgendes Vorgehen:

1. Query Monitor (Transaktion **RSRT**): Query auswählen.
2. Anklicken der Schaltfläche »Ausführen/Debuggen« und Auswählen eines Ausführungsmodus aus dem Bereich »SAP HANA/ BWA«.
3. Einschalten der Statistiken und Ausschalten des Caches (»Allgemeines«); dann Analyse ausführen.
4. Statistiken nach Laufzeit (»Dauer«) und Anzahl der verarbeiteten Datensätze (»Zähler«) analysieren:
   Die Events 3000–3999 stehen für die OLAP-Berechnungen,
   die Events 9000–9999 stehen für den Datenbankzugriff.

Wenn Sie dies für verschiedene Ausführungsarten durchführen, werden Sie feststellen, wie groß die Performance-Unterschiede sind und welcher Modus individuell der Beste ist.

Weitere Details zum Analytic Manager

»BW-on-HANA and Query execution modes« *https://blogs.saphana.com/2013/06/10/bw-on-hana-and-the-query-execution-mode/*

»How to check the SAP BW-Query Push Down to SAP HANA «*https://blogs.sap.com/2015/06/18/how-to-check-the-sap-bw-query-push-down-to-sap-hana/*

5.2 SAP-BW-Modellierungstools

Im Abschnitt zuvor haben Sie erfahren, wie man abseits des klassischen SAP GUI in einer neuen, durch das SAP HANA Studio bereitgestellten Benutzeroberfläche arbeitet. Im Zusammenhang mit BW setzt SAP auf diese Eclipse-basierte, grafische Benutzeroberfläche. Sie wird als sogenannte SAP *BW-Modellierungstools* (oder kurz *BW-MT*) über den üblichen SAP Service Marketplace zur Verfügung gestellt und lässt sich als Add-on in SAP HANA Studio installieren. Folgende BW-spezifische GUIs stehen bereits zur Verfügung (siehe auch Abbildung 5.12):

- BW 7.4 SP4 mit BW-MT 1.0: CompositeProvider, Open ODS View,
- BW 7.4 SP9 mit BW-MT 1.5: DSO (advanced),
- BW 7.5 SP1 mit BW-MT 1.11: Query Designer,
- BW 7.5 SP1 mit BW-MT 1.12: InfoObject,
- BW 7.5 SP4 mit BW-MT 1.14: DataSource, InfoArea, InfoSource, OpenHubDestination, Aggregationsebene, semantische Gruppe,

- BW/4HANA 1.0 mit BW-MT 1.15: Datenfluss-Editor,
- geplant für BW/4HANA: Transformation.

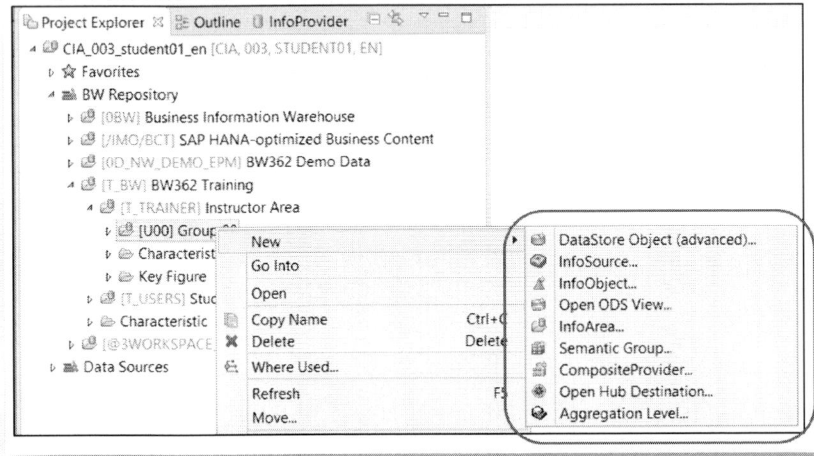

Abbildung 5.12: Umfang BW-Modellierungstools ab Version 1.14

Wie Sie erkennen können, werden neue Datenmodelle, die wir im Abschnitt 5.3 im Detail vorstellen werden, ausschließlich im HANA Studio angelegt bzw. verwaltet, und nicht mehr in der klassischen Umgebung der Data Warehousing Workbench (Transaktion **RSA1**). Es handelt sich aber grundsätzlich um ganz normale BW-Datenmodelle, welche als InfoProvider in der Data Warehousing Workbench sichtbar, aber nicht änderbar sind (siehe Abbildung 5.13).

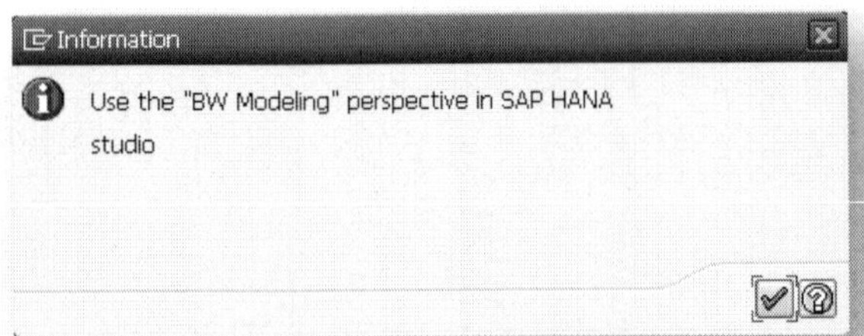

Abbildung 5.13: Meldung beim Pflegen von neuen InfoProvidern in der Data Warehousing Workbench

Um mit den BW-Modellierungstools arbeiten zu können, müssen Sie sich grundsätzlich im HANA Studio mit dem BW-System verbinden; hierfür wird ein sogenanntes *BW-Projekt* definiert, welches die Verbindungsparameter aus dem SAP Logon übernimmt. Hier verwalten und ändern Sie ausschließlich BW-Backend-Metadaten, weshalb der Login mit den BW-Anmeldedetails erfolgen muss. Sobald Sie sich mit dem BW-System verbunden haben, stehen Ihnen die InfoAreas und Favoriten mit den zugehörigen InfoProvidern für die Modellierungsaufgaben zur Verfügung.

Die hier beschriebenen BW-Modellierungstools folgen der Strategie, für BW-Modellierungsaufgaben komplett auf den SAP GUI verzichten zu können. Dies ist mit Ausnahme der Transformationsregeln und der klassischen Datenmodelle wie InfoCubes schon jetzt Realität. Die Data Warehousing Workbench wird dadurch nicht vollständig abgelöst werden, denn für Systemadministration und -monitoring ist der SAP GUI immer noch unverzichtbar. Allerdings sind auch für die (letzt) genannten Aufgaben neue webbasierte Anwendungsoberflächen geplant.

Weitere Details zu den BW-Modellierungstools

Beachten Sie bitte, dass Sie keinen zusätzlichen Datenbankbenutzer benötigen, um mit den BW-Modellierungstools zu arbeiten! Sie nutzen zwar das HANA Studio, mit dem auch die allgemeine Datenbankverwaltung sowie die native HANA-Modellierung erfolgen können; aber in diesem Falle arbeiten Sie ausschließlich auf der Applikationsebene des BW-Systems und nutzen daher den Systemzugang via SAP Logon. D. h. weiterhin, dass Sie die Zugriffsmöglichkeiten über die bekannten BW-Berechtigungen steuern können.

Die erörterte Eclipse-Perspektive können Sie aus dem Software-Downloadcenter im SAP Marketplace beziehen.

»BW-MT-Installationshinweise«
https://launchpad.support.sap.com/#/notes/1905207

»BW-MT-Installationsdetails«
https://launchpad.support.sap.com/#/notes/1954169

»Berechtigungen BW-MT«
https://launchpad.support.sap.com/#/notes/1969032

»Installation Guide«
http://help.sap.com/download/netweaver/bwmt/SAP_BW_Modeling_Tools_Installation_Guide_en.pdf

»Mit den BW-Modellierungswerkzeugen arbeiten«
http://help.sap.com/saphelp_nw75/helpdata/de/4f/13a0e3e1a2428ea541b8fb0af671db/content.htm

»Sicherheitsaspekte BW-Modellierungswerkzeuge«
http://help.sap.com/saphelp_nw75/helpdata/de/43/15de13e4e043e9b45df67a02cad4b4/content.htm

»BW-Modellierungstools Landing Page«
https://blogs.sap.com/2015/06/10/sap-bw-powered-by-sap-hana-modeling-tools-in-eclipse-bw-mt/

5.2.1 Neuer Query Designer

Wie Ihnen wahrscheinlich im letzten Abschnitt aufgefallen ist, existiert ein neuer Query Designer als Teil der BW-Modellierungstools. Er bietet neben einigen Erweiterungen genau dieselben Möglichkeiten wie der BEx Query Designer, die man seit Langem zur Definition von BW-Berichten nutzt. Zu den aktuellen Erweiterungen zählen insbesondere

- die Generierung eines externen SAP HANA Views (siehe Abschnitt 5.5.1),
- ein neuer IF-Operator für Formeln,
- eine komfortable Datenvorschaufunktion und
- der neue Variablentyp »SAP HANA Exit« für HANA-optimierte Verarbeitung basierend auf SQL-Skript.

Der neue BW-Query Designer ist als aktuelle Alternative für die Entwicklung und Pflege von Berichten zu sehen. Seine Eclipse-basierte Oberfläche ähnelt in ihrer Gestaltung und Verarbeitung der des alten Query Designers. Daher ist der Umstellungsaufwand für die Anwender sehr gering (vgl. Abbildung 5.14). Es ist sogar denkbar, beide Frontends parallel zu nutzen. Sobald Sie allerdings auf BW/4HANA umsteigen, sind der BEx Query Designer sowie alle weiteren BEx-Werkzeuge nicht mehr vorhanden, und alle Queries müssen in der neuen Eclipse-basierten Arbeitsumgebung angelegt und geändert werden.

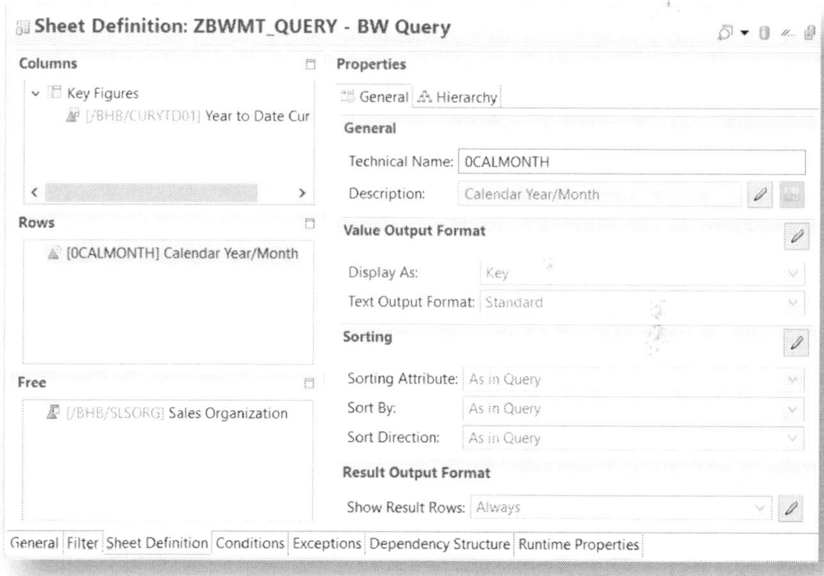

Abbildung 5.14: Neuer BW-Query Designer

Beachten Sie zudem, dass die genannten zusätzlichen und auch alle zukünftigen neuen Funktionen nur im neuen Query Designer verfügbar sind. Es ist daher ratsam, sich frühzeitig mit dieser Thematik auseinanderzusetzen und die Umstellung auf dieses Entwicklungswerkzeug aktiv zu planen. Im Zuge dieses Prozesses bietet sich ferner die Gelegenheit, die Frontendinstallation des SAP Business Explorer komplett zu löschen – vorausgesetzt, andere BEx-Werkzeuge wie Analyzer oder Web Application Designer spielen für Ihr Berichtswesen keine Rolle mehr.

Keine Migration der BEx-Queries notwendig!

Es sind keine weiteren Migrationsschritte oder Ähnliches notwendig, um mit dem neuen Query Designer zu arbeiten. Es handelt sich lediglich um einen neuen Editor, der genau das gleiche BW-Objekt (in den gleichen Hintergrundtabellen) verwaltet.

Beachten Sie jedoch, dass einige Query-Funktionen aus den Versionen 7.3 und älter nicht mehr unterstützt werden oder auf andere Weise umgesetzt werden (siehe SAP-Hinweis 1911469).

Wir möchten in diesem Zusammenhang erneut darauf aufmerksam machen, dass wir – basierend auf den bisherigen Ausführungen – dem allgemeinen Verständnis folgen und in diesem Buch nicht mehr von einer »BEx Query«, sondern von »BW-Query« oder »Query« sprechen. Es handelt sich technisch um das gleiche Objekt, welches lediglich mit einem anderen Werkzeug verwaltet wird.

5.2.2 Neuer Datenfluss-Editor

Schon lange ist der Datenfluss ein eigenständiger Objekttyp in SAP BW. Er ist transportierbar und hat einen Repository- und Dokumentenanschluss sowie einen Anschluss an die Versionsverwaltung. Datenflüsse helfen, die Beziehungen zwischen BW-Objekten für ein bestimmtes Szenario zu modellieren und zu dokumentieren. In BW/4HANA lassen sie sich ausschließlich in den BW-Modellierungstools anlegen und ändern. Der neue Editor bietet daher nur noch die BW-Objekte als Knoten an, die von BW/4HANA unterstützt werden (siehe Abbildung 5.15).

In der Praxis wurden Datenflüsse bisher eher selten als separate BW-Objekte eingesetzt. Dies ändert sich mit SAP BW/4HANA, **da die Perspektive »Modellierung« in der Data Warehousing Workbench (RSA1) komplett entfällt!** Ja – Sie haben richtig gelesen: Sie ist tatsächlich nicht mehr vorhanden. Während alle weiteren Perspektiven unverändert erhalten bleiben, sind über diese Transaktion nur noch

Prozessketten und *Quellsysteme* einsehbar, da diese in den Bereich »Administration« verschoben wurden (vgl. Abbildung 5.16). Alle weiteren Modellierungsaufgaben sind in den BW-Modellierungstools im HANA Studio durchzuführen.

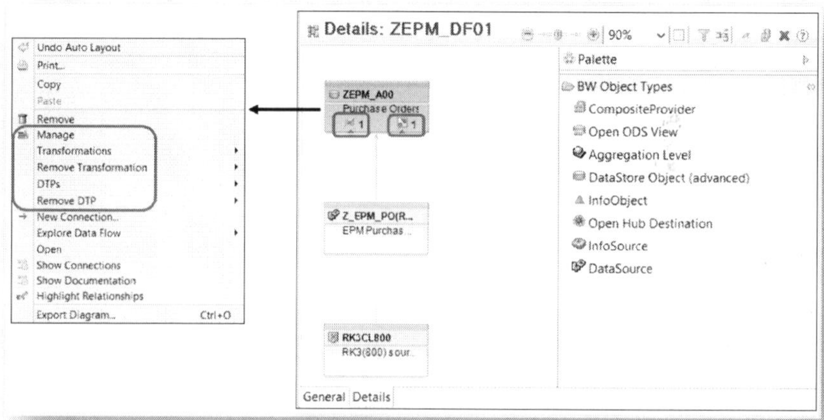

Abbildung 5.15: Neuer BW-Datenfluss-Editor

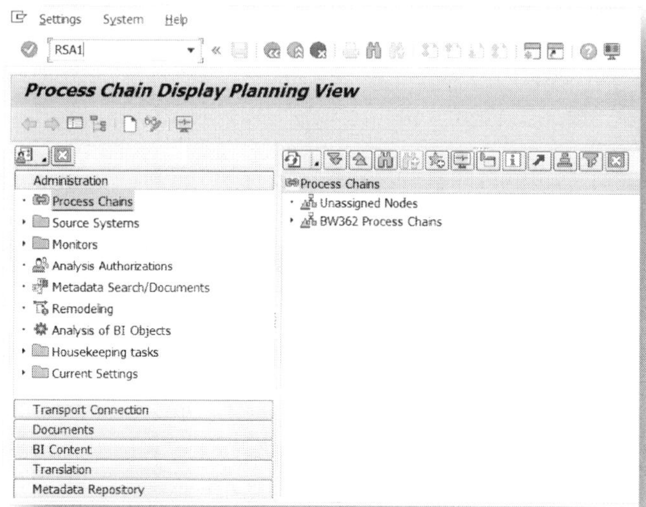

Abbildung 5.16: BW/4HANA Data Warehousing Workbench

Der BW-Datenfluss dient also ab BW/4HANA als zentraler Einstieg zur Modellierung, da er im Kontextmenü des jeweiligen Objekts den Zugang zu Transformationsregeln und DTPs bietet. Diese beiden Objekte können in BW/4HANA nur noch hier oder direkt im Kontextmenü der Datenmodelle angelegt und geändert werden. Auch die Prüfung der Laderequests in einem ADSO oder InfoObject ist über diesen Weg möglich (Befehl »Manage« im Kontextmenü). Somit werden die Datenflüsse als BW-Objekt eine wichtigere Rolle einnehmen und für Modellierung, deren Dokumentation sowie den Systembetrieb in BW/4HANA unverzichtbar sein.

Das Arbeiten mit Datenflüssen lässt sich grob in zwei Bereiche einteilen:

1. **Analyse existierender Datenflüsse:** Um den Zusammenhang zwischen BW-Objekten zu verstehen, können Sie bei jedem InfoProvider oder jeder DataSource mit dem Befehl Explore Dataflow den vollständigen Datenfluss visuell darstellen lassen. Dies entspricht der analogen Funktion, die Sie sicherlich aus der Data Warehousing Workbench im SAP GUI kennen. Sie können, müssen das Ergebnis aber nicht speichern, weshalb man dies auch als *transienten Datenfluss* bezeichnet.

2. **Modellierung neuer Datenflüsse:** Der neue Editor ist vor allem dazu gedacht, neue Datenflüsse im SAP BW/4HANA zu modellieren. Hierzu können Sie zunächst Vorlagen erstellen, die das Erstellen neuer Applikationen erleichtern sollen. In diesen Vorlagen werden nicht-persistente BW-Objekte und ihre Verbindungen definiert, ohne die konkreten BW-Modelle anzulegen. Basierend auf dieser Vorlage können Sie im Anschluss die konkreten persistenten DataSources, ADSOs, CompositeProvider etc. und die Transformationen zwischen ihnen genau spezifizieren. In jedem Knoten Ihres Datenflusses stehen hierzu die Befehle Add Object... für bestehende InfoProvider oder Create Persistent Object... für neu anzulegende Datenmodelle zur Verfügung.

Weitere Details zu Datenflüssen

Weitere Erläuterungen zu Datenflüssen in SAP BW/4HANA entnehmen Sie der SAP-Hilfe:

https://help.sap.com/viewer/product/SAP_BW4HANA/1.0.2/de-DE → Hilfe zu Anwendung → Datenmodellierung → Modellierung von Datenflüssen

5.3 Neue BW-InfoProvider

Mit SAP HANA wurde das Business Warehouse um eine Vielzahl von Funktionen erweitert. Eine besondere Bedeutung kommt dabei neuen Datenmodellen zu, die dazu dienen, die bisherigen BW-Objekte aus Abschnitt 5.1 nach und nach vollständig zu ersetzen. Während Ihnen mit SAP BW auf HANA noch alle neuen und klassischen Funktionen zur Verfügung stehen, entfallen die alten Objekte beim Umstieg auf BW/4HANA in Gänze.

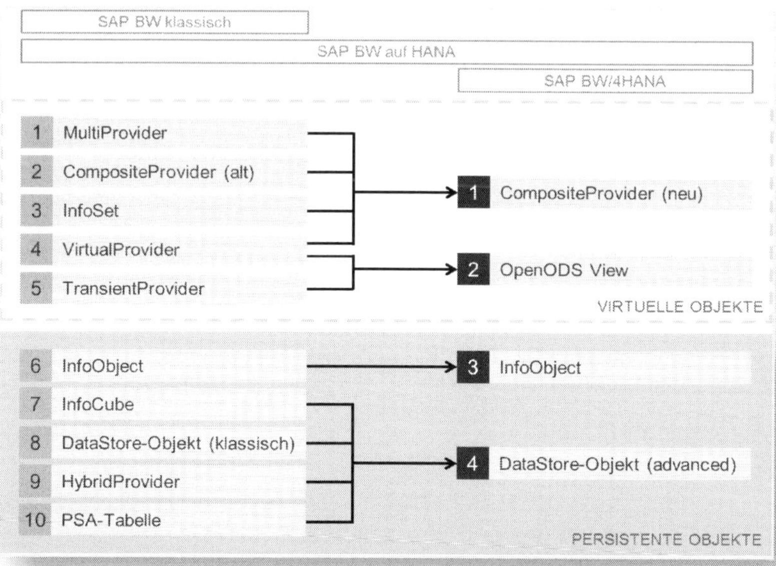

Abbildung 5.17: Positionierung der neuen BW-InfoProvider

SAP HANA reduziert die Komplexität in der Data-Warehouse-Architektur, indem die große Anzahl existierender Modelltypen auf nur noch vier reduziert wird (siehe Abbildung 5.17): Stammdaten werden weiterhin als InfoObjects dargestellt, Bewegungsdaten verwaltet das neue DataStore-Objekt (advanced), und als virtuelle Datenmodelle stehen der neue CompositeProvider bzw. Open ODS View zur Verfügung. Während InfoObjects bereits in Abschnitt 5.1.2 behandelt wurden, erörtern wir im weiteren Verlauf die verbleibenden drei neuen Datenmodelle.

Beachten Sie bitte, dass die klassischen Datenmodelle aus Kompatibilitätsgründen in Version 7.4 und 7.5 noch unterstützt werden, es besteht daher kein sofortiger Migrationszwang. Sie sollten aber keine neuen Anwendungen mit den obsoleten Objekten aufbauen, denn diese werden in BW/4HANA nicht mehr unterstützt.

5.3.1 DataStore-Objekt (advanced)

Das *DataStore-Objekt (advanced)* – im weiteren Verlauf *ADSO* genannt – ist **das zentrale neue Datenmodell für die Ablage und Verwaltung von Bewegungsdaten im SAP BW**. Es wurde mit BW 7.4 SP9 eingeführt und erfordert SAP HANA genauso wie alle anderen neuen Objekte, die in diesem Kapitel angesprochen werden. Das ADSO konsolidiert verschiedene klassische Ansätze in einem einzigen flexiblen Datenmodell:

- Ein ADSO kann aus Feldern bestehen wie die PSA-Tabelle einer BW-DataSource.
- Alle Services der klassischen DSOs sind im ADSO vollständig vorhanden. D. h., es können Change Logs erzeugt sowie Daten schreiboptimiert verwaltet werden (per Laderequest), und es existieren Schnittstellen für direktes Schreiben.
- Analog zu InfoCubes können ADSOs als eine große Faktentabelle definiert werden, die neue Daten nicht überschreiben, sondern nur additiv aufnehmen kann. Auch Bestandsszenarien mit nicht-kumulativen Kennzahlen sind darüber abbildbar.

- Planungsanwendungen können auf ADSOs definiert werden (vgl. Real-time InfoCubes).
- Ähnlich einem SPO können ADSOs in eine sogenannte *Semantische Gruppe* aufgenommen werden und so eine logische Partitionierung großer Datenmengen umsetzen.

Die Struktur dieses neuen Objektes ähnelt sehr dem Standard-DSO (klassisch), denn im Hintergrund besteht das ADSO stets aus den folgenden drei Tabellen:

1. Eingangstabelle: `/BIC/A<...>1`
   Schlüssel: Request-Nr. + Datenpaket-Nr. + Datensatz-Nr.

2. Tabelle aktiver Daten: `/BIC/A<...>2`
   Schlüssel: wie im ADSO definiert

3. Change-Log-Tabelle: `/BIC/A<...>3`
   Schlüssel: analog Eingangstabelle

Diese Tabellen werden immer erzeugt, auch wenn sie nicht unbedingt aktiv genutzt werden.

Es werden zudem zwei Datenbank-Views erzeugt, welche die relevanten Inhalte für die Extraktion bzw. für das Reporting auf diesem ADSO zusammenführen:

1. View für die Extraktion aus dem ADSO: `/BIC/A<...>6`,

2. View für das Reporting auf dem ADSO: `/BIC/A<...>7`.

Die genaue Nutzung dieser Tabellen und das Verhalten eines ADSO werden durch die Eigenschaften des Datenmodells vorgegeben. Aus diesem Grund ist ein gutes Verständnis dieser Parameter von enormer Bedeutung für den Anwendungsentwickler, denn verschiedene Eigenschaftskombinationen (siehe Abbildung 5.18) führen zu unterschiedlichen Verhaltensweisen und Einsatzmöglichkeiten des erzeugten Objekts.

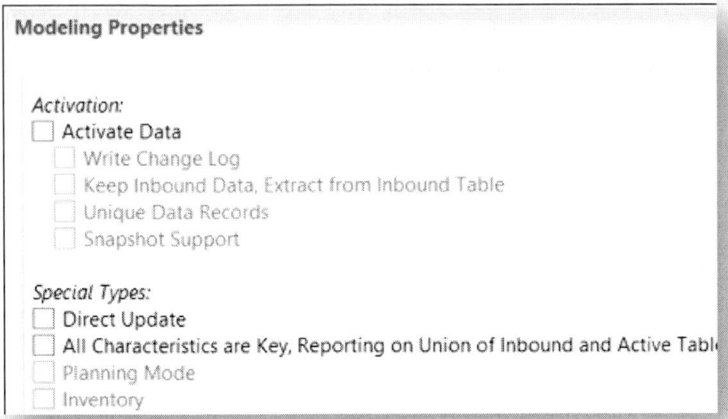

Modeling Properties

Activation:
☐ Activate Data
☐ Write Change Log
☐ Keep Inbound Data, Extract from Inbound Table
☐ Unique Data Records
☐ Snapshot Support

Special Types:
☐ Direct Update
☐ All Characteristics are Key, Reporting on Union of Inbound and Active Tabl
☐ Planning Mode
☐ Inventory

Abbildung 5.18: Zentrale Modellierungseinstellungen des ADSO

Neue Daten werden immer zunächst in die Eingangstabelle geschrieben. Danach hängt es von der Funktionsweise der »Aktivierung« ab, was mit ihnen weiter geschieht. Wählen Sie **Activate Data**, werden die neuen Datensätze in die Tabelle aktiver Daten weiterverbucht. Mit dieser Einstellung ergeben sich folgende zusätzliche Modellierungsoptionen:

- Write Change Log: Neue bzw. geänderte Datensätze gelangen in den Change Log, was eine Delta-Extraktion möglich macht.
- Keep Inbound Data, Extract from Inbound Table: Extraktion (Full und Delta) erfolgt aus der Eingangstabelle, und ein Change Log wird nicht geschrieben.
- Unique Data Records: Wenn sicher ist, dass immer nur neue Datensätze eingebucht und keine bestehenden angepasst werden, dann kann die Verarbeitung in der Laufzeit mit dieser Funktion optimiert werden.
- Snapshot Support: Bei nicht deltafähigen DataSources ermöglicht dieses Kennzeichen, dass gelöschte Transaktionen trotzdem fortgeschrieben werden. Die Aktivierung erkennt Sätze, die in der Eingangstabelle stehen, aber im neuen Laderequest fehlen, und behandelt diese entsprechend (d. h., im Change Log wird das Reverse-Image für diesen Datensatz erzeugt).

Zudem kommen *Sondereigenschaften* hinzu, die ebenfalls sehr wichtig sind:

- DIRECT UPDATE: Neue Daten werden über einen Daten-Transfer-Prozess oder über eine Programmschnittstelle (API) direkt in die Tabelle der aktiven Daten geschrieben.
- ALL CHARACTERISTICS ARE KEY, REPORTING ON UNION OF INBOUND AND ACTIVE TABLE: Hiermit modellieren Sie quasi einen »InfoCube«, denn alle Merkmale sind Schlüssel, und die Daten werden aggregiert. Zudem sind die Eingangstabelle und die Tabelle aktiver Daten gleichwertig: Sie unterscheiden sich lediglich darin, dass die Request-Nr. nur in der Eingangstabelle steht. Man kann erstere also als nicht komprimierte Faktentabelle sehen und die aktive Tabelle als deren komprimierte Version.
- PLANNING MODE: Das ADSO kann, wie in der Vergangenheit ein Real-time InfoCube, für Planungsanwendungen genutzt werden.
- INVENTORY: Hiermit wird die Modellierung für Bestandskennzahlen eingeschaltet, wodurch im Hintergrund zwei weitere Tabellen hinzukommen: eine Gültigkeitstabelle (`/BIC/A<...>4`) und eine Tabelle für Stützstellen (`/BIC/A<...>5`).

Wie die Daten im ADSO verarbeitet werden, hängt vor allem vom Einsatzszenario innerhalb des Data Warehouse ab. Beispielsweise könnten Daten aus einer Quelle im Delta-Verfahren übertragen und dann in einem ADSO1 zur Dokumentation historischer Bewegungen abgelegt werden. Auf der anderen Seite ist es denkbar, die gleichen Daten in einem weiteren Objekt, welches wir ADSO2 nennen, für das Berichtswesen zu speichern. In der Vergangenheit hätte man Szenario 2 als InfoCube und das erstgenannte als schreiboptimiertes klassisches DSO abgebildet. Mit BW auf HANA kann das DataStore-Objekt (advanced) beide Zwecke abbilden, allerdings unterscheiden sich ADSO1 und ADSO2 deutlich in ihren Konfigurationen und damit auch in ihrem Verhalten.

Ähnlich dem CompositeProvider oder Open ODS View kann ein ADSO nur mit den BW-Modellierungstools im HANA Studio und nicht im SAP

GUI definiert werden. Hierfür können Sie Vorlagen nutzen, welche die Konfiguration der oben erläuterten Eigenschaften selbständig übernehmen. Als Vorlagen stehen sowohl die klassischen Objekte (InfoCube, DSO) als auch die verschiedenen Ebenen der SAP-Referenzarchitektur (vgl. Kapitel 6) zur Verfügung.

Um unser Beispiel von oben fortzusetzen, kann das ADSO1 auf der Vorlage eines schreiboptimierten DSOs (klassisch) angelegt werden. Das Ergebnis sehen Sie in Abbildung 5.19. Da keine zusätzlichen Eigenschaften gesetzt wurden, besteht dieses ADSO nur aus der Eingangstabelle, in die neue Daten geschrieben und aus der die Daten weiterverbucht oder ausgelesen werden. Die anderen beiden Tabellen existieren zwar, haben aber keine Bedeutung.

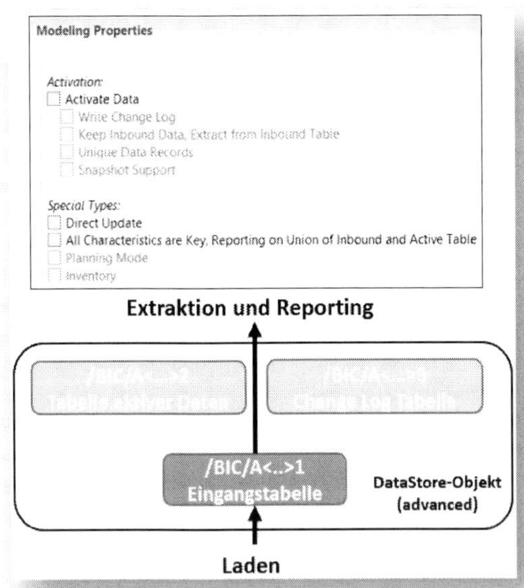

Abbildung 5.19: ADSO mit Vorlage »schreibopt. DSO (klassisch)«

Das ADSO2 basiert auf der Vorlage eines InfoCubes und nutzt entsprechend das Kennzeichen »All Characteristics are Key, Reporting on Union of Inbound and Active Table« (siehe Abbildung 5.20). Die zweite Eigenschaft »Activate Data« wird dadurch automatisch gesetzt und bedeutet, dass sich die Lade-Requests komprimieren lassen:

Beim Übergang von der Eingangstabelle in die Tabelle der aktiven Daten wird die Request-Nr. eliminiert und somit eine zusätzliche Aggregation ermöglicht. Die Weiterverbuchung bzw. das Reporting berücksichtigt immer beide Tabellen gleichberechtigt.

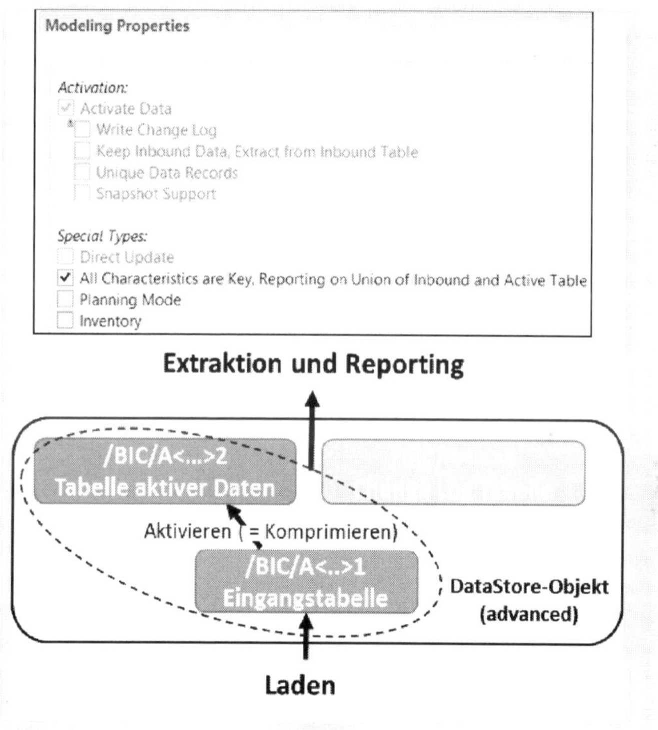

Abbildung 5.20: ADSO mit Vorlage »InfoCube«

Soll ein ADSO mit der Funktionsweise eines klassischen Standard-DSOs modelliert werden, dann müssen, wie in Abbildung 5.21, die ersten beiden Kennzeichen gesetzt sein. Sollten Sie sich sicher sein, dass nur neue Datensätze hinzukommen und keine bestehenden geändert werden, dann kann die zusätzliche Eigenschaft »Unique Data Records« die Verarbeitung beschleunigen, da das System dann nicht auf bestehende Daten prüfen muss.

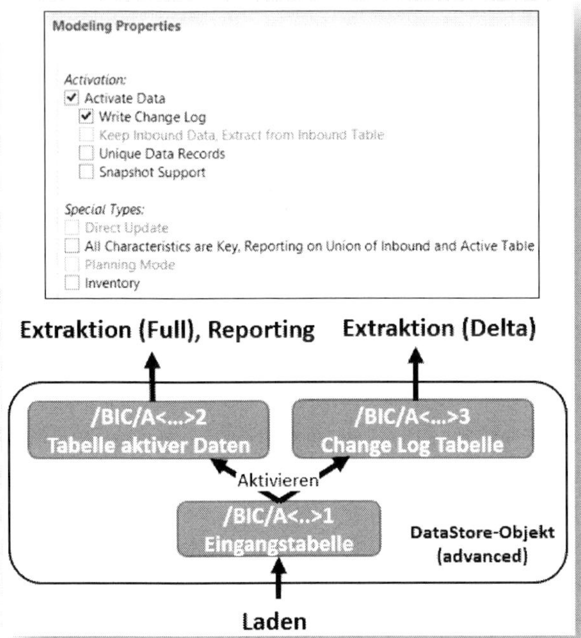

Abbildung 5.21: ADSO mit Vorlage »Standard-DSO (klassisch)«

Das ADSO erlaubt auch eine Aktivierung ohne Berücksichtigung des Change Logs, ein Verhalten, welches bisher nicht verfügbar war. Entfernen Sie hierzu die zweite Eigenschaft »Write Change Log«. Damit entfällt zwar die Möglichkeit der Delta-Weiterverbuchung, allerdings sind die Daten für Reporting erst verfügbar, wenn sie aktiviert sind. Die Aktivierung fungiert in diesem Falle also quasi als »Freigabeschalter«.

Die bisher behandelten Modellierungseigenschaften sind natürlich nur ein Teil der erforderlichen ADSO-Konfiguration. In der Modellierungsoberfläche finden Sie alle bisher behandelten Funktionen in den Kopfdaten, die unter dem Reiter Allgemeines zusammengefasst sind. Die weiteren Reiter und deren Funktionen sind:

- Details: Felder und/oder InfoObjects können dem Modell hinzugefügt und gruppiert werden. Sie können zudem bis zu 120 Schlüsselobjekte auswählen (bisher waren es max.16). Für jedes Objekt lassen sich weitere Eigenschaften definieren, wie

Beschreibung, Aggregationsverhalten oder Stammdatenprüfung.

- Einstellungen: Partitionierung und Indexgenerierung können hier verfeinert werden. Dies ist nur für wirklich große Datenmengen ab mehreren hundert Millionen Datensätzen relevant.

Request-Management

Das *Request-Management* steuert die Verfügbarkeit und den Status von Daten, angefangen bei der Quellsystemextraktion über das gesamte Data Warehouse bis hin zu deren Nutzung in Planung oder Reporting. Diese Komponente wurde für das ADSO komplett neuentwickelt und für SAP HANA optimiert. Die neue Request-ID wird auch *Transaction Sequence Number (TSN)* genannt; sie basiert auf dem Zeitstempel der Verarbeitung anstelle einer nichtssagenden fortlaufenden Zahl wie bisher. Das Request-Management wird durch eine neue Benutzeroberfläche abgerundet, die das Arbeiten mit einer großen Menge von Lade- und Nachverarbeitungsaktivitäten sowie deren Protokollen vereinfacht. Zudem existieren in der Prozesskettenpflege die neuen Prozessvarianten *Daten des DataStore-Objekts (advanced) aktivieren* sowie *Löschen von Requests aus dem DataStore-Objekt (advanced)*, um die Verarbeitung zu automatisieren.

Feldbasierte Modellierung

Die Struktur eines ADSO wird durch InfoObjects, Felder oder eine Mischung aus beidem gebildet. Das Modellieren von InfoObjects bringt zwar die bekannten Vorteile mit sich (siehe Abschnitt 5.5.2), erfordert aber auch zusätzlichen Aufwand. Die Nutzung von Feldern hingegen beschleunigt die Entwicklung und stellt die Semantik der Datenquelle in den Vordergrund. Bei der Entscheidung, ob Sie mit Feldern oder mit InfoObjects modellieren, sollten Sie abwägen:

- Wie viel Flexibilität bieten die Felder?
- Was davon benötigen Sie?
- Auf welche InfoObject-Funktionen möchten Sie nicht verzichten?

Folgende Empfehlung sollten Sie dabei noch berücksichtigen: Zentrale Stammdatenobjekte (Navigationsattribute, Hierarchien etc.) sollten Sie als InfoObject abbilden. In der Eingangsschicht des Data Warehouse hingegen, in der es wenig Bedarf für OLAP-Funktionen gibt und kleinere Datenvolumen verarbeitet werden, kann die Verwendung von Feldern die Flexibilität und Reichweite des Data Warehouse erhöhen.

Navigationsattribute

Der Fokus des ADSO ist die Verwaltung von Transaktionsdaten im BW; Sonderfunktionen für das Reporting wie Navigationsattribute stehen daher nicht direkt in diesem Datenmodell zur Verfügung. Dies ist kein Versäumnis seitens SAP, sondern bewusst so vorgesehen. Eine Query sollte nicht direkt auf einem ADSO angelegt werden, und SAP empfiehlt die Virtualisierungsschicht in Form eines CompositeProviders. Navigationsattribute lassen sich daher nur in einem CompositeProvider, der auf das ADSO aufbaut, definieren. Dies gilt allerdings nicht für solche, die man in BW-Transformationen oder als Filter in DTPs nutzen kann. Diese sind vorhanden, sofern man das Kennzeichen Navigationsattribute sind für Extraktion verfügbar im Reiter Details einschaltet.

Data Lifecycle Management

Das ADSO lässt sich mittlerweile vollständig für Nearline Storage, Dynamic Tiering, Extension Nodes und das Konzept »aktiver Daten« konfigurieren und ist somit vollständig in das SAP BW Data Lifecycle Management eingebunden. Wann diese und weitere Funktionen veröffentlicht wurden, können Sie dem SAP-Hinweis 2070577 und seinem Anhang LimitationList.xlsx entnehmen.

Konvertierung bestehender Anwendungen

Da alle klassischen Datenmodelle von BW auf HANA unterstützt werden (gilt nicht für BW/4HANA), besteht in der Regel keine Notwendigkeit, InfoCubes oder klassische DSOs in ADSOs zu konvertieren. Konzentrieren Sie sich lieber darauf, neue Anwendungen mit neuen Technologien zu entwickeln und Ihr System so schrittweise in die SAP-

HANA-Welt zu überführen. Sie haben dennoch folgende zwei Möglichkeiten, um eine Konvertierung bestehender Anwendungen durchzuführen (weitere Details in Abschnitt 2.2.7):

1. Manuelle ADSO-Definition basierend auf der Vorlage von existierenden alten Datenmodellen: Alle Kopfeinstellungen und InfoObjects des Schlüssel- und Datenbereichs werden automatisch übernommen.

2. Seit BW 7.5 SP2 steht ein Migrationswerkzeug zur Verfügung (Transaktion **RSB4HTRF**), das ganze Datenflüsse kopiert und MultiProvider als CompositeProvider bzw. InfoCubes oder klassische DSOs in ADSOs neu aufbaut (siehe Abschnitt 2.2.7). Die Transformationslogik wird übernommen. Dieses Vorgehen wird weiter ausgebaut (vor allem auch im Kontext von BW/4HANA), damit mittelfristig auch die Daten der existierenden Anwendungen übernommen werden können. Eine ausführliche Dokumentation finden Sie in der Anlage des SAP-Hinweises 2238220.

Semantische Gruppen

Die *semantische Partitionierung* hat auch in einem Data Warehouse auf SAP HANA Relevanz. Daher wurde beginnend mit BW 7.5 SP4 bzw. BW/4HANA mit der *semantischen Gruppe* für ADSOs eine entsprechende Lösung geschaffen. Eine solche Partitionierung bietet gegenüber individuellen Datenmodellen einige Vorteile:

1. **Performance:** Große Datenmengen werden in verschiedene Datencontainer aufgeteilt. Davon können die Prozesse profitieren, da sie nur kleinere Teilbereiche verarbeiten müssen.

2. **Fehlerisolation:** Im Fehlerfall ist meist nur eine bestimmte Partition betroffen – andere InfoProvider bleiben dennoch voll funktionsfähig.

3. **Globaler Systembetrieb:** Arbeiten in verschiedenen Zeitzonen wird besser unterstützt, denn das Laden der Daten und administrative Tätigkeiten können für jede Zeitzone individuell so eingeplant werden, dass sie den täglichen Systembetrieb nicht beeinträchtigen.

Semantische Gruppen stellen ein neues Werkzeug dar, um diese Vorteile basierend auf ADSOs umzusetzen. Konzeptionell handelt es sich um den Nachfolger des semantisch partitionierten Objekts (SPO), allerdings existieren auch deutliche Unterschiede, die in Tabelle 5.2 aufgelistet sind.

	Semantische Gruppe	Semantisch Partitioniertes Objekt (SPO)
Typ	BW-Werkzeug	Eigenständiger InfoProvider in SAP BW
Verfügbar seit	SAP BW 7.5 SP4 auf HANA (2016) SAP BW/4HANA 1.0 (2016)	BW 7.30 (2012), HANA-unabhängig
Struktur	Objekte können verschiedene Strukturen haben und verbleiben unabhängig voneinander.	Objekte haben immer die genau gleiche Struktur, gemeinsam bilden sie einen homogenen InfoProvider.
Unterstützte Objekte	DataStore-Objekt (advanced)	InfoCube, DataStore-Objekt (klassisch)
Erzeugung Datenfluss	Datenfluss muss manuell angelegt werden.	InfoSources mit einfachen 1:1-Transformationen und DTPs werden automatisch erzeugt.
Transport	Objekte können unabhängig voneinander transportiert werden.	Das SPO wird als Ganzes transportiert, einige Objekte werden im Zielsystem automatisch generiert.

Tabelle 5.2: Vergleich semantische Gruppe mit SPO

Auch semantische Gruppen werden, wie in Abbildung 5.22 dargestellt, in den BW-Modellierungstools definiert. Die Kernbestandteile sind ADSOs, welche von einer zentralen Vorlage abgeleitet werden, aber auch davon unabhängig sein können. Als Partitionierungskriterien eignen sich vor allem organisatorische Merkmale oder die Zeitdimension. Zusätzlich lässt sich ein CompositeProvider erzeugen, der die einzelnen ADSOs durch einen SQL UNION integriert und für das Reporting bereitstellt.

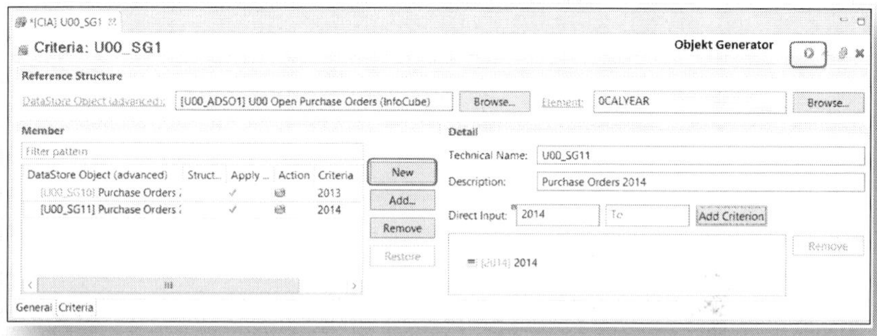

Abbildung 5.22: Semantische Gruppe in SAP HANA Studio

Fazit

Das neue DataStore-Objekt (advanced) ist ein zentraler Bestandteil von BW auf HANA bzw. BW/4HANA. Wie Sie sehen konnten, zeichnet es sich durch Flexibilität und Vielseitigkeit aus. Es ist nicht nur das zentrale Nachfolgeobjekt für InfoCubes und klassische DSOs, sondern spielt auch für Open ODS Views und die neue Datenbewirtschaftung in Echtzeit (Real-time Streaming basierend auf SDI) eine entscheidende Rolle.

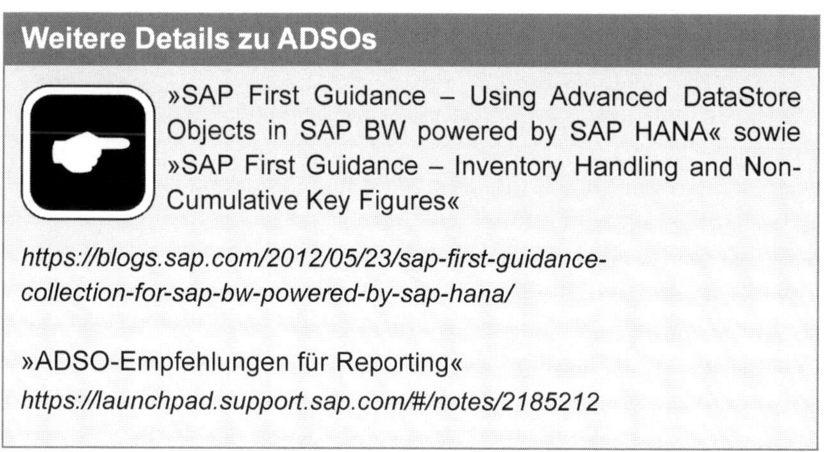

Weitere Details zu ADSOs

»SAP First Guidance – Using Advanced DataStore Objects in SAP BW powered by SAP HANA« sowie »SAP First Guidance – Inventory Handling and Non-Cumulative Key Figures«

https://blogs.sap.com/2012/05/23/sap-first-guidance-collection-for-sap-bw-powered-by-sap-hana/

»ADSO-Empfehlungen für Reporting«
https://launchpad.support.sap.com/#/notes/2185212

5.3.2 VirtualProvider und TransientProvider

Diese beiden Datenmodelle wurden 2012 übergangsweise eingeführt, um BW 7.3 auf HANA die Möglichkeit zu geben, HANA Views zu konsumieren. Der *VirtualProvider* ist ein virtueller InfoCube mit einem HANA View als Quelle. Ein *TransientProvider* (Transaktion **RSDD_HM_PUBLISH**) erzeugt einen InfoProvider direkt auf einem HANA View. In folgender Übersicht (siehe Tabelle 5.3) sind beide Objekte zusammenfassend gegenübergestellt.

	VirtualProvider	TransientProvider
Integration nach SAP BW	100 %, InfoObjekte erforderlich	0 % – 100 %, InfoObjekte optional
Wiederverwendbarkeit von BW-Metadaten	100 %	0 % – 100 %
Nutzung von Navigationsattributen	möglich	nicht möglich
Transportierbarkeit	Standard-BW-Transportwesen	nicht möglich
Berechtigungen	Nur BW-Analyseberechtigungen werden geprüft	HANA-analytische-Privilegien + BW-Analyseberechtigungen für zugeordnete InfoObjekte
Szenario und Use-Case	Stabile Anwendungen mit klaren Anforderungen	Ad-hoc-Szenarien mit agilen Anforderungen, Trial-and-Error-Prototyping

Tabelle 5.3: Vergleich VirtualProvider mit TransientProvider

Sollten Sie noch nie mit diesen beiden Datenmodellen gearbeitet haben, können Sie ganz beruhigt weiterlesen, ohne sich an dieser Stelle weiter mit ihnen zu beschäftigen. Wenn Sie solche Modelle allerdings schon im Einsatz haben oder dies gerade planen, dann ist unsere Empfehlung ganz klar: Nutzen Sie die neuen Datenmodelle CompositeProvider und Open ODS View für Ihre Anwendungen und prüfen Sie, bestehende VirtualProvider oder TransientProvider abzulösen! Spätestens beim Umstieg auf BW/4HANA werden diese Lösungsansätze nämlich obsolet, und eine Migration wird damit unumgänglich.

5.3.3 CompositeProvider

Ein typisches Vorgehen in einem Data Warehouse ist, Daten aus verschiedenen Quellen zusammenzuführen. Dies kann während des Datenladeprozesses erfolgen, wobei die Daten typischerweise in DSOs oder InfoCubes persistent abgelegt werden. Alternativ kann diese Integration aber auch erst während der Berichtsausführung, basierend auf entsprechenden virtuellen BW-InfoProvidern, erfolgen. Hierfür standen bisher ausschließlich MultiProvider für SQL UNIONs und InfoSets für SQL-JOIN-Operatoren zur Verfügung.

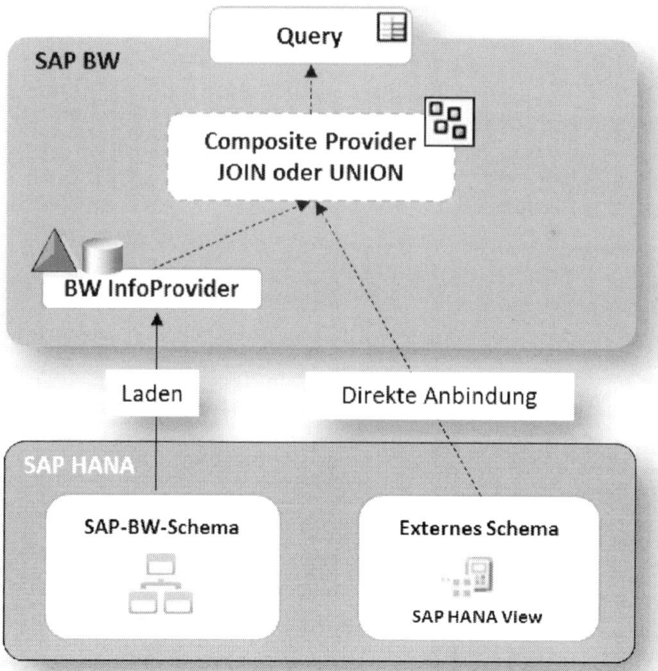

Abbildung 5.23: Übersicht CompositeProvider

Der **neue** *CompositeProvider* ist das aktuelle zentrale, virtuelle Datenmodell, welches Daten aus BW-InfoProvidern über die gerade genannten SQL-Operationen zusammenführt und für das BW-Reporting zur

Verfügung stellt (siehe Abbildung 5.23). Es lassen sich folgende Typen dieses Modells unterscheiden:

- **CompositeProvider (seit BW 7.4 SP5)**
  Neues, zentrales virtuelles Datenmodell in SAP BW,
  Ersatz für InfoSet und MultiProvider,
  Objekttyp für Transportwesen (TLOGO): HPCR.
- **Obsoleter CompositeProvider (seit BW 7.3)**
  Dieser Typ wird in der Transaktion **RSLIMOBW** in der Data Warehousing Workbench verwaltet. Als Modellierungsoberfläche wird die bekannte und wenig benutzerfreundliche Oberfläche im SAP GUI für das BW-Infoset genutzt. Objekttyp für Transportwesen: COPR.
  SAP empfiehlt, dieses Objekt nicht mehr zu nutzen. In BW/4HANA wird dieses Objekt nicht mehr unterstützt.
- **Lokaler CompositeProvider (seit BW 7.3)**
  Hierbei handelt es sich um den Bestandteil eines sogenannten *BW Workspace*. Dieses Einsatzszenario wird in Abschnitt 6.3.5 ausführlich betrachtet.

In Abbildung 5.24 ist exemplarisch die Eclipse-basierte Modellierungssicht dargestellt, wenn man aus zwei InfoCubes (analog zu einem klassischen MultiProvider) einen auf SQL UNION basierenden CompositeProvider anlegt.

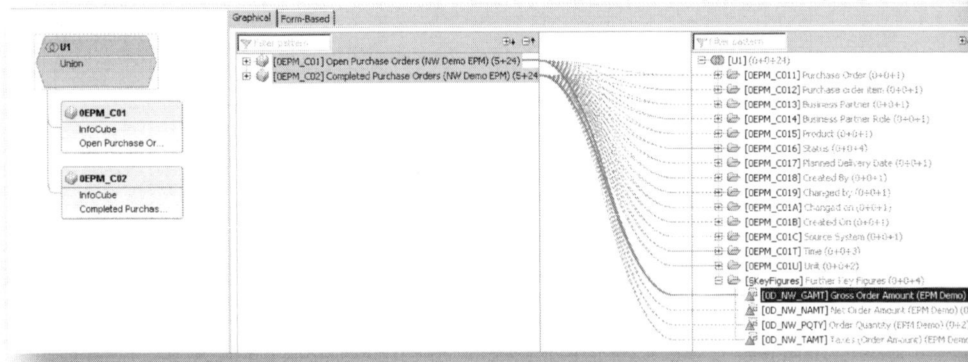

Abbildung 5.24: Beispiel eines CompositeProviders

Die in HANA Studio definierten BW-Modelle sind voll in die Data Warehousing Workbench integriert (vgl. Abbildung 5.25), lassen sich aber dort nicht weiter bearbeiten – es erscheint der Hinweis, dass die Bearbeitung in den »BW-Modellierungstools« zu erfolgen hat. Die obsolete Version des CompositeProviders ist am leicht abgewandelten Symbol zu erkennen.

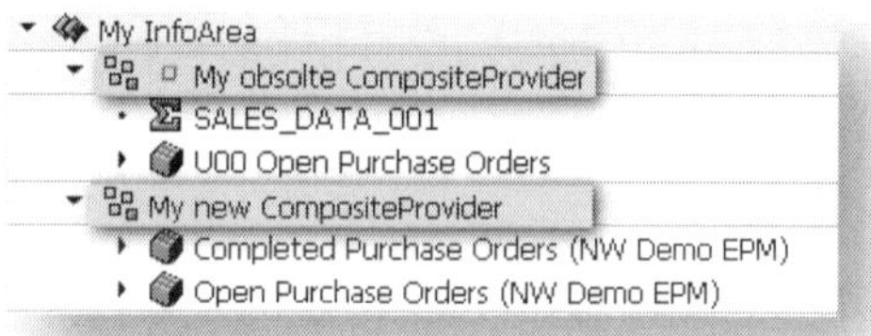

Abbildung 5.25: CompositeProvider in der Data Warehousing Workbench (BW 7.4/7.5)

Im CompositeProvider können Sie Daten aus BW-InfoProvidern mit Daten aus HANA-Modellen zusammenführen oder auch rein auf BW-Daten beruhende, virtuelle Datenmodelle generieren. Welches BW-Modell in einem CompositeProvider genutzt werden kann, hängt davon ab, ob man einen SQL UNION oder JOIN abbilden möchte. Außerdem bringt der CompositeProvider weitere Flexibilität mich sich, indem sich beide Operationen in einem einzigen Modell miteinander kombinieren lassen. In BW 7.5 lassen sich folgende Objekte je nach Szenario miteinander kombinieren:

1. **Nur UNION:** InfoObject, ADSO, CompositeProvider, Open ODS View, DSO (klassisch, nur Typ »Standard« mit SID-Generierung), InfoCube, SPO, InfoSet, Aggregationsebene, SAP HANA Views.

2. **Nur JOIN:** InfoObject, ADSO, DSO (klassisch, nur Typ »Standard« mit SID-Generierung), InfoCube, SPO, InfoSet, SAP HANA Views.

3. **Zeitabhänger JOIN:** InfoObject, ADSO, DSO (klassisch, nur Typ »Standard« mit SID-Generierung), InfoCube.

4. **Mehrstufiges Modell** – JOIN gefolgt von INNER JOIN bzw. UNION gefolgt von INNER JOIN: analog 2).

In BW/4HANA reduziert sich die Liste entsprechend, da die klassischen InfoProvider DSO, InfoCube, SPO und InfoSet nicht mehr existieren.

In Abbildung 5.26 sehen Sie ein Beispiel für die Kombination von UNION und JOIN in einem einzigen CompositeProvider: Zwei InfoCubes (YSHPOSA und YSHPOSB) werden zunächst in einem UNION, analog zum MultiProvider, verbunden. Darauf setzt noch ein DSO (YSHDSO07) auf, mit welchem ein INNER JOIN gebildet wird.

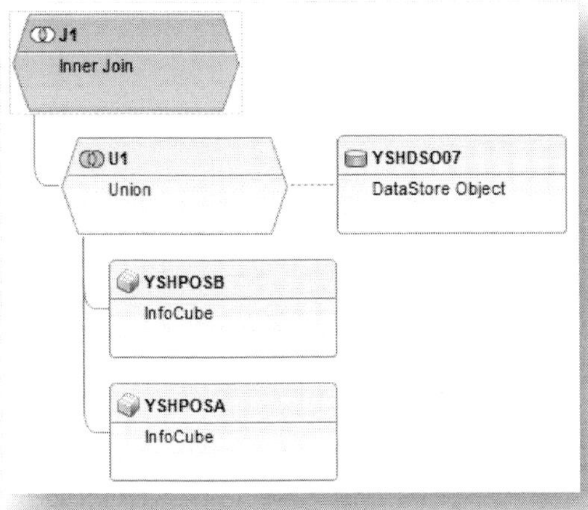

Abbildung 5.26: Mehrstufiger CompositeProvider

CompositeProvider lassen sich zudem schachteln, d. h., ein Objekt kann als PartProvider in einem weiteren CompositeProvider dienen (eine dritte Ebene lässt sich allerdings nicht erzeugen). Für diese Funktion müssen Sie den CompositeProvider aber explizit freigeben. Nutzen Sie hierfür die Eigenschaft DIESER COMPOSITEPROVIDER KANN IN EINEM WEITEREN COMPOSITEPROVIDER GENUTZT WERDEN in den allgemeinen Einstellungen des Datenmodells.

Der neue CompositeProvider ersetzt das *BW-Infoset* (vgl. Abschnitt 5.1.7) vollständig, denn im Performancevergleich bietet er durch die HANA-Optimierung enorme Vorteile. Da der *MultiProvider*, wie in Abschnitt 5.1.6 beschrieben, seine SQL-Verarbeitung mittlerweile ebenfalls HANA-optimiert durchführt, haben Sie bei einem SQL-Union-basierten Szenario unter BW auf HANA im Prinzip die freie Wahl zwischen dem klassischen MultiProvider oder dem neuen CompositeProvider. Unsere Empfehlung ist allerdings ganz eindeutig, in Zukunft auf den CompositeProvider zu setzen. Nutzen Sie diesen für alle neuen Applikationen als bevorzugtes virtuelles Datenmodell, um von den neuen Funktionen und somit einer erhöhten Flexibilität in der Anwendung zu profitieren. Auch für Szenarien, in denen eine SQL-Join-Verbindung bisher nur durch ein zusätzliches DataStore-Objekt möglich war, ist die virtuelle Umsetzung durch einen CompositeProvider die bessere Alternative.

Bestehende MultiProvider erfordern keine Änderung, diese sind ebenfalls HANA-optimiert. Sollten Sie InfoSets im Einsatz haben, dann ist deren Migration allerdings ratsam: Sie werden einen deutlichen Performancegewinn bemerken. Der SAP-Hinweis 2080851 bietet hierfür das Programm RSO_CONVERT_IPRO_TO_HCPR, mit dem bestehende Anwendungen sogar inkl. Übernahme der BW-Queries migriert werden können.

Weitere Details zu CompositeProvidern

»SAP First Guidance CompositeProvider«
https://archive.sap.com/documents/docs/DOC-52329

»Designüberlegungen für CompositeProvider«
https://launchpad.support.sap.com/#/notes/2716458

»Szenarien für Nutzung von CompositeProvidern in einem weiteren CompositeProvider«
http://help.sap.com/saphelp_nw75/helpdata/de/a8/03e5acb5b042548f744fcd3af0858f/content.htm

5.3.4 Open ODS View

Das Konzept des *Open ODS Views* bereichert das BW durch weitere flexible Möglichkeiten, Daten in das Data Warehouse zu integrieren. Die Motivation hierfür liegt in der Tatsache begründet, dass die schwerfällige, viel Zeit in Anspruch nehmende Realisierung neuer Anwendungen als eines der größten Risiken für eine erfolgreiche Data-Warehouse-Strategie betrachtet wird. Die Dateneingangsschicht von SAP BW, die bisher vor allem aus DataSources und deren PSA-Tabellen bestand, wird jetzt durch Eigenschaften des Open ODS Views deutlich erweitert:

1. Die Daten können hier in ihrem feldbasierten Ursprungsformat bleiben und müssen nicht zwingend in InfoObjects überführt werden.

2. Daten werden ins BW integriert, ohne dass sie physisch repliziert werden müssen (»Virtual Access«).

3. Ist es erwünscht, die Daten persistent in das BW abzulegen, so ist das durch Generierung eines ADSO möglich.

4. Schließlich stehen die Daten für eine erweiterte Modellierung durch CompositeProvider sowie

5. für das BW-Reporting direkt zur Verfügung.

Ein Open ODS View ist somit ein neuer virtueller BW-InfoProvider, der SAP HANA als Grundlage benötigt. Er besteht aus Feldstrukturen und deren Datentypen.

Der Open ODS View generiert eine Sicht auf Quelldaten, die um analytische Metadaten angereichert wird (siehe Abbildung 5.27). Abgebildet werden können

1. persistente Tabellen bzw. Datenbank-Views aus der gesamten HANA-Datenbank des BW-Systems,

2. Datenquellen sonstiger Datenbanken in Form von virtuellen HANA-Tabellen (über HANA Smart Data Access und HANA Smart Data Integration, vgl. Abschnitt 3.2),

3. BW DataSources mit der Eigenschaft »Direktzugriff«.

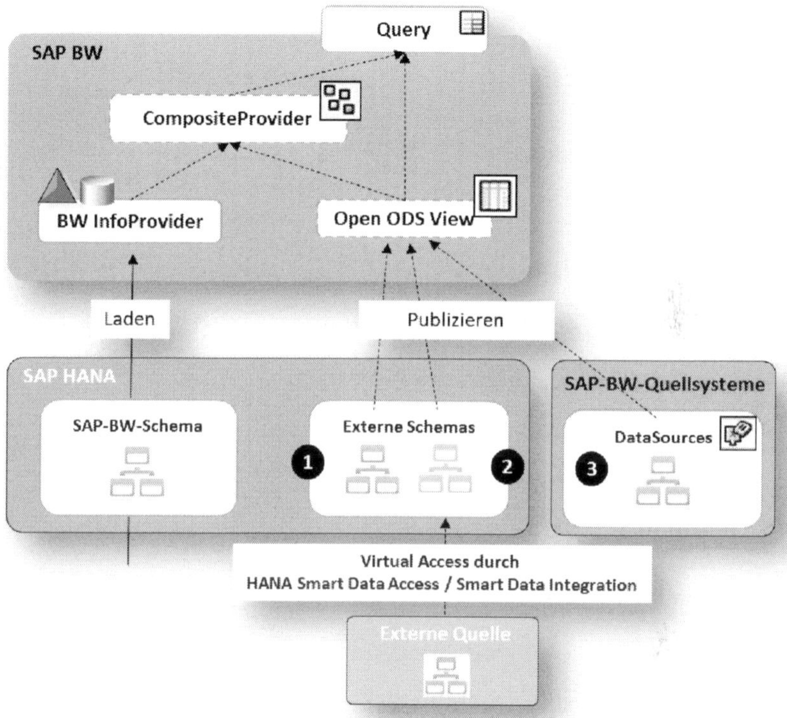

Abbildung 5.27: Übersicht Open ODS View

Ein Open ODS View enthält keine Verbindungsinformationen zur Datenbank bzw. zum relevanten Datenbankschema. Für einen Open ODS View, der auf Tabellen basiert (siehe die beiden ersten Punkte), sind diese Informationen nun technisch in den Eigenschaften der SAP-HANA-Quellsysteme hinterlegt.

Die Modellierung eines Open ODS Views ist recht einfach und dadurch sehr flexibel: Sie müssen lediglich definieren, ob es sich um Bewegungsdaten, Stammdaten oder Texte handelt; Hierarchien können bisher noch nicht abgebildet werden. Danach sind die relevanten Felder des Quellobjektes zu übernehmen. Abschließend müssen Sie die Felder nur noch in Merkmale und Kennzahlen bzw. Einheiten/Währungen klassifizieren, um das Datenmodell aktivieren zu können. Weitere Klassifizierungen in Schlüsselmerkmal, Mandant, UTC-Zeitstempel und – bei Stammdaten – in Kurz-, Mittel- und Langtext sind ebenfalls möglich.

Für jedes Feld lassen sich optional zusätzliche Eigenschaften definieren. Beispiele hierfür sind u. a.

für Merkmale:

- Feldname und Beschreibung,
- Verknüpfung zu einem InfoObject-Merkmal
- und dessen Navigationsattribut(en),
- Verknüpfung zu einem Open ODS View,
- Berechtigungsrelevanz,
- Anzeige im Reporting;

für Kennzahlen:

- Feldname und Beschreibung,
- Verknüpfung zu einer InfoObject-Kennzahl,
- Aggregationsverhalten,
- Mengeneinheits- bzw. Währungsfeld,
- Dezimalstellen und Skalierung.

Assoziationen

Es ist hervorzuheben, dass für jedes Feld eine *Assoziation* mit einem BW-InfoObject möglich ist, wenn diese Integration erwünscht ist. So können Sie beispielsweise die Eigenschaften von InfoObjects vererben: Die Nutzung von zentralen Stammdaten, Anzeige- und Navigationsattributen, Texten, Hierarchien und Analyseberechtigungen für Merkmale/Formeln, Variablen, Aggregationen und Reporting-Eigenschaften für Kennzahlen können Ihr Datenmodell enorm aufwerten. Dies kann eine wertvolle Option sein; ein Integrationszwang in das Metadatenkonzept des BW existiert allerdings nicht mehr! Ausnahmen stellen Mengeneinheiten und Währungen dar: Hier prüft SAP BW streng die referenzielle Integrität. Sollten unbekannte Werte enthalten sein, sind diese in BW zunächst zu definieren, damit die Kennzahlen im BW-Reporting genutzt werden können (SPRO • General Settings).

Eine weitere interessante Funktion von Assoziationen ist die Kombination mehrerer Open ODS Views. Wie bereits erwähnt, lassen sich diese semantisch in Fakten, Stammdaten und Texte gliedern. Auf Grundlage dieser Strukturierung können sie z. B. folgendermaßen miteinander verbunden werden:

- Fakten untereinander (Dokumentenkopf mit -positionen),
- Stammdaten mit deren Texten oder
- Fakten mit Stammdaten (in Form eines Sternschemas).

Sollten Sie also ein gutes Verständnis für die Beziehungen der Tabellen in Ihrem Quellsystem haben, dann lassen sich durch diese Assoziationen integrierte Sichten auf die Quelldaten definieren. Der Mehrwert für das neue Konzept der Assoziationen ist nicht zu unterschätzen!

Mit BW/4HANA und BW 7.5 können Sie den Open ODS View nur noch in den BW-Modellierungstools (vgl. Abschnitt 5.2) in SAP HANA Studio anlegen und pflegen. Zuvor war dies noch mit der Transaktion **RSODSVIEW** im SAP GUI möglich, aber mittlerweile bietet diese nur noch die Anzeigeoption an.

Im folgenden Beispiel sehen Sie, wie die kleine Vertriebstabelle SALES_DATA aus einem externen Schema »Training« der HANA-Datenbank durch einen Open ODS View in SAP BW modelliert werden kann (vgl. Abbildung 5.28).

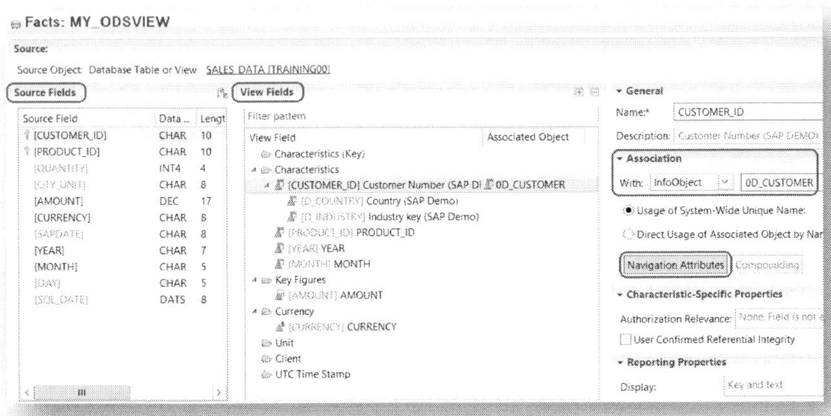

Abbildung 5.28: Open-ODS-View-Modell in SAP HANA Studio

Von den Quellfeldern werden Customer ID, Product ID, Month, Year und Amount mit Currency übernommen, andere Felder wie Quantity bleiben unberücksichtigt. Die Semantik Customer Number wird durch Assoziation mit dem existierenden InfoObject-Merkmal **0D_CUSTOMER** erweitert; dadurch können die beiden Navigationsattribute »Country« und »Industry« hinzugeschaltet werden. In unserem Beispiel ergibt sich hieraus schließlich eine Analyse auf Country und Customer Number mit deren Namen (siehe Abbildung 5.29).

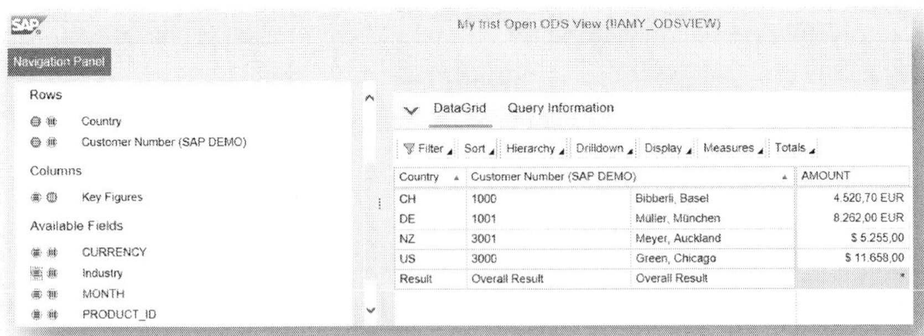

Abbildung 5.29: Open ODS View – Datenvorschau

Datenintegration

Bei der Arbeit mit externen Daten, vor allem mit Nicht-SAP-Daten, ist es bisher häufig erforderlich, diese syntaktisch anzupassen, damit man BW-Funktionalitäten besser nutzen kann. Eine BW-Anwendung kann beispielsweise den Wert »2014-04-20« nicht als Datum interpretieren, er muss in »20140420« umgewandelt werden. Für solche Szenarien lässt sich dem Datenmodell eine Transformationsregel hinzufügen, über die sich die Umwandlung in ein Datumsfeld definieren lässt (siehe Abbildung 5.30, Schritt 1 nach 2).

Zudem ist es möglich, aus dem View einen vollständigen Datenfluss zu erzeugen und so den virtuellen Zugriff in ein klassisches BW-Modell mit regelmäßiger Extraktion umzuwandeln. Hierfür wird die Funktion »Datenflussgenerierung« aufgerufen, welche die entsprechenden BW-Objekte ADSO, Transformation und DTP automatisch erzeugen kann. Dies ist hilfreich, wenn Sie bestimmte Zustände in der Quelle abspeichern möchten oder wenn die Quelle nicht die geforderte Lesegeschwindigkeit bieten kann (siehe Abbildung 5.30, Schritt 2 nach 3).

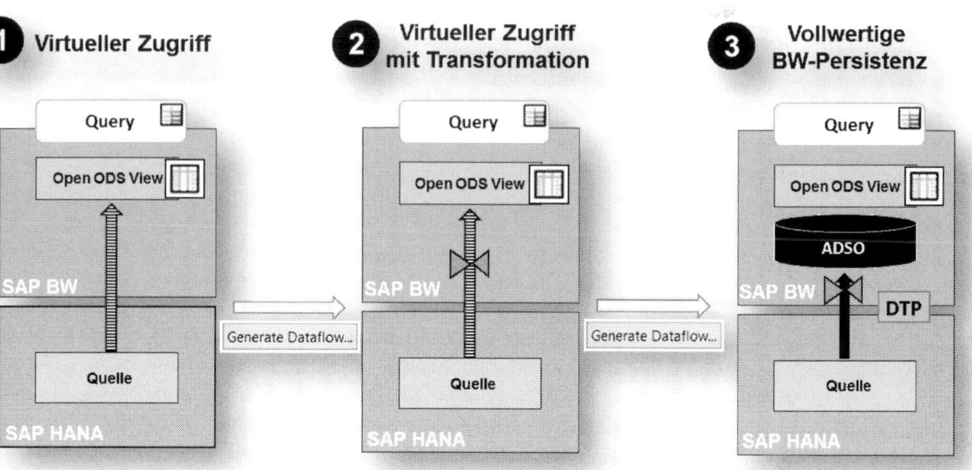

Abbildung 5.30: Open ODS View – Datenflussgenerierung

Darüber hinaus ermöglicht diese Funktion die **schrittweise Umwandlung eines Prototyps in eine persistente BW-Anwendung**. Ein großer Vorteil dieser Umgestaltung ist, dass der Open ODS View nur in seinem »Unterbau« geändert wird und somit alle BW Queries von diesen Änderungen unbeeinträchtigt bleiben. Sie können grundsätzlich eine Quelle des Open ODS Views durch eine andere Quelle ersetzen (Registerkarte General), solange der Open ODS View dennoch konsistent bleibt.

Mit dem Open ODS View wurden die Möglichkeiten zur Datenintegration in das BW Data Warehouse enorm erweitert. Abgesehen von der Einschränkung, dass es sich um eine HANA-spezifische Funktion handelt, eröffnen sich durch diesen feldbasierten Modellierungsansatz viele neue Anwendungsfelder. Als Beispiel betrachten wir eine zentrale Eigenschaft des Open ODS Views: Er bildet keine eigene Ablage für Stammdaten, Texte und Bewegungsdaten und entkoppelt somit Modellierung und Datenpersistenz. Galt bisher der Grundsatz »Integration vor Funktionalität«, also enge Kopplung der BW-Semantik an das BW-Persistenzmodell in Form von InfoObjects, kommt nun durch die feldbasierte Datenmodellierung des Open ODS Views ein zusätzlicher Ansatz ins Spiel: Es wird möglich, die Funktionalität im Vordergrund zu halten und Integration punktuell nur dort einzusetzen, wo dies vorteilhaft erscheint. Damit entfällt die Notwendigkeit, für alle Daten InfoObjects anzulegen und Persistenzschichten aufzubauen. Folglich ist »Funktionalität vor Integration« als gleichberechtigter Modellierungsweg entstanden, der eine eher lose Kopplung von Semantik und Persistenzmodell bietet.

Open ODS View oder CompositeProvider?

Die Antwort auf die Frage, ob man Daten durch einen Open ODS View oder einen CompositeProvider in das BW integrieren soll, hängt vor allem vom Zustand der Daten und den Zielanforderungen ab:

1. Sind die Daten bereits semantisch angereichert, beispielsweise durch einen HANA View, dann ist der CompositeProvider das Objekt der Wahl.

2. Für den Open ODS View sollten Sie sich entscheiden, wenn:
   - die Daten noch im »Rohformat« sind, Anreicherungen notwendig sind (z. B. Typ- und Formatkonvertierungen),
   - es sich um Stammdaten oder Texte handelt,
   - die Daten in externen Quellen (via SDA/SDI) liegen,
   - es denkbar ist, dass eine BW-Persistenz benötigt wird.
3. Kommen beide bisherigen Optionen nicht infrage und benötigen Sie einen virtuellen InfoProvider mit einer reinen ABAP-Implementierung, dann stellt SAP BW/4HANA seit SP04 den neuen sog. BAdI-Provider zur Verfügung. Details hierzu finden Sie in der SAP Hilfe unter Datenmodellierung/Definition von virtuellen Datenmodellen.

Weitere Details zum Open ODS View

»SAP First Guidance – Open ODS View«
https://archive.sap.com/documents/docs/DOC-50504

»SAP First Guidance – Virtual Integration of external Data«
https://blogs.sap.com/2012/05/23/sap-first-guidance-collection-for-sap-bw-powered-by-sap-hana/

»Open ODS View on Virtual Tables – Setup«
https://archive.sap.com/documents/docs/DOC-53048

»Zentraler Hinweis zu Smart Data Access«
https://launchpad.support.sap.com/#/notes/1868209

5.4 SAP-HANA-Modellierung

SAP HANA liefert als Entwicklungsplattform neben der Datenbank viele weitere funktionale Komponenten, die eng an diese Datenbank gekoppelt sind. Darauf basierend ist es möglich, vollständige Anwendungen auch ohne ABAP-Applikationsschicht (wie beispielsweise SAP BW) abzubilden. In diesem Abschnitt betrachten wir diese Möglichkeiten genauer und werden als Modellierungswerkzeug auf den *SAP HANA Modeler* im SAP HANA Studio eingehen.

Datenmodelle, die Sie in BW als InfoObject oder DataStore-Objekt definieren, nennt man in der nativen SAP-HANA-Welt *HANA Views* (oder HANA Information Views), deren Daten in HANA-Tabellen abgelegt sind. HANA Views haben die Aufgabe, Zusammenhänge zwischen Tabellen aufzuzeigen und die Felder bereitzustellen, die für ein bestimmtes Datenmodell notwendig sind. Sie bieten somit eine Art semantische Schicht, welche beschreibt, wie einzelne Entitäten miteinander verbunden sind, in welchem mengenmäßigen Verhältnis sie zueinander stehen. Dazu kommen weitere Details, wie beispielsweise die Bedeutung und das Verhalten von Kennzahlen.

SAP HANA erweitert dieses Konzept, denn es kann Funktionen in ein Modell einbringen, die weit über reine SQL-Möglichkeit hinausreichen. Gute Beispiele hierfür sind die Währungs- oder Mengeneinheitenumrechnung von Kennzahlen oder die Datentypkonvertierung bzw. Dateninhaltsumwandlung von Feldern. Analog zu Datenmodellen in SAP BW wird auch hier zwischen Feldern unterschieden, die Objekte (Attribute) beschreiben, und solchen, die die zahlenmäßige Beziehung (z. B. Anzahl gekaufte Produkte oder bezahlter Betrag) zwischen diesen Objekten darstellen (Kennzahlen). HANA-Modelle enthalten bzw. erzeugen keine eigene Persistenzschicht; alle Verarbeitungen und Datenzugriffe erfolgen zur Laufzeit und sind aufgrund der bekannten In-Memory-Eigenschaften der Datenbank sehr performant. Außerdem wird garantiert, dass alle Datensätze, die gelesen werden, zu den genauen Zugriffszeitpunkten konsistent sind. Somit ist sichergestellt, dass aktive Anwendungen Daten schreiben können, während andere die gleichen Daten zeitgleich auslesen, und sich diese beiden Tätigkeiten nicht gegenseitig beeinträchtigen.

Das Werkzeug, mit dem man ursprünglich HANA Views erzeugt und verwaltet hat, ist der *SAP HANA Modeler* im HANA Studio. Neben diesem Eclipse-basierten Werkzeug entwickelte SAP die webbasierte Alternative *SAP Web IDE for SAP HANA* (IDE = integrierte Entwicklungsumgebung), die mit HANA 1.0 SPS11 eingeführt wurde und der die Zukunft gehören wird. Die folgenden Ausführungen mit den drei Praxisbeispielen konzentrieren sich aber auf das erstgenannte Werkzeug, d. h. den SAP HANA Modeler.

Die Modellierung ist ein wichtiger, aber bei weitem nicht alleiniger Bestandteil. Weitere Aufgaben sind u. a. Datenbankadministration, Transportmanagement, Entwicklung (ABAP, JAVA etc.) und – wie wir später noch sehen werden – auch BW-Modellierung. Diese Aufgaben werden durch sogenannte *Perspektiven* (siehe Abbildung 5.31) bereitgestellt, zwischen denen der Anwender, gesteuert durch seine Berechtigungen, jederzeit wechseln kann. Die Entwicklungsumgebung setzt auf der offenen Plattform *Eclipse* auf (*www.eclipse.org*), die sich einerseits durch eine standardisierte Benutzerführung auszeichnet und andererseits das Ergänzen weiterer Perspektiven auch von SAP-Partnern zulässt.

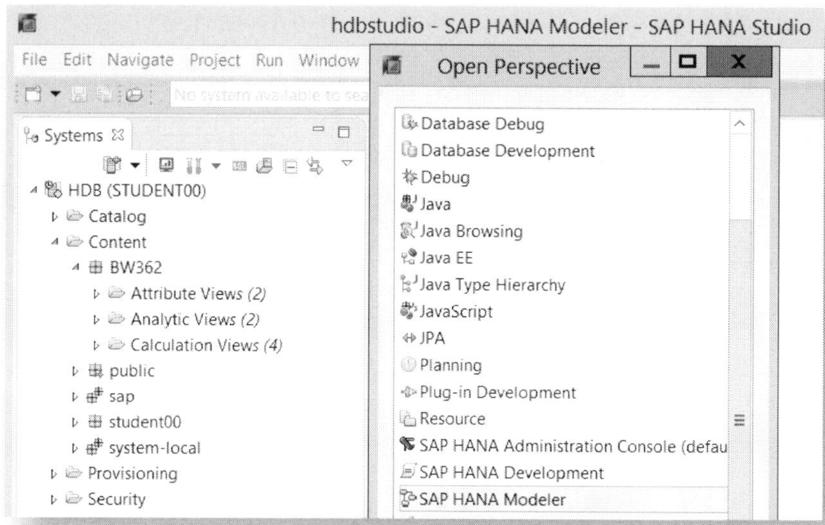

Abbildung 5.31: SAP HANA Studio mit HANA Modeler

Aus Modellierungssicht gliedert SAP HANA Studio jedes verknüpfte HANA-Datenbanksystem in vier Teile:

- CATALOG: Datenbankschemata und deren Tabellen,
- CONTENT: SAP-HANA-Modellierungsobjekte,
- PROVISIONING: Verbindung zu weiteren Datenquellen basierend auf Smart Data Access bzw. Smart Data Integration,
- SECURITY: Benutzer mit deren Rollen bzw. Berechtigungen.

Modelle werden im Bereich »Content« in Paketen organisiert und gepflegt. Ist dies abgeschlossen, erzeugt die Aktivierung aus diesem Designtime-Objekt ein Runtime-Objekt (Column View) im Katalogknoten unter dem Datenbankschema »_SYS_BIC«. Zum Testen simuliert SAP HANA Studio eine analytische Anwendung und ermöglicht mit der Auswahl DATA PREVIEW Analysen mit einigen Visualisierungsoptionen.

Bevor wir die einzelnen Modelltypen beschreiben, sei noch hervorgehoben, welchem Zweck sie eigentlich dienen: Viele Anwendungen nutzen große und eventuell komplexe Datenbankabfragen für ihre Verarbeitung. Anstelle einer umfangreichen Datenbankabfrage bieten HANA Views die Möglichkeit, die relevanten Daten in der entsprechenden Semantik so vorzubereiten, dass Anwendungen möglichst effizient und einfach darauf zugreifen können. Häufig wird das Anwendungsszenario rein auf Reporting- und Analyseszenarien reduziert; allerdings kann jedes ABAP-Programm ebenfalls ein solches Modell ansprechen.

Die HANA Views lassen sich in die folgenden drei Kategorien unterteilen, die aufeinander aufbauen können.

5.4.1 HANA Views für Stammdaten

Ein *HANA Calculation View der Datenkategorie »Dimension«* kann dazu genutzt werden, zusammengehörige Stammdatentabellen in einen Kontext zu stellen und so zentrale und wiederverwendbare

Stammdatenobjekte zu erzeugen. Häufig werden aus den verfügbaren Stammdatentabellen nur diejenigen Felder oder Datensätze ausgewählt, die für ein Datenmodell von Bedeutung sind.

Praxisbeispiel (I)

zB

In Abbildung 5.32 wird der Materialstamm eines SAP-ERP-Systems (Tabelle MARA) um Texte erweitert. Dies erfolgt durch einen SQL Join auf die Tabelle MAKT. Kennzahlen existieren in diesem Szenario nicht, numerische Felder (Gewicht oder Einheitspreis etc.) werden immer als Attribut abgebildet. Aus BW-Sicht ist dieser HANA View mit einem InfoObject-Merkmal zu vergleichen. Der Knoten »Semantics« am Ende des Modells beschreibt die Ausgabeschnittstelle und ermöglicht zudem die Definition von Hierarchien basierend auf den Ausgabeattributen.

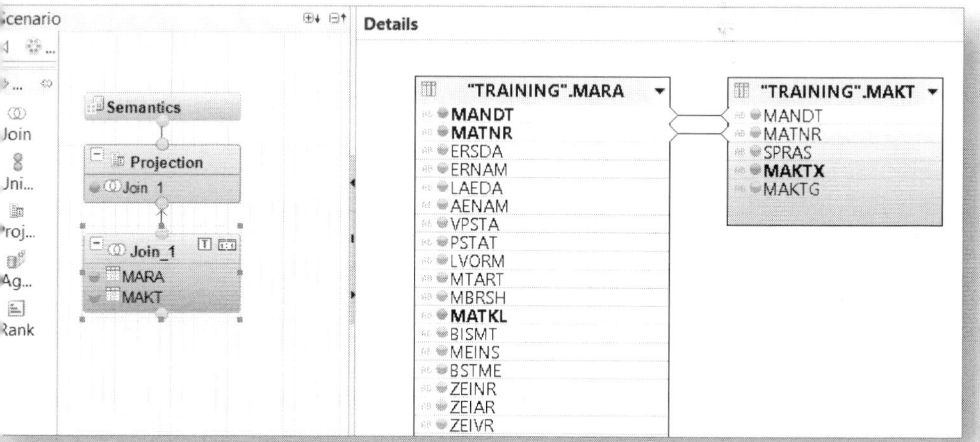

Abbildung 5.32: HANA Calculation View für Stammdaten

5.4.2 HANA Views für Sternschemata

Calculation Views der Datenkategorie »Cube« und mit »Star Join« nutzen die gerade beschriebenen Stammdatenmodelle und bringen diese entsprechend dem allgemein bekannten »Sternschema« in Beziehung zu Kennzahlen. Das Herz des Modells ist der sog. *Star Join*, der die Integration vorhandener Stammdaten anbietet. An dieser Stelle besteht also die Möglichkeit, dem Modell durch die erläuterten Stammdatenobjekte eine größere Tiefe zu geben. Zudem können weitere eingeschränkte und berechnete Kennzahlen bzw. Attribute erzeugt werden. Dieses Datenmodell ähnelt daher durchaus einem InfoCube in SAP BW.

Praxisbeispiel (II)

Unser Beispiel basiert auf der Tabelle CE1_COPA_ACTUALS mit den Ist-Daten der Deckungsbeitragsrechnung aus dem Modul CO-PA. Als Datengrundlage werden in einer Projektion zunächst die relevanten Felder dieser Tabelle ausgewählt und ein fester Filter auf ein bestimmtes FI-Hauptbuch bzw. die Vorgangsart »Faktura« definiert. Wie Sie in Abbildung 5.33 erkennen können, wird diese Datenbasis im mittleren Knoten »Star Join« um die Dimensionen »Produkt« bzw. »Kunde« erweitert, indem die Views mit den entsprechenden Attributen der Faktentabelle geknüpft werden. Zudem wird das Modell um berechnete Kennzahlen erweitert:

- Nettoerlös = Bruttoerlös – Vertriebsrabatte
- Deckungsbeitrag 1 = Nettoerlös – direkte Kosten

Im Zielknoten legt am Ende die Semantik das Aggregationsverhalten der Kennzahlen fest. Außerdem lassen sich hier u. a. Attributhierarchien und Eingabevariablen definieren.

Nach erfolgreicher Aktivierung bietet die Datenvorschau in HANA Studio die Möglichkeit, das erzeugte Modell zu prüfen. In Abbildung 5.34 sehen Sie beispielsweise die Ist-Bruttoerlöse nach Ländern.

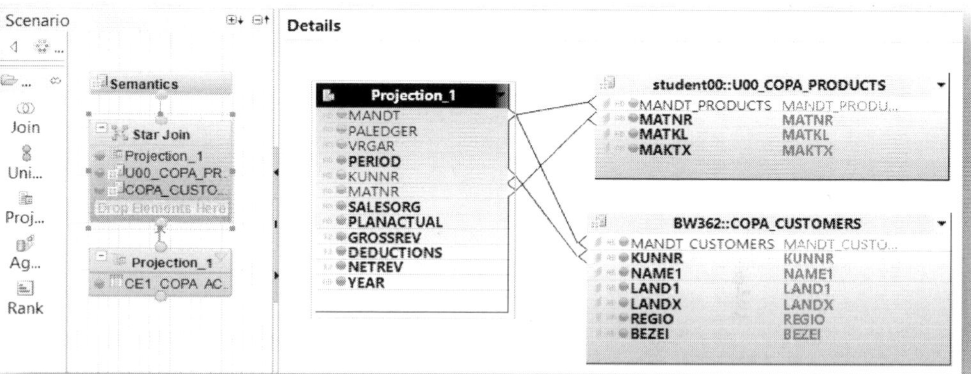

Abbildung 5.33: HANA Calculation View für Sternschema

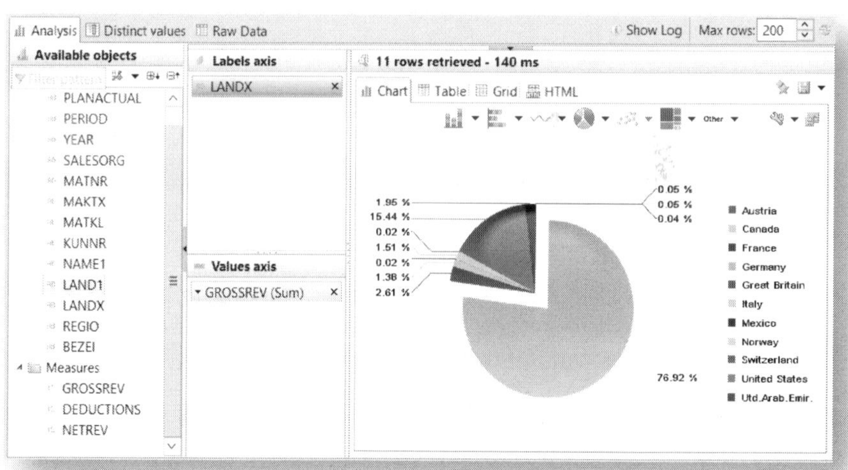

Abbildung 5.34: Calculation View – Datenvorschau

5.4.3 HANA Views für komplexere Szenarien

Calculation Views sollen selbstverständlich auch anspruchsvolleren Modellierungsanforderungen als den bisher beschriebenen gerecht werden. Um komplexe Modelle aufzubauen, ermöglichen sie die Definition einer individuellen Verknüpfung von Datenbanktabellen mit allen existierenden HANA-View-Arten. Es lassen sich folgende fünf Knotentypen kombinieren:

- Union,
- Join,
- Projektion,
- Aggregation,
- Rank.

In diesen Verarbeitungsschritten lassen sich alle Anpassungen wie Filter, berechnete Felder, eingeschränkte Kennzahlen, Hierarchien, Eingabevariablen und vieles mehr definieren. Calculation Views werden somit häufig eingesetzt, um Transformationen durchzuführen, die über die Grenzen von SQL hinausgehen.

Praxisbeispiel (III)

Um unser Beispiel aus den Abschnitten zuvor zu vervollständigen, nehmen wir an, es gibt einen weiteren HANA View mit CO-PA-Plandaten (COPA_PLAN), der strukturgleich zu den Ist-Daten (U00_COPA_ACTUALS) ist. Um einen Soll-Ist-Vergleich zu ermöglichen, wird ein Calculation View definiert, welcher die Ist-Daten mit den Plan-Daten in einem SQL UNION wie in Abbildung 5.35 verknüpft. Im Knoten »Union« wird also – ähnlich wie in einem BW-MultiProvider – jedes Feld der Ausgabestruktur je einem Quellfeld der Plan- und Ist-Daten zugeordnet. Ein Kennzeichen hilft am Ende, die Ist-Werte von den geplanten Werten zu unterscheiden. Vor Festlegung der Ausgabesemantik wird das Modell noch durch Ausblenden des Feldes »Vertriebsorganisation« (SALESORG) aggregiert. Im Ergebnis lässt sich die folgende Soll-Ist-Analyse durchführen – hier am Beispiel der Nettoumsätze für Deutschland und die Vereinigten Staaten im Jahr 2017 (siehe Abbildung 5.36) analysiert in SAP BusinessObjects Analysis für MS Excel: Sie können erkennen, dass für das Jahr 2017 der erreichte Nettoumsatz für beide Länder deutlich hinter den Erwartungen zurückgeblieben ist.

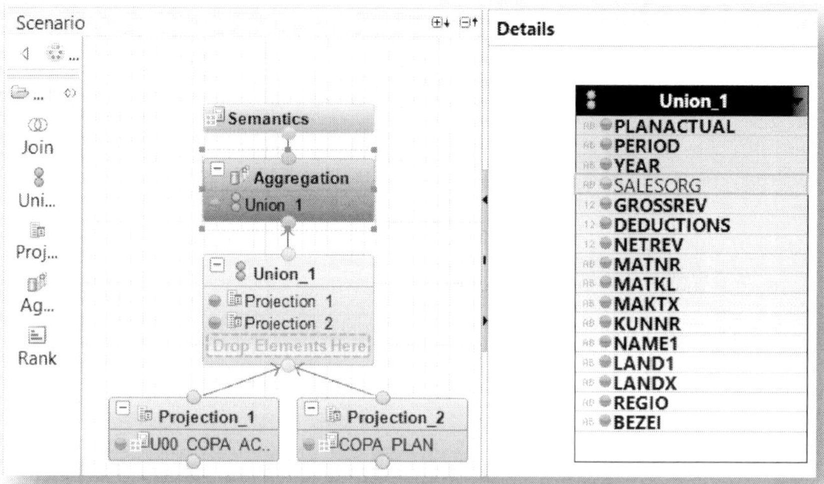

Abbildung 5.35: Calculation View für komplexe Szenarien

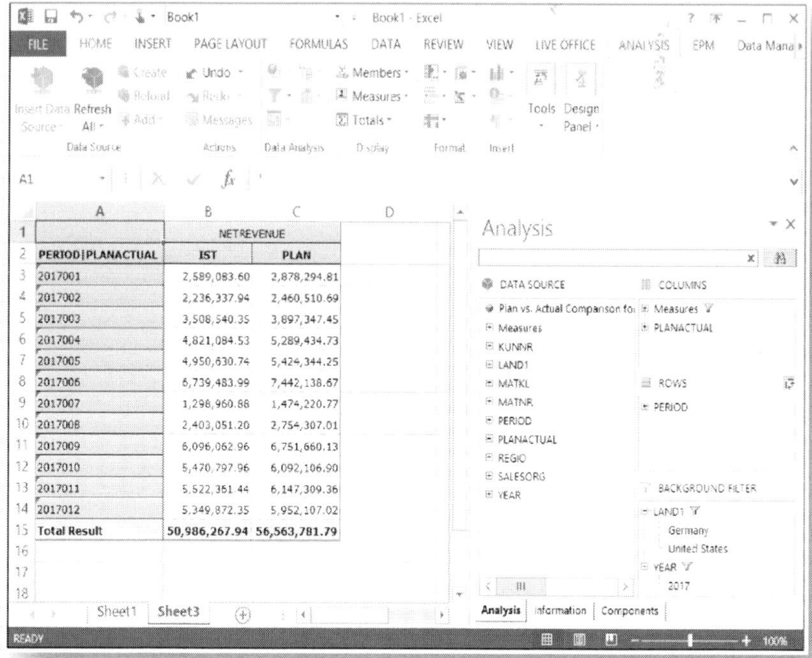

Abbildung 5.36: Calculation View – Ergebnis im Reporting Client

Auch wenn bereits viele Anforderungen durch die bisher beschriebenen HANA Views abgedeckt werden können, gibt es noch weitere Szenarien, welche über die Grenzen der grafischen Modellierungsmöglichkeiten hinausgehen. Hierfür wurde ursprünglich ein skriptbasierter HANA Calculation View mit einer offenen Programmierschnittstelle zur Verfügung gestellt. Mittlerweile sollte eine Tabellenfunktion, die als Datenquelle im normalen Calculation View dienen kann, bevorzugt eingesetzt werden.

Bei der Programmiersprache handelt es sich um *SQL Script*, eine Erweiterung von ANSI-SQL speziell für den Einsatz im HANA-Umfeld. Die Erweiterungen umfassen vor allem neue Datentypen sowie neue Funktionen zur Abbildung von Datenflüssen mit prozeduraler Logik. Damit ist der Ansatz gemeint, Programme in kleinere, wiederverwendbare Teilaufgaben aufzuspalten. Skriptbasierte Modelle erlauben Entwicklern, komplexe datenintensive Logik direkt in die HANA-Datenbank zu verlagern und so deren vollen Funktionsumfang auszuschöpfen.

5.4.4 Wachsende Bedeutung der Calculation Views

HANA Views wurden seit ihrer Einführung kontinuierlich erweitert und für die Verarbeitung großer Datenmengen optimiert. Der Fokus lag zunächst auf der Verbesserung der Funktionsweise, die sich ursprünglich in drei verschiedenen Modelltypen widerspiegelte: Attribute View, Analytic View sowie Calculation View. Diese nutzen jeweils eine eigene Engine zur Ausführung:

1. Attribute View: HANA Join Engine,
2. Analytic View: HANA SQL Engine,
3. Calculation View: HANA Calculation Engine.

Datenmodelle mit verschachtelter Ausführung unterschiedlicher View-Typen (so wie in unserem Praxisbeispiel III oben: Calculation View konsumiert zwei weitere Views, welche wiederum zwei Views mit Stammdaten nutzen) erfordern dadurch allerdings einen Datenaustausch zwischen den unterschiedlichen HANA Engines. Die Erfahrung hat gezeigt, dass dies Laufzeiteinbußen mit sich bringt. Daher hat SAP die HANA-Modellierung mit Version 1.0 SPS09 (2015) erweitert und die HANA Calculation Engine mit den fehlenden Funktionalitäten ausgestattet. Konkret bedeutet dies, dass heute alle Anwendungsfälle mit Calculation Views abgebildet werden können. Attribute View, Analytic View sowie der skript-basierte Calculation View werden nicht mehr benötigt, können aber selbstverständlich weiterhin genutzt werden. Für die optionale Konvertierung bestehender Modelle wurde ein Werkzeug bereitgestellt (seit HANA 1.0 SPS11, siehe SAP-Hinweis 2325817 und Abbildung 5.37).

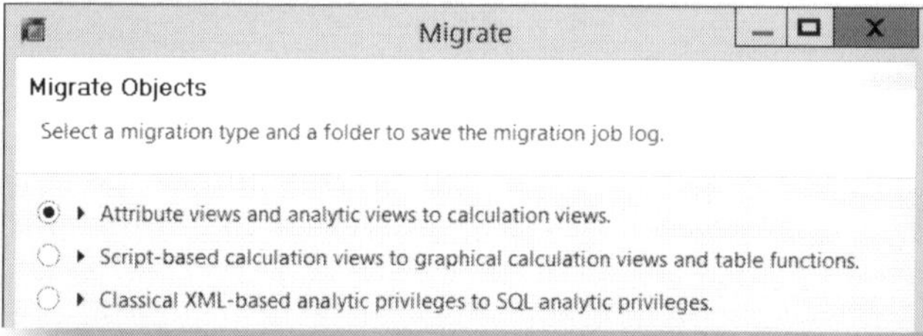

Abbildung 5.37: Migrationsoptionen für HANA-Objekte

Wie Sie in Abbildung 5.38 sehen, können Modellierer nun beim Anlegen eines Calculation Views festlegen, welche Funktionen abzudecken sind, und so alle Anforderungen über dieses eine Datenmodell abbilden.

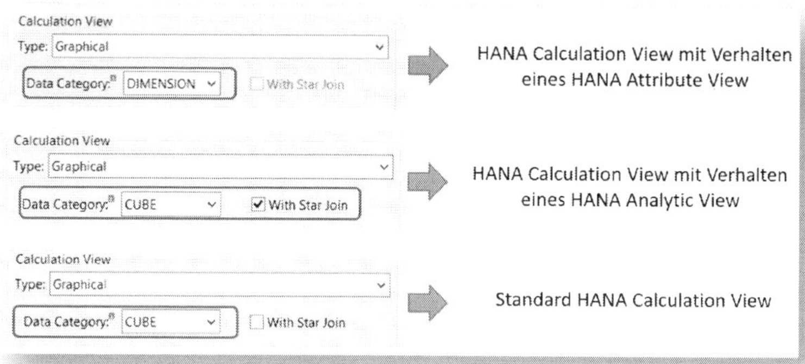

Abbildung 5.38: Empfohlene Modellierung basierend auf Calculation Views

5.4.5 Zusammenfassung

HANA-spezifische Modellierungsmöglichkeiten bergen ein enormes Potenzial, das Enterprise Data Warehouse in vielfacher Hinsicht zu ergänzen und seine Agilität zu erhöhen. Sie ermöglichen den Zugriff auf unterschiedlichste Anwendungsdaten der SAP-HANA-Plattform in Echtzeit, denn HANA ist in der Lage, komplexe Verarbeitungen großer Datenmengen extrem performant durchzuführen, ohne die Daten an anderer Stelle redundant zwischenspeichern zu müssen. Einen Entscheidungsbaum und eine Übersicht über die existierenden HANA Views bietet zusammenfassend Abbildung 5.39.

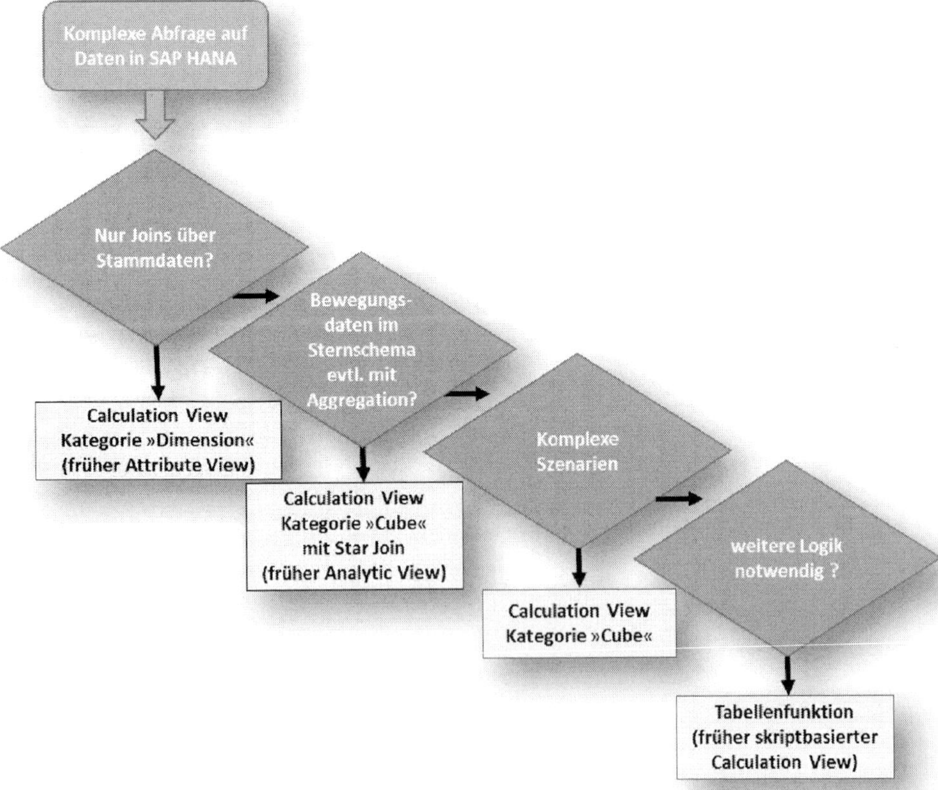

Abbildung 5.39: SAP-HANA-Modellierung: Entscheidungsbaum

Während wir bisher den Schwerpunkt darauf gelegt haben, neuartige native Modellierungsansätze in SAP HANA Studio zu beschreiben, werden wir im folgenden Abschnitt über »Hybride Modellierung« noch auf die Bedeutung dieser HANA-Modelle im Kontext von SAP BW zu sprechen kommen (siehe Abschnitt 5.5.2).

Weitere Details zur HANA Modellierung

»SAP HANA Guide – Modellierung«
»SAP HANA Guide – SQL«
»SAP HANA Guide – SQL Script«
https://help.sap.com/viewer/product/SAP_HANA_PLATFORM/2.0.00/en-US

5.5 Hybride Modellierung

Während der bisherigen Erörterungen zu den Erweiterungen an Modellierungswerkzeugen in SAP BW haben Sie sich vermutlich schon Gedanken gemacht, wie Sie diese HANA-spezifischen Möglichkeiten am besten nutzen können. Nach Vorstellung der neuen Funktion zur Erzeugung »externer HANA Views« liegt der Schwerpunkt dieses Abschnitts auf typischen Anwendungen, in denen diese Views in sogenannten *gemischten Szenarien* zum Einsatz kommen können.

5.5.1 Externe SAP HANA Views

Mit der Erweiterung des BW-Systems um HANA-spezifische Funktionen ist es möglich geworden, native HANA Views für BW-InfoProvider und sogar Queries zu erzeugen. Diese HANA Views heißen *(generierte) externe SAP HANA Views*. Sie lassen sich durch Einschalten der gleichnamigen Eigenschaft im Kopfbereich der entsprechenden BW-Objekte anlegen. Erzeugt werden daraufhin native SAP-HANA-Objekte (i. d. R. Calculation Views, siehe auch SAP-Hinweis 2236064), welche aber direkt auf die Daten und Tabellen der BW-Anwendung verweisen. Sie können externe HANA Views für folgende Objekte anlegen:

- InfoObject-Merkmal,
- Advanced DSO,
- CompositeProvider,
- BW-Query,
- Lokaler CompositeProvider eines BW Workspace,
- Open ODS View (geplant).

BW 7.4 und 7.5 unterstützen diese Funktion auch für DSOs (klassisch) und HANA-optimierte InfoCubes.

Sobald die Eigenschaft »Externer SAP HANA View« für ein BW-Objekt eingeschaltet ist, wird dessen Aktivierungsprozess um die Generierung der HANA Views erweitert. Dadurch ist sichergestellt, dass die HANA Views immer synchron zum BW-Datenmodell gehalten werden, da jeder Änderung im BW eine Aktivierung folgt und diese wiederum den externen HANA View neu erzeugt. Gleiches gilt für das Transportwesen, denn jedem Systemimport folgt die Aktivierung der entsprechenden Objekte. Aus diesem Grund ist es nicht ratsam, generierte HANA Views manuell zu erweitern, denn diese Anpassungen werden zwangsläufig wieder überschrieben und sind damit verloren.

Natürlich sind die beiden Modellierungswelten »SAP BW« und »SAP HANA« nicht so homogen, dass man immer uneingeschränkt alle Eigenschaften des BW-Datenmodells 1:1 in einem HANA View abbilden könnte. Es existieren daher für jedes BW-Objekt gewisse Einschränkungen. Einige typische Beispiele sind Typenkonvertierungen (u. a. ALPHA), geklammerte InfoObjects, Bestandskennzahlen, Daten in Nearline-Storage, Zeitabhängigkeit oder Hierarchien. Solche Funktionen bleiben im erzeugten HANA-Modell im Moment noch unberücksichtigt. Noch umfassender ist diese Liste für BW Queries, die durch bestimmte Eigenschaften eine Erzeugung des externen HANA Views sogar verhindern können (hierzu zählen Zelldefinitionen, Ausnahmeaggregation und konstante Selektionen). In der SAP-BW-Hilfe können Sie unter »Datenmodellierung/Gemischte Modellierung« die für Ihren Fall zutreffenden Einschränkungen ableiten.

Im Prozess der HANA-View-Generierung spielen *Berechtigungen* eine wichtige Rolle, denn es muss sichergestellt sein, dass ein Anwender in HANA genau dieselben Daten sehen darf wie in BW. Daher werden zeitgleich mit den HANA Views entsprechende *HANA-Privilegien* erzeugt. Diese steuern den Zugriff auf die Daten der externen HANA Views, indem sie bestehende BW-Analyseberechtigungen abbilden.

Anpassungen der BW-Berechtigungen

Um Berechtigungen zum gewünschten Zeitpunkt zwischen BW und HANA zu synchronisieren, steht Ihnen die Transaktion **RS2HANA_GEN** bzw. die Prozesskettenvariante »BERECHTIGUNGEN DER BW-BENUTZER NACH SAP HANA REPLIZIEREN« zur Verfügung.

Keine automatische Berechtigungssynchronisation!

Änderungen an den BW-Berechtigungen werden nicht automatisch nach SAP HANA kopiert. Dies geschieht nur, wenn das entsprechende Datenmodell im BW wieder aktiviert wird.

Die Erzeugung der externen HANA Views sowie eine korrekte Zuordnung der entsprechenden Berechtigungen bedürfen einiger Vorbereitungen in den Grundeinstellungen dieser Funktion sowie in der Benutzerverwaltung. Hierbei helfen neben der SAP-Hilfe der unter »Weiterführende Quellen« aufgeführte Leitfaden oder die Transaktion **RS2HANA_CHECK** [15], welche Sie bei der schnellen Konfiguration sehr unterstützt. Weitere grundlegende Einstellungen in diesem Zusammenhang sind in Transaktion **RS2HANA_VIEW** möglich.

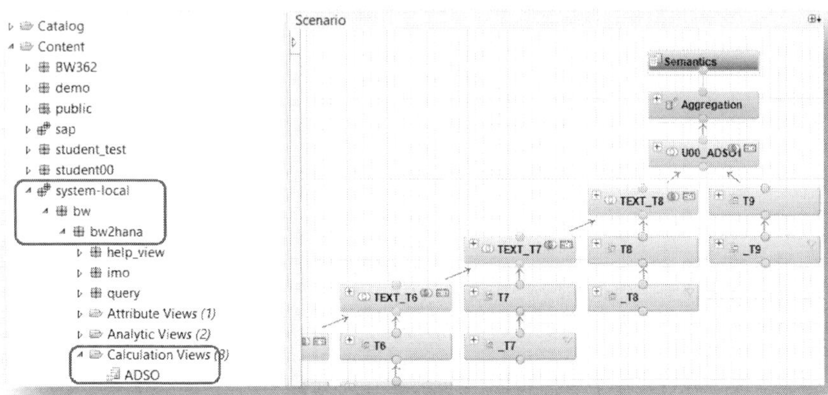

Abbildung 5.40: Generierter externer HANA View aus SAP BW

In HANA Studio finden Sie die erzeugten Objekte normalerweise im Paket SYSTEM-LOCAL • BW • BW2HANA des Contentbereiches (vgl. Abbildung 5.40 am Beispiel eines DataStore-Objektes (advanced) mit technischem Namen »ADSO«). Im SAP BW steht hierfür mit der/über die Transaktion **RS2HANA_ADMIN** zusätzlich eine neue Administrationsoberfläche zur Verfügung.

Weitere Details zu externen SAP HANA Views

»SAP First Guidance – SAP BW on HANA View Generation«
https://archive.sap.com/documents/docs/DOC-52790

»Externer SAP HANA View: Häufig gestellte Fragen und Funktionsverfügbarkeit«
https://launchpad.support.sap.com/#/notes/2317197

»Berechtigungen in SAP BW, SAP HANA und BW/4HANA«, Abschnitt 3.3 »BW-Modelle in HANA integrieren und berechtigen«, C. Kretner, J. Kanngießer, Espresso Tutorials 2017.

5.5.2 Gemischte Szenarien

Von »gemischten Szenarien« oder »hybrider Modellierung« spricht man, wenn Daten, die im BW-System verwaltet werden, mit in HANA modellierten Daten zusammenspielen. BW- und HANA-Modelle sind zwar technisch völlig verschiedene Artefakte, allerdings können beide zusammenwirken und sowohl in SAP BW als auch in SAP HANA konsumiert werden.

Nutzt ein BW-System HANA als primäre Datenbank, werden die BW-Applikationsdaten aller InfoProvider sowie alle sonstigen BW-Objekte und Basistabellen des SAP-Systems in einem eigenen Datenbankschema mit dem technischen Namen SAP<System-ID> auf der HANA-Datenbank verwaltet. Dieser Bereich wird *BW-verwaltetes Schema* genannt. In diesem laufen alle BW-relevanten Aufgaben wie Modellierung, Datenflüsse, Transporte, Ablaufplanung, Monitoring und viele weitere ab. Die Daten in diesem Schema können aus verschiedenen Quellsystemen kommen und werden entweder durch SAP BW-DataSources übertragen oder über Planungswerkzeuge direkt erzeugt.

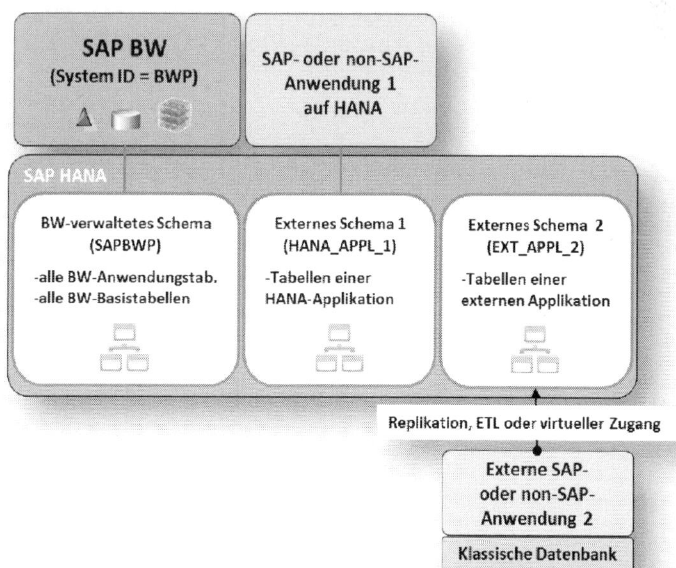

Abbildung 5.41: Beispiel verschiedener DB-Schemata in einer HANA-Datenbank

Das HANA-System kann viele weitere Schemata mit Tabellen anderer Anwendungen enthalten. Diese können HANA als primäre Datenbank nutzen (wie Schema HANA_APPL_1 in Abbildung 5.41) oder als externe Anwendungen ihre Daten durch ETL-Werkzeuge oder Replikationsmechanismen in die HANA-Datenbank übertragen (vgl. Schema EXT_APPL_2 in Abbildung 5.41). Auch eine virtuelle Anbindung externer Quellen ist denkbar (vgl. Abschnitt 3.2).

Auf den ersten Blick könnte man meinen, dass diese separaten Schemata keine integrierte Sicht zulassen. Es ist aber durchaus möglich, Daten aus verschiedenen Schemata in einem HANA View zu kombinieren und so eine Integration herzustellen. Die resultierenden HANA Views sind schließlich für SAP BW, aber auch für andere Anwendungen zugänglich. Daran erkennen Sie, dass die verschiedenen Schemata sehr gut nebeneinander existieren und die darin enthaltenen Daten sich gegenseitig ergänzen und zusammenwirken können.

In den nachfolgenden Abschnitten werden wir anhand einiger Beispiele näher beschreiben, wie sich HANA Views mit BW-Modellen kombinieren lassen. Wir beziehen uns auf typische Kundenszenarien, ohne den Anspruch zu erheben, alle denkbaren Anwendungsfälle abzudecken.

Publizieren von BW-Daten nach SAP HANA

Wie in Abschnitt 5.5.1 beschrieben, sind externe HANA Views das Mittel der Wahl, um BW-Inhalte in der »SAP-HANA-Welt« zu veröffentlichen. Diese generierten Objekte werden nicht von der BW-Runtime angesprochen, sie dienen aber als native HANA-Zugriffsschnittstellen für BW-Daten.

Im Folgenden skizzieren wir ein paar typische Anwendungsfälle und beziehen uns dabei sowohl auf die Grobarchitektur aus Abbildung 5.41 als auch auf die verschiedenen Szenarien aus Abbildung 5.42.

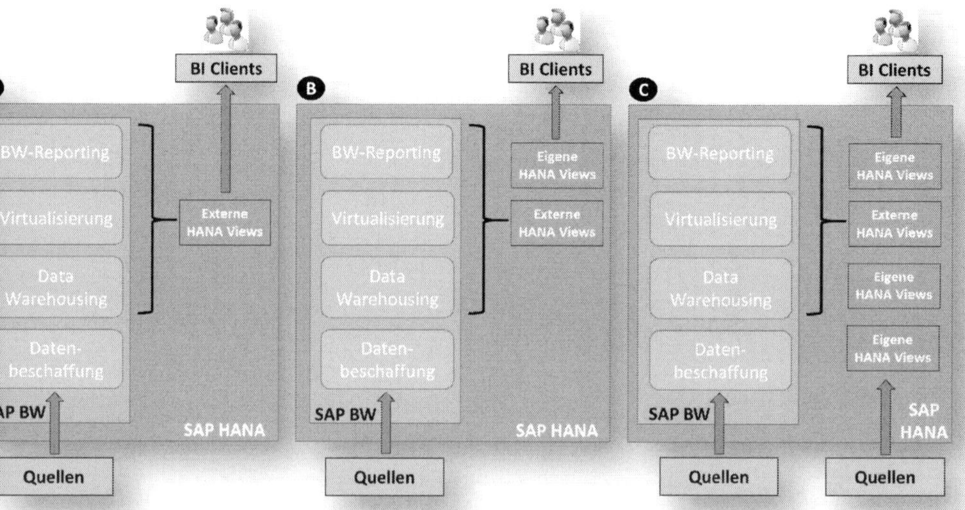

Abbildung 5.42: Integration von BW-Daten nach SAP HANA

Fall A: Datenkonsum über HANA-Schnittstelle

Die Daten werden vollständig ins BW übertragen, dort verwaltet und aufbereitet. Lediglich BW Queries als Reportingschnittstelle sollen oder können nicht eingesetzt werden.

- Der externe HANA View der BW-Query, des CompositeProviders oder der InfoProvider darunter lassen den Konsum der Daten über die HANA-Standard-SQL-Schnittstelle oder weitere Standards wie OData bzw. MDX zu und stellen so die BW-Daten für viele weitere SAP- und Nicht-SAP-Anwendungen bereit.

Fall B: Fall A mit zusätzlichen manuellen Erweiterungen

Da die generierten HANA Views für weitere kundenspezifische Anpassungen ungeeignet sind, ist es möglich, separate eigene HANA Views manuell zu modellieren, welche die gewünschten Erweiterungen dauerhaft ablegen. Der oben abgebildete »Fall A« wird um diese Ebene erweitert. Die eigenen HANA-Modelle dienen dann als Schnittstelle für den weiteren Konsum.

Fall C1: Unvollständige Stammdaten

Bewegungsdaten aus Schema HANA_APPL_1 werden in verschiedenen HANA Views abgebildet. Da die Stammdaten dieser Anwendung allerdings unvollständig sind, soll ein zentrales InfoObject-Merkmal aus SAP BW integriert werden.

- Im BW wird für das InfoObject das Kennzeichen Externe HANA-Sicht für Stammdaten gesetzt – der daraus resultierende HANA View kann in das ursprüngliche HANA-Modell mit aufgenommen werden und so die Stammdatenproblematik lösen.

Fall C2: Verteilte Bewegungsdaten

Ein Geschäftsprozess ist teilweise in einem SAP-System und teilweise in einem anderen, externen System abgebildet. Die Bewegungsdaten des SAP-Systems sind bereits im BW verfügbar, das externe System soll oder kann nicht in gleicher Weise an das BW angebunden werden.

- Als Alternative werden die relevanten Inhalte des externen Systems nach SAP HANA ins Schema EXT_APPL_2 repliziert und in HANA Views modelliert. Zugleich werden die relevanten InfoProvider aus BW als externe HANA-Sicht publiziert. Im Ergebnis ist es nun möglich, die Daten des BW-Schemas SAPBWP mit denen des externen Schemas EXT_APPL_2 in kombinierten HANA Views zusammenzuführen und eine integrierte Datensicht auf den gesamten Geschäftsprozess abzuleiten.

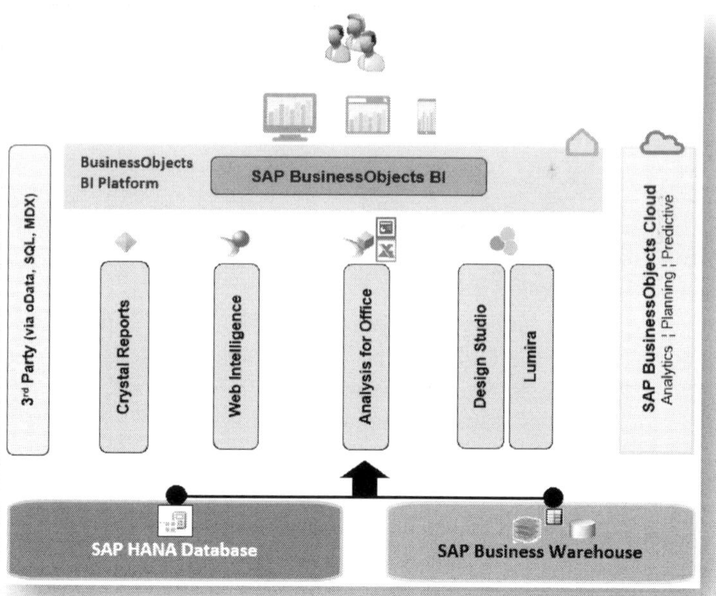

Abbildung 5.43: BI-Anwendungen für SAP BW und SAP HANA

Anhand Abbildung 5.43 erkennen Sie, dass alle strategischen Lösungen der SAP BusinessObject BI Suite sowohl BW Queries als auch HANA Views verarbeiten können. Wenn Sie direkt auf HANA Views zugreifen, dann sollte klar sein, dass die Daten aus dem BW-Schema ohne Zusammenhang zur BW-Applikation gelesen werden, d. h., dass Sie z.B. ohne die BW OLAP Engine und ohne BW-Analyseberechtigungen arbeiten und diese Funktionen dann in SAP HANA nachzubilden sind.

Publizieren von HANA-Daten nach SAP BW

In Abschnitt 5.3.3 haben Sie mit dem CompositeProvider einen neuen InfoProvider kennengelernt, der HANA Views als Quellobjekte nutzen kann. Und damit wären wir beim zweiten Fall der hybriden Modellierung. Er zeichnet sich dadurch aus, dass SAP BW als zentrales Reporting- und Konsolidierungssystem gesehen wird, wobei allerdings vermieden werden soll, jede Datenquelle vollständig in das BW-Konzept von InfoObjects, Transformationen, Ladeprozessen etc. zu integrieren. Wenn also die Daten aus einem beliebigen Schema der HANA-Datenbank dem BW in Form fertiger HANA-Modelle zur Verfügung gestellt werden können, dann entfällt diese klassische und häufig mit hohem Aufwand verbundene ETL-Aufgabe. Dieser Ansatz beinhaltet zudem weitere interessante Aspekte:

- **Vermeidung von Datenredundanz**
  Wenn Datenquellen in BW integriert werden, folgt daraus in der Regel die Schaffung verschiedener neuer Persistenzschichten. Sind die Daten jedoch bereits im HANA-System, so lässt sich dies vermeiden, indem sie durch HANA Views nur virtuell in das BW-System integriert werden.
- **Real-time Reporting**
  Jede zusätzliche Datenpersistenz kostet Ressourcen und damit auch Zeit. Werden die Daten direkt in HANA verbucht (wie »Anwendung 1« in Abbildung 5.41), dann stehen sie für das Berichtswesen mithilfe von HANA Views ohne Zeitverzögerung zur Verfügung.
- **Wiederverwendung von BW-Metadaten**
  Es steht dem Modellierer offen, HANA-Felder in BW-InfoObjects zu konvertieren oder nicht. InfoObjects haben einige Vorteile, denn sie beinhalten häufig Metadaten (Texte, Attribute, Hierarchien, Navigationsattribute und Analyseberechtigungen), die gerade für das Berichtswesen sehr hohen Mehrwert

bringen können. Somit sollte man einer punktuellen Nutzung von BW-InfoObjects immer wohlgesonnen gegenüberstehen.

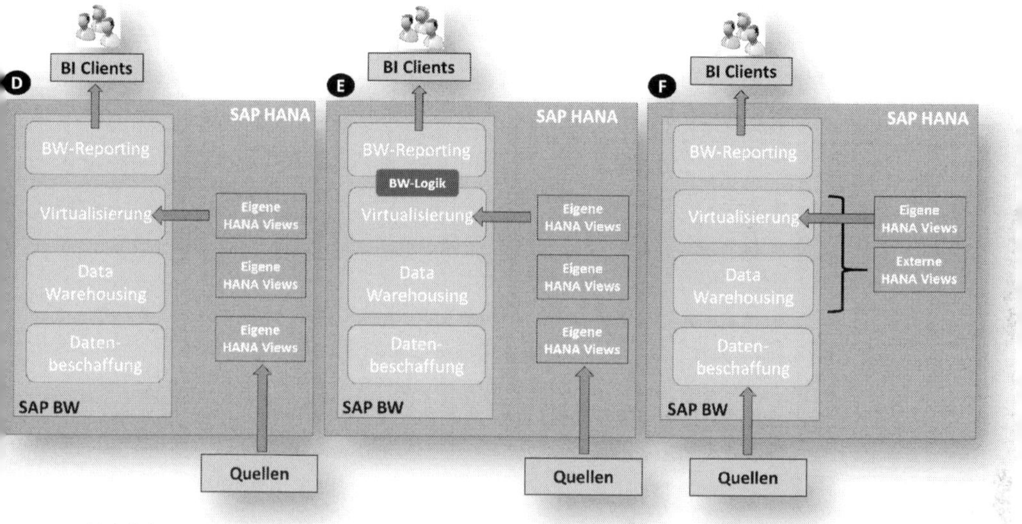

Abbildung 5.44: Integration von HANA Views nach SAP BW

Wie schon im Abschnitt zuvor, folgen nun – mit Bezug zu Abbildung 5.41 sowie Abbildung 5.44 – ähnlich gelagerte Anwendungsszenarien für die Integration in BW:

Fall D: Unvollständige Stammdaten

Es gilt die gleiche Ausgangssituation wie im Abschnitt zuvor: Externe Bewegungsdaten sind im Schema HANA_APPL_1 und werden in verschiedenen HANA Views abgebildet. Die Stammdaten hierzu sind allerdings unzureichend und können aus einem zentralen BW-InfoObject ergänzt werden.

- Also werden die HANA Views durch einen CompositeProvider nach SAP BW integriert. Sobald Sie das entsprechende Feld des HANA Views in das Stammdaten-Merkmal konvertiert haben, stehen im BW-Berichtswesen alle Texte, Attribute und Hierarchien des InfoObjects zur Verfügung.

Fall E: Verteilte Bewegungsdaten

Auch hier gilt die gleiche Ausgangssituation wie zuvor: Ein Geschäftsprozess ist teilweise in einem SAP-System und teilweise in einem anderen externen System abgebildet. Die Daten des SAP-Systems sind bereits im BWP-System verfügbar, nicht aber die des externen Systems.

- Als Alternative zur klassischen Anbindung dieses Systems an das BW mit DataSources und Transformationen etc. werden die relevanten Inhalte des externen Systems nach SAP HANA ins Schema EXT_APPL_2 repliziert und in HANA Views modelliert. Diese werden mittels CompositeProvider im BW publiziert und im gleichen Datenmodell mit den bereits existierenden Bewegungsdaten des BW kombiniert. Darauf kann ein integriertes BW-Reporting aufgebaut werden.
- Eine weitere Option bieten Open ODS Views: Sie bauen direkt auf den Quelltabellen auf; die Erstellung von HANA Views ist nicht notwendig. Auch auf diesem Weg lassen sich Inhalte externer Schemata (in Abbildung 5.41 HANA_APPL_1) nach SAP BW integrieren.

Der Fall E unterscheidet sich vom Fall D in der Form, dass verhältnismäßig viel BW-Logik auf das HANA-Modell aufgesetzt wird. Im erstgenannten Fall wird lediglich ein HANA-Feld in ein BW-InfoObject umgewandelt und evtl. eine einfache BW-Query definiert. Allerdings sind weit umfangreichere Änderungen möglich als in Fall E, bei dem ein komplexer CompositeProvider als SQL-Verknüpfung mit BW-InfoProvidern entwickelt wird. Weitere denkbare Erweiterungen sind

- Einbettung des CompositeProviders in einen weiteren CompositeProvider,
- Weiterverbuchung des CompositeProviders in ein ADSO mit entsprechender Transformation oder
- Definition von umfangreichen BW-Berichten.

Fall F: Publikation nach HANA und zurück nach BW

Sehr beliebt sind auch Szenarien, die sich auf BW-Modellierung und -Datenverwaltung fokussieren, aber die Datentransformation teilweise nach HANA verlagern. Der Hauptgrund ist häufig die Performanceoptimierung, denn mit dem externen HANA View erzwingt man natürlich auch eine vollständige Verarbeitung in SAP HANA. Eine weitere Motivation für diesen Ansatz ist die Tatsache, dass sich manchmal Transformationen einfacher mittels HANA Views als in einer BW-Transformation umsetzen lassen. Ein gutes Beispiel hierfür finden Sie im folgenden Abschnitt 5.6 anhand des neuen BI-Contents für den Auftragsrückstand im Vertrieb.

Physische Replikation von Daten zwischen BW und HANA

Bisher wurden nur solche Szenarien betrachtet, in denen die Daten aus einem Schema in einem anderen *virtuell* bereitgestellt werden. Daneben existieren allerdings auch Wege der *physischen Replikation* von Daten zwischen den verschiedenen HANA-Schemata. Prüfen Sie allerdings genau, ob die sich daraus ergebende Datenredundanz sinnvoll ist. Der Vollständigkeit halber seien hier die technischen Möglichkeiten für diese Option aufgeführt:

1. Laden von HANA-Tabellen (nicht HANA Views!) aus einem externen Schema nach BW ist durch das neue *SAP-HANA-Quellsystem* möglich. In BW 7.x auf HANA kann dies zudem über eine entsprechende DB-Connect-Verbindung erfolgen.

2. HANA Views bzw. ABAP CDS Views können als Extraktoren für BW dienen, indem man die durch *Operational Data Provisioning* bereitgestellten neuen Schnittstellen nutzt (Quellsysteme ODP_HANA, ODP_CDS) (vgl. Abschnitt 3.1).

3. Das Übertragen von BW-Inhalten in ein externes Schema wird durch die *BW Open Hub Destination* ermöglicht. Auch ETL-Werkzeuge wie *SAP DataServices* können hierfür herangezogen werden.

Zusammenfassung

Wie Sie sehen konnten, bietet die hybride Modellierung viele neue Implementierungsmöglichkeiten für ein BW-auf-HANA-System. Ihre zentrale Aufgabe ist es nun, hieraus den für Ihr Projekt am besten geeigneten Modellierungsansatz zu finden. Ein wichtiger Ausgangspunkt bei dieser Überlegung ist, sich darüber im Klaren zu sein, in welche Richtung die Integration erfolgen soll: Aus externen HANA-Schemata nach SAP BW, in umgekehrter Richtung oder ein wechselseitiger Austausch. Prüfen Sie, wo und in welcher Qualität die Daten existieren, wie diese letztendlich genutzt werden sollen und wie die Zielgruppe auf sie zugreifen soll.

Mögliche Gründe für eine HANA-Integration:

- Nutzung der flexiblen HANA-Modellierungsfunktionen,
- Nutzung von vorhandenem SQL-Know-how,
- Nutzung des HANA-Berechtigungswesens,
- keine Einschränkung auf BW-Konzepte,
- freie Wahl der Frontend-Clients.

Mögliche Gründe für eine BW-Integration:

- volle Nutzung bewährter BW-Konzepte wie Berechtigungswesen, Transportwesen, Near-line Storage, Datenverwaltung, Modellierung, Datenbewirtschaftung, Caching etc.,
- umfangreiche Semantik der InfoObjects (Navigationsattribute, Texte, Hierarchien),
- BW-Query-Design (inkl. Ausnahmeaggregation, Zelldefinition, Konditionen, Strukturen etc.),
- integrierte Planungslösungen und BI Content,
- Zugriff durch die Reportingwerkzeuge aus dem SAP BusinessObjects Portfolio.

Die hier aufgelisteten Gesichtspunkte erheben keinen Anspruch auf Vollständigkeit. Wir haben uns bei der Auswahl vor allem auf fachliche Anforderungen und deren Architektur konzentriert, aber weitere Rahmenbedingungen wie verfügbare Lizenzen sind selbstverständlich ebenfalls zu prüfen.

Weitere Details zur hybriden Modellierung

»Reporting on HANA models in BW-on-HANA«
https://archive.sap.com/documents/docs/DOC-61047

»Go Hybrid – SAP HANA Live & SAP BW Data Integration«
https://archive.sap.com/documents/docs/DOC-55312

»SAP BW and HANA mixed scenarios – Added value«
https://archive.sap.com/documents/docs/DOC-46093

»HANA-Native Reporting on BW Data in BWonHANA«
https://hana.sap.com/content/dam/website/saphana/en_us/BW-on-HANA/3151-HANA-Native%20Reporting%20on%20BW%20Data.pdf

5.6 Neuer Content

Mit BW auf HANA wurde auch ein neuer und entsprechend optimierter *SAP BI Content* geschaffen. Im Kontext von BW/4HANA nennt sich dieser *Content Add-on*. Das neue Standard-Datenmodell folgt den Empfehlungen der aktuellsten Data-Warehouse-Architektur (LSA++, siehe Abschnitt 6.2) und erweitert das Analyseangebot um Echtzeitanalysen bzw. Auswertungen auf Einzelpostenebene. Die Vorlagen basieren auf den neuesten HANA-optimierten InfoProvidern und nutzen wo möglich HANA-optimierte Transformationsregeln. Die Datenextraktion bleibt allerdings unverändert und erfolgt über die bekannten BW-DataSources (beispielsweise 2LIS-Objekte für Materialmanagement aus dem Logistik-Cockpit). Außerdem enthält der Content mittlerweile auch HANA Views und stellt somit sogar gemischte Modellierungsszenarien bereit.

Bisher werden folgende SAP-ERP-Kernbereiche abgedeckt:

- **Vertrieb**: Übersicht, Lieferung, Fakturierung, Konditionen, Servicegrad und Auftragsrückstand*.
- **Finanzwesen**: Hauptbuch, Anlagenbuchhaltung, Debitorenbuchhaltung* und Kreditorenbuchhaltung.
- **Controlling**: Gemeinkostenrechnung, Profit-Center-Rechnung, Produktkostenprognose* und -simulation.
- **Materialwirtschaft**: Beschaffung, Rechnungsprüfung, Verträge und Servicegrad, Lagerbestand.

(* = Bereiche mit HANA Views)

Hinzugekommen ist zudem weiterer BI Content für Master-Data-Governance (MDG) und die Industrielösung für Versorgungsunternehmen (IS-U).

Die Standard-Objekte liegen im eigenen Namensraum /IMO/ (»In-Memory«) und folgen grundsätzlich den in Tabelle 5.4 aufgeführten Namenskonventionen:

Schicht (gemäß SAP-Referenzarchitektur)	BW-Datenmodell	Namensmuster
Open-Operational-Data-Store-Schicht	ADSO	**/IMO/O_<Bereich>xx**
Enterprise-Data-Warehouse-Schicht	InfoSource	**/IMO/<Bereich>_ISxx**
	ADSO	**/IMO/D_<Bereich>xx**
Corporate-Memory-Schicht	ADSO	**/IMO/CM<Bereich>xx**
Virtualisierungsschicht	CompositeProvider	**/IMO/V<Bereich>xx**

Tabelle 5.4: Namenskonventionen im neuen Content

Der Auftragsrückstand im Vertrieb ist ein sehr gutes Beispiel für ein gemischtes Szenario zwischen BW- und HANA-Modellen: Wie Sie in Abbildung 5.45 sehen, werden die beiden ADSOs /IMO/SD_D53 bzw. /IMO/SD_D50 als externe HANA Views abgebildet und diese anschließend in einem ausgelieferten Calculation View (SD.DLV.CV_BACKORDER) zusammengeführt. Der Calculation View berechnet so bei jeder Berichtsausführung den aktuellen Auftragsrückstand in Tagen basierend auf den BW-Daten. Schließlich gelangt das HANA-Modell als CompositeProvider zurück in den BW-Bereich. Queries für Endanwender runden das ausgelieferte Modell ab.

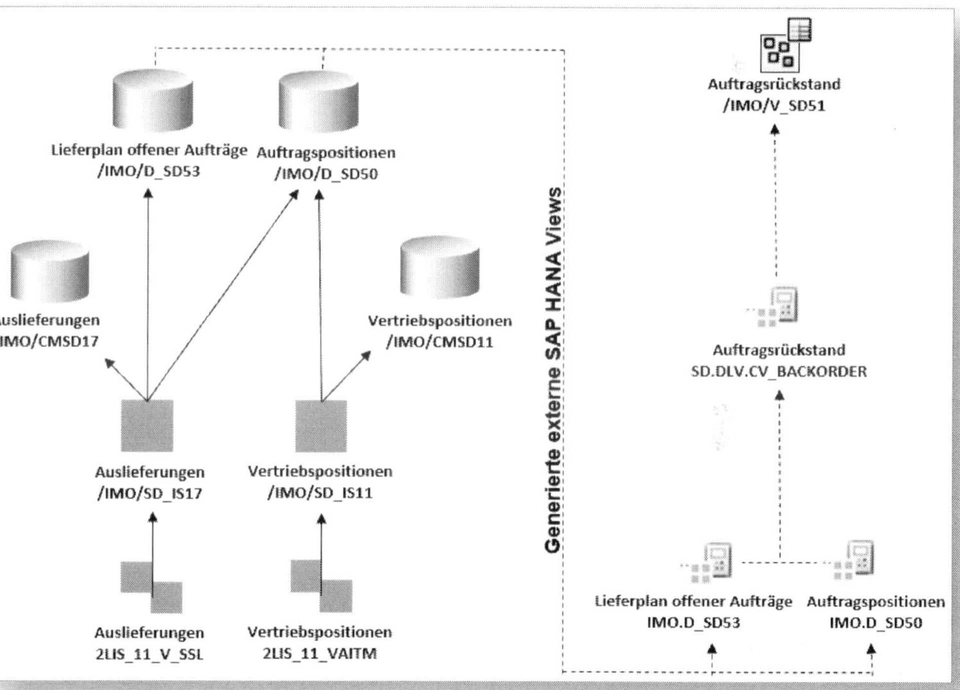

Abbildung 5.45: Gemischtes Szenario im SD Auftragsrückstand

Ein weiterer, sehr häufig genutzter Teil des klassischen BI Content ist der sogenannte *technische Content im Namensraum 0TCT*. Dieser ist häufig automatisch aktiviert und sammelt vor allem Statistikdaten zur Lade- und Reportingperformance in Ihrem System. Da er ebenfalls auf obsoleten Datenmodellen wie InfoCube und MultiProvider basiert, ist er nicht BW/4HANA-fähig und folglich dort auch nicht einsetzbar. SAP arbeitet gerade daran, diese Funktionalität – anders als die oben aufgelisteten ERP-Bereiche, die mit neuen Datenmodellen arbeiten –

durch ABAP-CDS-Views abzubilden. Erste Teile sind bereits ab BW 7.5 SP4 und BW/4HANA verfügbar, weitere können Sie in zukünftigen Support Packages zu SAP BW/4HANA erwarten.

Die bisher existierenden Analysen umfassen folgende Themengebiete:

- Request Management,
- DTP-Ladeprozesse,
- SAP-HANA-Online-Datenvolumen,
- Near-Line-Datenvolumen,
- Query-Laufzeiten.

Weitere Details zum Content

»SAP-Hilfe für SAP BW/4HANA Content Add-On«
https://help.sap.com/viewer/p/SAP_BW4HANA_CONTENT

»Sammelhinweis: SAP BW/4HANA Content«
https://launchpad.support.sap.com/#/notes/2400585

»SAP-Hilfe für SAP NetWeaver BI Content«
https://help.sap.com/viewer/p/BI_CONTENT

»SAP-HANA-optimierter BI Content – Übersicht«
https://archive.sap.com/documents/docs/DOC-46739

»Sammelhinweis: SAP-HANA-optimierter BI Content«
https://launchpad.support.sap.com/#/notes/1817520

»CDS Views für Data-Warehouse-Monitoring«
http://help.sap.com/saphelp_bw4hana10/helpdata/de/1e/596b288f494f5d815c86cf94c3fbbb/frameset.htm

6 SAP-BW-Referenzarchitektur

Dieses Kapitel beschreibt einleitend die von SAP vorgeschlagene BW-Referenzarchitektur »Layered Scalable Architecture (LSA)« und fokussiert sich im Anschluss auf die Auswirkungen, die SAP HANA auf dieses Konzept hat. Neben den Änderungen einer HANA-optimierten Architektur erläutern wir hier auch die Schritte, die man logisch gehen könnte, um eine existierende LSA auf BW auf HANA bzw. BW/4HANA anzupassen.

Als das Thema »Data Warehousing« in den 1990er-Jahren noch in den Kinderschuhen steckte, schien der Fokus der Systemarchitektur auf ein für das Berichtswesen optimiertes, relationales Sternschema zu genügen. Doch aufgrund des schnellen Datenwachstums und steigender Anforderungen wurde dieser Ansatz den Ansprüchen an Flexibilität und Konsistenz bald nicht mehr gerecht. Mittlerweile existiert eine Vielzahl von Data-Warehouse-Produkten, und *Enterprise Data Warehousing (EDW)* hat sich zu einem reifen, wenn auch recht komplexen Technologiefeld entwickelt. Entsprechend vielfältig ist die Vorstellung von einer passenden Architektur einer solchen Systemumgebung: Allgemeine Einigkeit besteht zumindest darin, dass eine Schichtenarchitektur zu favorisieren ist. Die Schichten bauen aufeinander auf und stehen für verschiedene, zusammenhängende Aufgaben. Grundsätzlich wandeln sie granulare Daten aus Quellsystemen in integrierte, fehlerfreie Informationen um, die dem Anwender mittels weitergehender Analysen einen Mehrwert in Form von zusätzlichem Wissen bringen sollen (Stichwort »Business Intelligence«).

Die Grundarchitektur lässt sich in zwei große Bereiche gliedern:

1. Enterprise Data Warehouse

Das »Kern-EDW« hält die Quelldaten bereinigt und konsistent vor und bietet somit den sogenannten *single-point-of-truth* für alle Anwendungen, welche die Inhalte des Systems konsumieren. Das schafft eine integrierte, granulare, historisch vollständige und somit verlässliche Datenbasis, welche anwendungsneutral definiert ist. Ein weiteres Ziel ist es, Daten möglichst redundanzfrei, aber oft wiederverwendbar zu halten (»build once – deploy many«). Das EDW bildet folglich die Grundlage für den flexiblen Aufbau und Betrieb konsistenter BI-Anwendungen.

2. Data-Marts

Dieser Bereich baut auf das obige »Kern-EDW« auf und nutzt die dort vorgehaltenen Dateninhalte für den Aufbau *individueller analytischer Anwendungen*. Diese beinhalten meist multidimensionale Auswertungsstrukturen und werden, basierend auf spezifischen Anforderungen, umgesetzt. Es handelt sich hierbei nicht notwendigerweise, aber doch relativ häufig, um aggregierte Sichten der granularen EDW-Daten. Sie nutzen idealerweise systemweit gültige und einheitliche Stammdatenobjekte.

6.1 Layered Scalable Architecture klassisch

Um 2008 hat die SAP SE eine allgemeingültige Referenzarchitektur namens »*Layered Scalable Architecture (LSA)*« vorgestellt, anhand derer ein Enterprise Data Warehouse mit einem klassischen BW aufgebaut werden kann. Die konzeptionellen Grundlagen hierfür stammen u. a. aus der von Bill Inmon definierten *Corporate Information Factory* (1998). Damit wurden vor allem drei Ziele verfolgt:

1. Beschreibung einer allgemeingültigen Architektur, die vollständig und skalierbar ist sowie auf bewährten Praktiken aufbaut und anerkannte EDW-Prinzipien berücksichtigt.

2. Definition von Richtlinien und Standards zum Aufbau von performanten, flexiblen und wartbaren EDW-Anwendungen auch in komplexen, global agierenden Organisationen.

3. Bereitstellung einer Referenzgrundlage für die Ableitung einer kundenindividuellen Data-Warehouse-Architektur.

Die BW-LSA-Referenzarchitektur gliedert sich in die in Abbildung 6.1 dargestellten Schichten (Layer). Diese bauen streng aufeinander auf und sind somit voneinander abhängig. Nur in seltenen Ausnahmefällen sollte eine Schicht ausgelassen werden. Der Datenfluss erfolgt von der Datenbeschaffung ausgehend nach oben bis in die einzelnen Reporting-Applikationen.

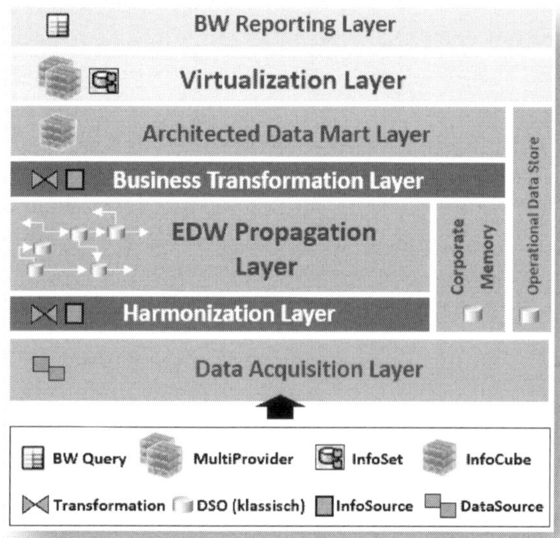

Abbildung 6.1: Layered Scalable Architecture – BW klassisch

In jeder Schicht kommen bestimmte BW-Objekte zum Einsatz. Nachfolgend werden die für jede Schicht typischen Objekte genannt, was aber nicht ausschließen soll, dass in besonderen Fällen auch andere genutzt werden können. Die LSA schlägt jeweils geeignete Modelle vor, verbietet aber den Einsatz anderer Lösungen grundsätzlich nicht.

Data Acquisition Layer

Objekte: BW-DataSource (PSA-Tabelle) mit InfoPackage.

Diese Schicht stellt die Schnittstelle vom Data Warehouse zu seinen Quellsystemen dar. Sie nimmt Quelldaten verschiedenster Systeme auf und initiiert die Verarbeitung im BW. Die Daten werden im Format des Quellsystems gehalten und (noch) nicht verändert.

Harmonization Layer

Objekte: Transformation mit DTP, InfoSource.

Hier werden die Daten vereinheitlicht und so geändert, dass sie in ausreichender Datenqualität in der EDW-Propagation-Schicht abgelegt werden können. Der damit verbundene Aufwand ist sehr stark abhängig von der Quelle, aus der die Daten stammen. Es wird keine anwendungsspezifische Logik bearbeitet, sondern es werden nur allgemeingültige Änderungen vorgenommen. Sind mehrere Transformationen nötig, so lassen sich diese über InfoSources verbinden; es ist aber auch denkbar, dass die Daten in Ausnahmefällen persistent in DSOs zwischengespeichert werden.

EDW Propagation Layer

Objekte: Standard DSO (klassisch), SPO.

Diese Schicht stellt »das Herz« des Systems dar, denn sie bedient sämtliche BI-Applikationen. Schnelle Verteilung und Wiederverwendbarkeit sind entscheidende Eigenschaften auf dieser Ebene. Daher werden die Informationen in DSOs vorgehalten, die in größeren Systemen auch semantisch partitioniert sein sollten.

Business Transformation Layer

Objekte: Transformation mit DTP, InfoSource.

Hier werden die Daten gemäß den individuellen Anforderungen (»Business-Logik«) einzelner Anwendungen transformiert. Analog zur Harmonization-Schicht gilt hier ebenfalls, dass InfoSources die Verknüpfung mehrerer Transformationsregeln ermöglichen; je nach Komplexität der geforderten Business Logik kann es aber auch erforderlich sein, Daten in DSOs zwischenzuspeichern.

Architected Data-Mart Layer

Objekte: InfoCube, SPO.

In dieser Ebene wird das Ergebnis der Business-Transformation abgelegt, damit BW Berichte zur Analyse definiert werden können. In der Regel kommen hier InfoCubes zum Einsatz, damit flexibel und schnell mit den Ergebnisdaten gearbeitet werden kann. Um die Datenbank-Performance noch zu erhöhen, bietet sich eine semantische Partitionierung an oder der Einsatz des BW Accelerators. Auch Planungsszenarien lassen sich in dieser Schicht abbilden.

Virtualization Layer

Objekte: MultiProvider, InfoSet.

Aus Gründen der Flexibilität wird immer empfohlen, Queries ausschließlich auf virtuellen InfoProvidern anzulegen. Auf diese Weise wird die Reporting-Schicht von den physischen Daten entkoppelt.

BW Reporting Layer

Objekte: BW-Query.

Hier werden die Datenmodelle der einzelnen Data Marts für Reporting-Werkzeuge zugänglich gemacht. Das Basisobjekt für das Berichtswesen ist die Berichtsdefinition, die in Form von Queries angelegt und vom *BW Analytic Manager* zur Laufzeit verarbeitet werden.

Corporate Memory

Objekte: schreiboptimiertes DSO (klassisch).

Das Corporate Memory ist ein separater Block in der Architektur und wird unabhängig von allen anderen Schichten mit den Quelldaten befüllt. Es wird dabei eine vollständige granulare Historie der geladenen

Daten aufgebaut, damit man für Rekonstruktionen im Fehlerfall nicht auf die Quellsysteme zurückgreifen muss.

Operational Data Store

Objekte: DSO (klassisch), virtueller InfoCube, Hybrid Provider.

Dieser Bereich ist für operative und zeitnahe Datenanalysen vorgesehen. Quelldaten werden in kurzen Zeitintervallen extrahiert und ggf. in die EDW-Propagation-Schicht integriert. Anstelle dieses ressourcenintensiven Vorgehens kann auch ein virtueller direkter Zugriff erfolgen, um dem Real-time-Aspekt besser Rechnung zu tragen.

6.2 Layered Scalable Architecture auf HANA

Wie Sie schon an vielen Beispielen in den Kapiteln zuvor sehen konnten, bietet SAP HANA als Datenbank für Ihr BW-System ein sehr hohes Maß an Flexibilität bei der Realisierung von Modellierungskonzepten. Dies schlägt sich auch auf die LSA-Referenzarchitektur nieder, die in ihrer bisherigen Form nur bedingt geeignet ist, BW auf HANA bzw. BW/4HANA abzubilden. Somit ist aus LSA eine HANA-optimierte Erweiterung hervorgegangen, die als *LSA++* bekannt ist.

LSA++ steht für eine überarbeitete, ganzheitliche Schichtenarchitektur, welche auf die Besonderheiten von BW auf HANA und BW/4HANA ausgerichtet ist. Damit ist HANA aber auch zwingende Voraussetzung, um die Referenzarchitektur von LSA in LSA++ zu überführen. Der flexible und konsistente Kern des EDW bleibt hierbei bestehen und wird in der LSA++ mit speziellen Services für operationale und flexible Daten angereichert.

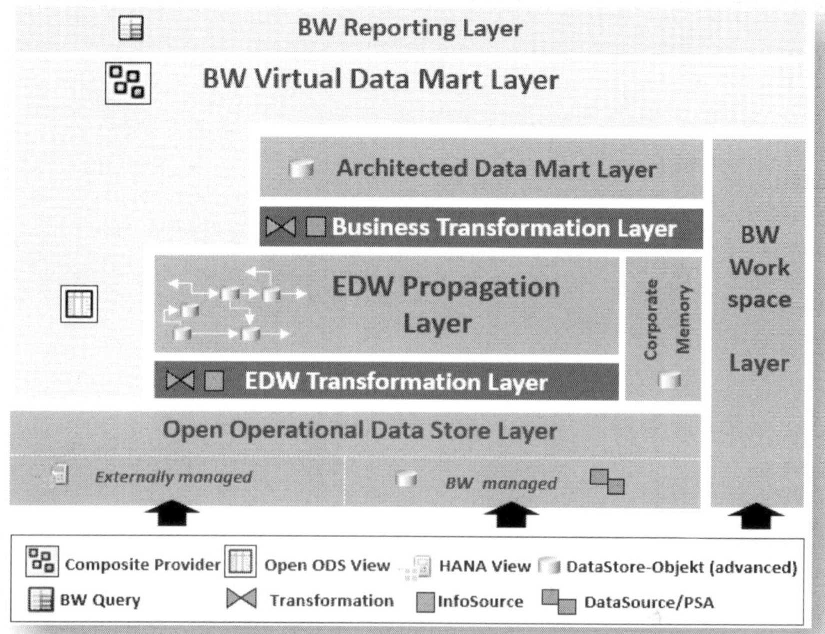

Abbildung 6.2: Layered Scalable Architecture++

Anhand von Abbildung 6.2 können Sie erkennen, wo genau die Erweiterungen in Bezug zur ursprünglichen LSA liegen:

- Die Virtualisierungsschicht, die Daten für die Reporting-Werkzeuge bereitstellt, ist in LSA++ deutlich breiter und flexibler aufgestellt, denn sie kann praktisch aus jeder anderen persistenten Schicht Daten konsumieren. Dies ist möglich, da Queries seit BW auf HANA ohne Performancenachteile auf DataStore-Objekten ausgeführt werden können. Somit können Berichte beispielsweise auch auf die EDW-Propagation-Schicht aufsetzen, ohne dass explizit eine Business Transformation und ein separater Data Mart aufgebaut werden müssen.

- Die Operational-Data-Store-Schicht aus der LSA ist in ihrer ursprünglichen Form nicht mehr vorhanden. Sie wird durch den Direktzugriff der im BW virtuellen Data-Mart-Schicht auf die Eingangsebene des EDWs ersetzt.
- Die Eingangsschicht, bisher Data-Acquisition-Schicht genannt, wurde umbenannt in *Open-Operational-Data-Store-Schicht* und hat sich in ihrem Funktionsumfang klar erweitert.
- Mit *BW Workspaces* ist ein neuer Bereich hinzugekommen.
- Die neuen HANA-spezifischen InfoProvider kommen zum Einsatz.

Im Folgenden beschreiben wir alle LSA++-Schichten und nehmen Bezug auf die bisherige Bedeutung im LSA-Kontext. Außerdem werden die BW-Objekte aufgelistet, die in dieser Schicht typischerweise vorzufinden sind.

Open Operational Data Store Layer (Open ODS Layer)

Neuer Name für die bisherige Data Acquisition Layer.

Neue Objekte: HANA View, ADSO.

Diese Schicht ist weiterhin die Eingangsschicht der Architektur. Ihre Reichweite dehnt sich allerdings auf **alle** Tabellen in der HANA-Datenbank aus. Es wird unterschieden, wo genau diese vorliegen: im BW-verwalteten Schema (a) oder in sonstigen Schemata (b) (siehe auch Beispiel der hybriden Modellierung in Abbildung 5.41):

a) Im BW-verwalteten Schema liegen solche Daten vor, die über Standard-SAP-BW-Quellsysteme, deren DataSources und entsprechende von BW-gesteuerte Prozesse übertragen wurden. Die dazugehörigen Daten liegen im BW-Schema in entsprechend von der BW-Applikation verwalteten Tabellen vor und können von hier mittels Transformation/DTP in die EDW-Propagation-Schicht weiterverbucht werden.

b) Hier liegen die Daten anderer Applikationen. Sie können auf folgende Weise nach HANA übertragen werden:

- durch Applikationen, die direkt auf HANA verbuchen,
- aus externen Quellen durch ETL-Werkzeuge,
- aus externen Quellen durch Replikationswerkzeuge,
- durch »Data Federation«, d. h. virtuelle Anbindung externer Quellen.

Diese Daten liegen nicht im Einflussbereich der BW-Applikation. Daher sind sie im EDW zunächst unbekannt, können aber durch die neuen Datenmodelle in das BW integriert werden. Die Open-ODS-Schicht bietet somit einen einheitlichen Zugang zu Daten auf der gesamten HANA-Datenbank sowie zu den durch ein Standard-BW-Quellsystem angebundenen Datenquellen. Diese Daten entsprechen in Format, Qualität und Granularität der jeweiligen Datenquelle. Obwohl die Daten auf Feldebene vorliegen, sind sie dennoch durch die Virtualization Layer konsumierbar. Eine Integration in die klassischen BW-Schichten ist optional. Sie kann ausbleiben, um u. a. real-time operatives Reporting zu ermöglichen.

EDW Transformation Layer

Neue Bezeichnung für LSA Harmonization Layer, inhaltlich sonst keine Änderung.

EDW Propagation Layer

Neues Objekt: ADSO.

Erweiterung um die Option, Datenmodelle dieser Schicht direkt durch die Virtualization Layer der BW-Reporting-Schicht bereitzustellen, ansonsten unverändert.

Business Transformation Layer

Unverändert.

Architected Data Mart Layer

Neues Objekt: ADSO.

Die Bedeutung dieser Schicht hat sich verringert, da es in LSA++ nicht mehr zwingend notwendig ist, Data Marts aufzubauen, um eine vollständige EDW-Architektur für das Berichtswesen abzubilden. Voraussetzung für das Auslassen dieser Schicht ist allerdings, dass die Logik der Business Transformation Layer an anderer Stelle integriert werden kann (BW Reporting Layer oder EDW Transformation Layer).

Virtual Data Mart Layer

Neuer Name für Virtualization Layer.

Neue Objekte: CompositeProvider, Open ODS View

BW Reporting Layer

Neuer Editor zur Pflege von BW Queries (BW-Modellierungstools), ansonsten unverändert.

Corporate Memory

Neues Objekt: ADSO, ansonsten unverändert.

Operational Data Store

Diese Schicht wurde in LSA++ entfernt. Ihre Rolle wird von der Open ODS Layer übernommen.

BW Workspaces

Objekte: Local Provider, Local CompositeProvider

Dieser neue Bereich ist zur Beantwortung von Ad-hoc-Anforderungen gedacht, deren Umsetzung in der robusten Kernarchitektur des Data Warehouse zu langwierig und ressourcenintensiv wäre. Erfahrene Anwender sollen befähigt werden, selbstständig und weitgehend unabhängig von der zentralen IT-Abteilung Erweiterungen an bestehenden Modellen vorzunehmen. Dazu erhalten sie entsprechende Werkzeuge in Form von BW Workspaces (siehe Abschnitt 6.3.5).

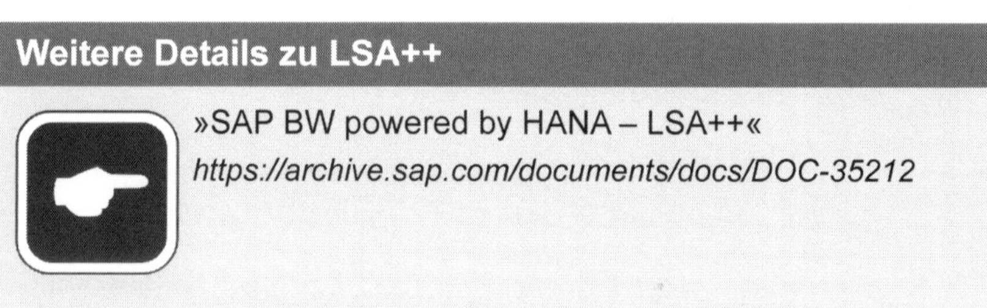

6.3 Umwandlung einer LSA in LSA++

In diesem Abschnitt erläutern wir Ihnen, wie Sie ein BW-System, welches nach LSA-Prinzipien strukturiert ist und betrieben wird, im Anschluss an eine erfolgreiche Migration auf SAP HANA schrittweise in eine erweiterte LSA++-Architektur überführen.

6.3.1 Wichtige applikationsseitige BW-Post-Migrationstätigkeiten

Nach der technischen Migration der Datenbank unter Ihrem BW-System nach HANA und einem zusätzlichen Upgrade Ihrer ABAP-Applikation sind folgende SAP-Reports für Nacharbeiten notwendig, bevor Sie das System zur normalen täglichen Nutzung freigeben können:

1. RS_BW_POST_MIGRATION (entspricht Transaktion **STC01** mit Aufgabenliste SAP_BW_AFTER_MIGRATION),
2. RSDU_MOVE_TO_COLUMN (SAP-Hinweis 2044047),
3. SHDB_MIGRATION_CHECK (SAP-Hinweis 1785060),
4. RSDU_TABLE_CONSISTENCY (SAP-Hinweis 1937062).

Weiterführende Quelle

»SAP First Guidance – Migration to SAP BW on HANA using the database migration option (DMO)«, Kapitel 3.5.3 – BW specific post steps

https://archive.sap.com/documents/docs/DOC-46824

Die Schritte in den folgenden Abschnitten sind nicht betriebskritisch und können zu einem späteren Zeitpunkt erfolgen.

6.3.2 Migration zu HANA-optimierten Modellen und Abläufen

Grundsätzlich können Sie Ihre BW-Anwendungen auf HANA genauso betreiben wie zuvor auf einer klassischen Datenbank. Um die bestehenden BW-Anwendungen besser auf die neue HANA-Technologie abzustimmen, empfehlen wir, die folgenden Anpassungen möglichst bald nach Inbetriebnahme des migrierten Systems zu prüfen und ggf. umzusetzen:

Validierung des Konzepts aktiver Daten

Ein SAP-BW-auf-HANA-System behandelt in der Grundeinstellung alle PSA-Tabellen von BW-DataSources und alle schreiboptimierten DSOs (klassisch) als »nicht aktiv«. Wenn also im Hauptspeicher der HANA-Datenbank die Ressourcen knapp werden, dann werden diese

Teile mit höherer Priorität als andere BW-Anwendungsinhalte aus dem Speicher entfernt (siehe Abschnitt 4.1.1). Diese Grundeinstellung folgt dem LSA-Gedanken, sie ist aber nicht immer von Vorteil für Ihre eigenen Anwendungen, sofern

- schreiboptimierte DSOs (klassisch) existieren, die nicht im Corporate Memory liegen und für tägliche Prozesse wichtig sind, oder
- InfoProvider vorliegen, die nur als Archiv dienen und im Normalbetrieb nie genutzt werden.

Wenn einer dieser Punkte zutrifft, dann können Sie mithilfe der Transaktion **RSDHDBMON** die Eigenschaft »frühes Entladen« für Ihre spezifischen BW-Objekte ändern. Diese Änderungen sind nicht transportierbar und in jedem System individuell umsetzbar.

Anpassung des OLAP-Ausführungsmodus

In Abschnitt 5.1.12 haben Sie gelernt, dass für den Analytic Manager mehrere Verarbeitungsvarianten bzgl. der HANA-Optimierung existieren. Für eine Query im BW gilt immer der Ausführungsmodus des InfoProviders, auf dem diese definiert wurde. In der Regel sind dies BW-MultiProvider oder schon CompositeProvider. Sie können sehr leicht in der Tabelle RSDCUBE anhand des Feldes TREXOPS prüfen, in welchem Modus Ihre InfoProvider aktuell arbeiten. Falls nötig, stellen Sie dies auf den neuen Standardwert »6« um. Dies kann pro/für jeden InfoProvider einzeln in der Transaktion **RSDIPROP** (transportierbar) oder in einem kleinen Kundenprogramm (siehe Beispielkasten) erfolgen, welches direkt in diese Tabelle schreibt.

SQL-Anweisung

UPDATE RSDCUBE SET TREXOPS = '6' CB_TREXOPS = 'X' WHERE CUBETYPE = 'M' AND (OBJVERS = 'M' or OBJVERS = 'A').

Konvertierung der InfoCubes

Wie in Abschnitt 5.1.4 detailliert erörtert, ändert sich durch HANA das physische Datenmodell der InfoCubes. Um von der optimierten Struktur profitieren zu können, müssen InfoCubes manuell und in jedem System konvertiert werden. Dies muss nicht auf einmal geschehen, aber Sie sollten zumindest schrittweise die wichtigsten und aktiv genutzten Objekte auswählen und bearbeiten. Da die Dimensionstabellen entfallen, profitieren Sie von der Konvertierung auf unterschiedlichen Ebenen: schnelleres Laden, geringerer Speicherverbrauch und mehr Flexibilität bei Anpassungen des Datenmodells. Die Reportingperformance wird sich allerdings kaum verbessern und sollte nicht Ihre Hauptmotivation sein. Für SPOs, die auf InfoCubes definiert sind, gelten diese Aussagen analog.

Anpassung der Prozessketten

In BW-Systemen ist häufig eine Vielzahl von Prozessketten im Einsatz, um die Datenbewirtschaftung zu steuern. Zahlreiche dieser Objekte enthalten potenzielle Prozessvarianten, die im HANA-Kontext keine Relevanz mehr besitzen. Eine vollständige Liste davon finden Sie in Abschnitt 5.1.11. Diese Varianten sollten möglichst entfernt werden. Auch wenn diese die Prozessausführung technisch nicht behindern, ist dies unumgänglich, um einerseits die Übersicht zu bewahren, andererseits aber auch, um die neue Prozessvariante *Trigger für Datenbank-Merge* in die Abläufe mit aufzunehmen.

Entfernen obsoleter 3.x-Objekte

Sollten Sie noch 3.x-BW-Objekte aktiv im Einsatz haben, dann empfehlen wir Ihnen, diese durch die neuen Konzepte zu ersetzen. Diese alten Objekte werden zwar in BW 7.x noch zum großen Teil unterstützt (gilt nicht für BW/4HANA), sie können aber nicht von einer HANA-Optimierung profitieren. So ist eine Nutzung von Transfer- und Fortschreibungsregeln aktuell noch möglich, dennoch empfehlen wir eine kritische Evaluation der Umstellung auf Transformationsregeln.

Praxistipp

Sie können in SAP BW auf HANA per Customizing die Funktion zum Anlegen obsoleter Objekte verbergen, siehe SAP-Hinweis 1951264.

6.3.3 Vereinfachung der Schichtenarchitektur

Abbau redundanter InfoCubes

Das klassische LSA-Konzept sieht grundsätzlich vor, die bereinigten Daten der EDW-Propagation-Schicht in ein multidimensionales InfoCube-Modell zu überführen, denn in relationalen Datenbanken ist dieses die einzige Datenstruktur, welche für flexible und schnelle Auswertungen geeignet ist. InfoCubes waren somit fester Bestandteil jeder BW-Anwendung. In BW auf HANA bzw. LSA++ ändert sich diese Sicht grundlegend, denn bzgl. Flexibilität und Performanz gibt es keinen wesentlichen Unterschied mehr zwischen InfoCube und DataStore-Objekt (klassisch). Mit BW/4HANA entfällt diese Frage ohnehin komplett.

Entscheidend für die Frage, ob man InfoCubes aus der bestehenden Architektur entfernen kann, ist also, ob diese Daten enthalten, die in der Schicht darunter nicht existieren. Sollte im Zuge der Transformation in den InfoCube komplexe Business-Logik ausgeführt werden, dann hat dieser InfoCube sicherlich seine Berechtigung. Dient er allerdings nur dazu, um existierende Daten aggregiert und in einem technischen anderen Datenmodell (Sternschema) abzubilden, dann sollte er entfernt werden. So können Sie von geringeren Ladezeiten und einem verringerten Speicherbedarf profitieren, was wiederum Ihre Systemkosten optimieren wird. Selbst wenn relevante Business-Transformationen existieren, ist immer noch zu prüfen, ob man diese Transformation nicht in andere Ebenen verlagern kann (EDW-Transformation-Schicht oder BW-Reporting-Schicht). Mit dem *Transformation Finder* existiert ein Werkzeug, welches Objekte identifizieren kann, die evtl. überflüssig sind (vgl. SAP-Hinweis 1908367).

Wir empfehlen Ihnen folgendes Vorgehen zur Prüfung, ob InfoCubes aus Ihrer existierenden Architektur entfernt werden können:

1. Einschalten der SID-Generierung im DSO (klassisch).
2. Kopie des bestehenden MultiProviders in einen strukturgleichen CompositeProvider einschließlich aller Berichte (Report RSO_CONVERT_IPRO_TO_HCPR).
3. Änderung des Mappings: Der CompositeProvider verweist auf die InfoObjects des/der DSO (klassisch) und nicht mehr auf die InfoCubes.
4. Abgleich einiger Referenzberichte, ob sie mit den Originalen inhaltlich identisch sind.
5. Vergleich der Laufzeiten mittels Laufzeitstatistiken (Transaktion **RSRT**).

Sind die Berichtsergebnisse identisch und die Laufzeiten nicht schlechter, dann spricht nichts gegen den Abbau der InfoCubes dieser Applikation. Zusätzlich ist es bei dem oben beschriebenen Vorgehen möglich, den MultiProvider durch einen CompositeProvider abzulösen (vgl. Abbildung 6.3).

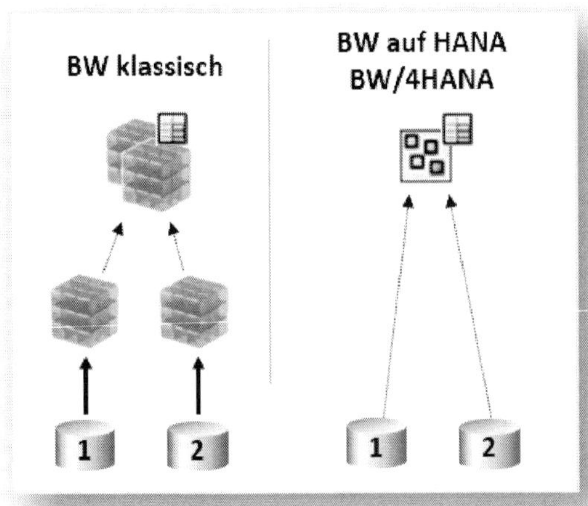

Abbildung 6.3: Abbau von InfoCube-Schichten

Sind InfoCubes in BW auf HANA also überhaupt noch relevant? Im Prinzip ist diese Frage mit »Nein« zu beantworten, denn ADSOs sind mittlerweile in der Lage, die Funktionen eines InfoCubes vollständig abzudecken (vgl. Abschnitt 5.3.1). In der Praxis wird jedoch sehr viel davon abhängen, wie aktuell Ihr BW-Release ist und wie vertraut Sie mit dem Funktionsumfang des ADSOs sind. Bei Anwendungen, die z. B. Planungsfunktionen beinhalten oder Bestandsszenarien abbilden, könnte es sein, dass Sie zumindest kurzfristig noch auf InfoCubes setzen werden. Planen Sie aber ein, solche Datenmodelle in ADSOs zu konvertieren, vor allem in Bezug auf ein Upgrade nach BW/4HANA.

Abbau weiterer Persistenzen

Ein gutes Beispiel für überflüssige Objekte liefern Szenarien, in denen SQL JOINs zum Einsatz kommen. Bisher konnte man diese Verknüpfung virtuell zwar durch ein BW-Infoset modellieren, aber die Antwortzeit war meist unbefriedigend. Daher musste man auf Ansätze ausweichen, welche die JOINs im Ladeprozess abbilden und in persistenten Datenmodellen speichern. Solche Szenarien können jetzt deutlich effizienter und HANA-optimiert durch den CompositeProvider abgebildet werden (siehe Abbildung 6.4). Es ist keine Datenspeicherung wie im Objekt Nr. 3 notwendig. Stattdessen führt der CompositeProvider die SQL-Aktivitäten ad hoc und ausschließlich in SAP HANA aus und sollte daher die bevorzugte Alternative sein.

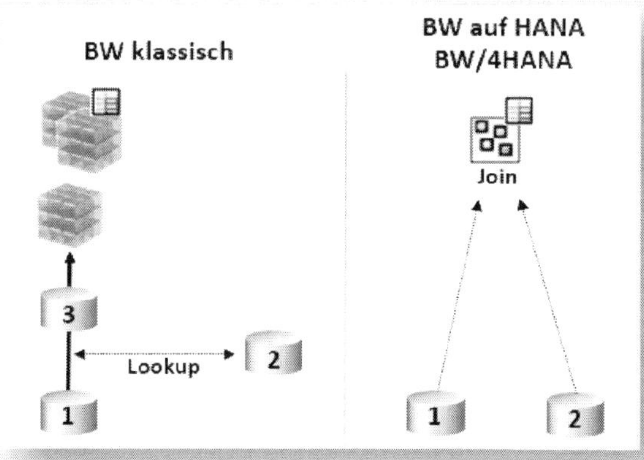

Abbildung 6.4: Virtualisierung von SQL JOINs durch CompositeProvider

6.3.4 Einsatz neuer Funktionen

Im letzten Schritt zur Überführung Ihrer Architektur in LSA++ liegt der Fokus auf den neuen Kernobjekten und modernen Funktionen von BW auf HANA bzw. BW/4HANA. In aktuellen Projekten sollten Sie versuchen, Ihr Know-how um diese Möglichkeiten zu erweitern und Ihre BW-Anwendungen gemäß LSA++-Prinzipien aufzubauen:

- Vermeiden Sie die klassischen Datenmodelle und arbeiten Sie stattdessen mit CompositeProvider, Open ODS View und ADSO.
- Modellieren Sie in den BW-Modellierungstools anstatt in SAP GUI und lösen Sie so den BEx Query Designer ab.
- Reduzieren Sie Datenredundanzen und nutzen Sie die neuen Möglichkeiten, Daten virtuell zu konsumieren.
- Modellieren Sie auf Feldebene, denn InfoObjects werden nicht immer benötigt.
- Kombinieren Sie Anwendungen mit HANA-Modellen und denken Sie an hybride Modellierungsansätze.
- Evaluieren Sie Innovationen wie BW Workspaces oder den HANA-Analyseprozess.
- Lösen Sie Berichte im BEx Analyzer oder BEx Web Application Designer ab, und nutzen Sie die modernen BI-Lösungen für den Konsum der BW-Daten.

6.3.5 BW Workspaces

BW Workspaces adressieren eine besondere Herausforderung in Data-Warehouse-Projekten: das Konfliktfeld zwischen einer zentralen IT-Abteilung mit eigenen Richtlinien und den Anforderungen einzelner Geschäftsbereiche. Die IT-Abteilung verantwortet ein zentrales System mit Service-Level-Anforderungen, Compliance-Regeln und dem Bestreben, die Daten konsistent zu halten. Damit sind ihr zumeist die Hände gebunden, wenn es um flexible, spontane Bedarfe der Anwender geht. Deren Wünsche entspringen häufig dem Tagesgeschäft und lassen sich kaum längerfristig planen. So kann es vorkommen, dass Systemanpassungen erst dann realisiert werden können, wenn es für die Anwender bereits zu spät ist.

Nehmen wir ein einfaches Beispiel, in welchem der Controller eines Geschäftsbereichs für einen aktuellen Bericht weitere Navigationsattribute nutzen möchte. Der klassische Weg über die IT-Abteilung wäre daraufhin der folgende: Prüfung, ob das »Navigationsattribut« bereits als Attribut existiert. Wenn nicht, prüfen, aus welchen Quellsystemen und -tabellen diese Information gewonnen werden kann. Darauf folgen dann die Schritte:

1. Erstellung von DataSource, InfoObject, Transformation.
2. Anpassung von Prozessketten und InfoProvider.
3. Anpassung von Queries und evtl. darauf aufbauenden Berichten anderer BI-Reporting-Clients.
4. Transport ins Testsystem und Abnahme durch Kunden.
5. Transport ins Produktivsystem u. U. erst zu einem (bestimmten) späteren Releasetermin.

Sie können sich sicherlich vorstellen, dass diese anfänglich trivial anmutende Anpassung in Organisationen u. U. mehrere Wochen oder sogar Monate in Anspruch nehmen kann. BW Workspaces bieten hierfür einen Ausweg und erweitern die Data-Warehouse-Architektur um einen Bereich, der Flexibilität und Agilität bietet.

Definition BW Workspace

Ein BW Workspace ist ein definierter begrenzter Bereich, in dem zentrale Daten für Ad-hoc-Erweiterungen freigegeben werden. Diese Freigabe erfolgt nur logisch, es findet keine Replikation statt. Die Erweiterungen haben also keinen Einfluss auf die zentrale Data-Warehouse-Architektur.

Das Ziel ist, den Endanwender selbst in die Lage zu versetzen, in diesem vordefinierten, begrenzten Datenraum frei und flexibel Anpassungen vorzunehmen, ohne die zentrale IT-Abteilung involvieren zu müssen. Der BW Workspace muss nur einmal zentral definiert werden, bevor der Anwender loslegen kann.

Es ist zu betonen, dass dieser Anwendertyp ein klares Verständnis von den Daten haben muss, die es anzupassen und zu erweitern gilt. Aus diesem Grund benötigt er neben einem Grundverständnis von SAP BW auch allgemeine Datenbankerfahrungen, um mit den verfügbaren SQL-JOIN-Typen (UNION, INNER JOIN, LEFT OUTER JOIN) korrekt umgehen zu können.

Alle Einstellungen – auch die grundlegenden Parameter zur Erstellung – erfolgen direkt im Produktivsystem. Dabei handelt es sich um nicht transportierbare Objekte. Auch diese Tatsache unterstreicht das Bestreben, das BW-System agiler zu gestalten.

Aufbau & Nutzung von BW Workspaces

1. **BW-Administrator:**

   - Arbeitsumgebung: SAP GUI, Definition und Pflege über Transaktion **RSWSP** bzw. Massenverwaltung über Transaktion **RSWSPW**.
   - Definition des Workspaces, vor allem durch Freigabe zentraler Datenmodelle (*Central Provider*) aus SAP BW: Alle MultiProvider, CompositeProvider, ADSOs, InfoCubes, klassische DSOs (Typ Standard), SPOs sowie als InfoProvider definierte InfoObjects stehen zur Auswahl. Weitere Parameter sind u. a.: Namensraum, InfoArea, Ablaufdatum, maximale Anzahl der lokalen Provider sowie maximal zur Verfügung stehender Speicherplatz.
   - Monitoring der Workspace-Nutzung.
   - Verwaltung der notwendigen Berechtigungen.

2. **BW-Workspace-Modellierer:**
   - Arbeitsumgebung: Es stehen drei Optionen zur Verfügung, die verschiedene Anwendungsszenarien und Zielgruppen ansprechen.
     1. SAP BusinessObjects Analysis for MS Excel,
     2. SAP BW Workspace Query Designer (**RSWQD**),
     3. SAP BW Workspace Designer.
   - Hochladen eigener lokaler Daten (*Local Provider*).
   - Verbinden dieser mit den zentralen BW-Datenmodellen (resultiert in einem *Local CompositeProvider*).
   - Alle notwendigen Anpassungen für ein Reporting, d. h. Erstellen von BW Queries und Verteilen der neuen Daten.

3. **Endanwender:**
   - Arbeitsumgebung: Standard Reporting Client.
   - Konsum der Berichte, die auf Basis der durch BW Workspaces erzeugten Daten definiert wurden.

Anwendungsbeispiel BW Workspaces

Sie verwalten alle SD-Vertriebsaufträge zentral in einem SAP-ERP-System und stellen diese Daten für das Reporting in SAP BW vollständig zur Verfügung. In einem externen Data-Mining-Werkzeug ermittelt der »Data Scientist« in Ihrer Organisation, welches die wichtigsten Kunden in Bezug auf den Bruttobestellwert der letzten zwölf Monate sind, und stellt Ihnen das Ergebnis als Datei zur Verfügung. Dieses *ABC-Rating* ergänzen Sie im BW Workspace Designer zu den im BW zentral verwalteten SD-Daten und verknüpfen das BW-Kundenobjekt mit dem Kundenfeld der Datei per »LEFT OUTER JOIN«. Als Ergebnis steht es sofort für alle SD-Berichte als zusätzliches Navigationsattribut zur Verfügung.

Sobald die Workspace-Modellierung abgeschlossen ist, können Sie im Query Designer die erzeugten InfoProvider für das Berichtswesen nutzen. Zur einfacheren Navigation werden all diese Objekte in einer eigenen InfoArea (@3WORKSPACE_AREA) bereitgestellt. Sie können also BW Queries entweder nur auf den lokalen Daten (Local Provider) oder auf der integrierten Sicht mit BW-InfoProvidern (Local CompositeProvider) definieren.

Wie unter 2. bereits erwähnt, stehen dem Modellierer verschiedene Werkzeuge zum Arbeiten mit BW Workspaces zur Auswahl. Anforderungen an die Funktionalität, das Know-how der Anwender und die Verfügbarkeit von Softwarekomponenten in Ihrem Unternehmen sind vermutlich die Hauptaugenmerke, nach denen Sie sich für ein Werkzeug entscheiden werden. Für den »normalen« Anwender steht mit *SAP BusinessObjects Analysis* eine MS-Excel-basierte Oberfläche zur Verfügung, die neben vielfältigen Analysemöglichkeiten auch drei Schaltflächen für das Modellieren in einem BW Workspace anbietet (siehe Abbildung 6.5). Die Funktionalitäten sind zwar beschränkt; sollten Sie diese Software für das Berichtswesen aber sowieso schon im Einsatz haben, wäre sie das erste Mittel der Wahl.

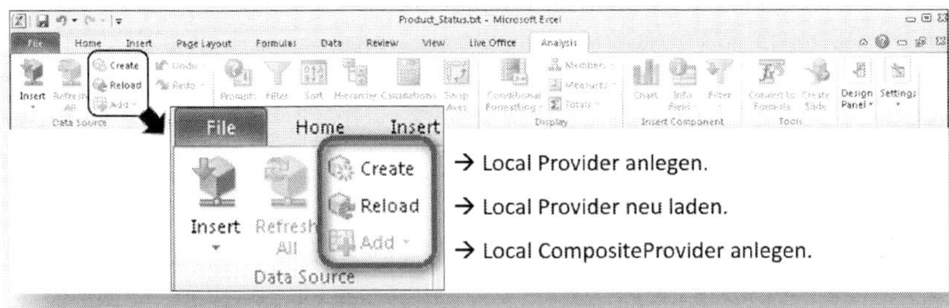

Abbildung 6.5: BW Workspace in SAP BO Analysis für MS Excel

Der *BW Workspace Query Designer* erfordert keine zusätzlichen Softwareclients und bietet eine webbasierte Anwendungsoberfläche, die man im Standard-SAP-GUI über die Transaktion **RSWQD** aufruft (siehe Abbildung 6.6). Wie der Name sagt, liegt hier der Fokus nicht nur auf der Datenanreicherung, sondern auch auf deren Nutzung: Queries können sofort erzeugt werden. Hierfür gibt es eine vereinfachte Oberfläche zur Query-Definition, die z. B. auf technische Namen verzichtet.

Die hier definierten Berichte können als zentrale Objekte markiert werden, sodass sie allen BW-Usern zur Verfügung stehen.

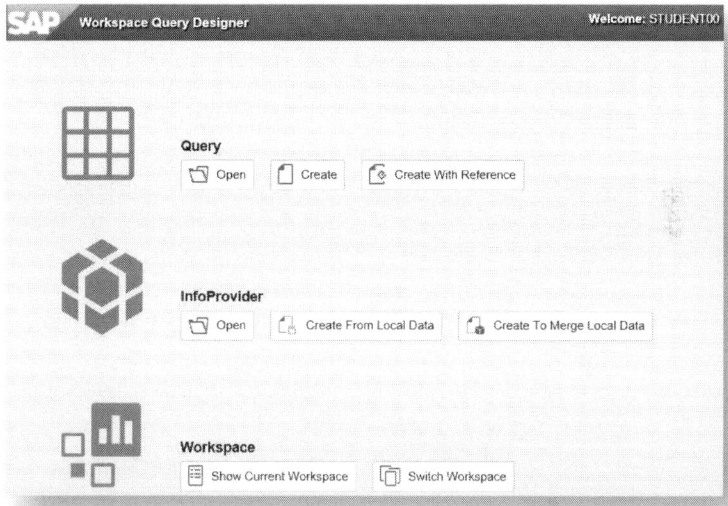

Abbildung 6.6: BW Workspace im Workspace Query Designer

Die anspruchsvollste Lösung ist der *BW Workspace Designer*, welcher im SAP NetWeaver Business Client aufgerufen wird (vgl. Abbildung 6.7).

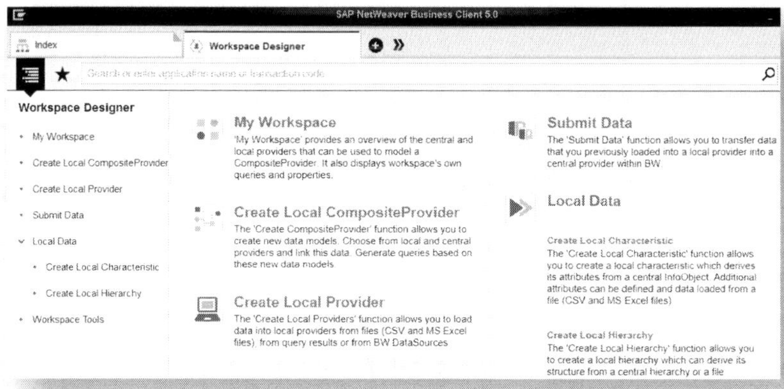

Abbildung 6.7: BW Workspace Designer im NW Business Client

Sehr erfahrene Anwender finden hier alle Funktionen, die für Workspaces verfügbar sind. Neben lokalen Stammdaten und Hierarchien lassen sich die lokalen Daten als ADSO ins BW-System übertragen und so langfristig ablegen. Zudem ist eine freie Definition der SQL-Operationen möglich. Der Anwender muss also zwischen UNION, INNER JOIN und OUTER JOIN unterscheiden können, was den potenziellen Anwenderkreis ziemlich klar definiert.

In Tabelle 6.1 finden Sie zusammengefasst eine Gegenüberstellung der drei möglichen Werkzeuge, die wir in diesem Abschnitt grob beschrieben haben. BW Workspaces ist eine der ersten In-Memory-Funktionen, die für das BW entwickelt wurden. Sie existieren schon seit dem BW Accelerator 7.2 (2011) und wurden seitdem regelmäßig erweitert. Es ist davon auszugehen, dass dieses Thema weiterhin strategisch verfolgt wird und sich die Möglichkeiten dieses Konzeptes auch mit BW/4HANA erweitern werden.

	SAP BusinessObjects Analysis für MS Excel	SAP BW Workspace Query Designer (Tr.RSWQD)	BW Workspace Designer (Portalrolle)
Anwendungsszenario:	Excel Integration	BW-Workspace-Modellierung und Queries in einem Arbeitsumgebung	BW Workspaces für Experten
Quellen des Central Provider:	Query auf Central Provider im aktuellen Navigationsstatus	BW InfoProvider	BW InfoProvider
Quellen des Local Provider:	MS Excel Arbeitsblatt	Nur Flat Files	Flat Files, BW Queries, BW DataSources
SQL Operationen des Local CompositeProvider:	Union (Kennzahlen), Left Outer Join (Merkmale)	Union (neue Daten), Inner Join (Merkm./Kennzahlen)	Union, Left Outer Join oder Inner Join frei definierbar
Weitere Funktionen:	keine	- Anlegen von Queries - Datenbereinigung	- Lokale Stammdaten und Hier. - Laden von lokalen Daten ins zentrale BW als ADSO - Integration von Planungsanwendungen - Externer HANA View - Datenbereinigung
Zielgruppe:	Standard Anwender	Erfahrender Anwender	Experte
Technische Voraussetzungen:	BW 7.3 SP7 auf HANA/BWA 7.2 oder BW/4HANA 1.0 Analysis für MS Office 1.3	BW 7.5 auf HANA oder BW/4HANA 1.0	BW 7.3 SP5 auf HANA/BWA 7.2 oder BW/4HANA 1.0, MS Office Control, SAP NW Business Client 3.0

Tabelle 6.1: Vergleich verschiedener BW-Workspace-Werkzeuge

Weitere Details zu BW Workspaces

»BW Workspaces Landing Page«
https://blogs.sap.com/2012/03/04/sap-bw-workspaces

»Introduction to BW Workspaces and its usage with SAP BusinessObjects BI Tools«
https://archive.sap.com/documents/docs/DOC-54697

7 Die neue Rolle von SAP BW für das operative Reporting

Berichtswesen auf den operativen Geschäftsprozessen in Echtzeit – das ist eine Anforderung, mit der sich Unternehmen häufig schwertun. Dieses Kapitel beleuchtet die Rolle von SAP BW in diesem Kontext und zeigt die sich durch SAP HANA ergebenden neuen Alternativen auf.

Operatives Reporting repräsentiert ein Berichtswesen, das sich auf aktuelle Tätigkeiten in den täglichen Geschäftsprozessen eines Unternehmens konzentriert und somit die taktische Entscheidungsfindung unterstützt. Ein Beschaffungscontroller beispielsweise wird zunächst den Lagerbestand prüfen, bevor er eine Bestellung auslöst. Weiterhin wird er zwischen verschiedenen Lieferanten, Versandwegen oder Produktvarianten entscheiden müssen. Um diesen Prozess optimal zu steuern, benötigt er Analysen bezüglich des Warenbestands, der Lieferqualität, Preisentwicklung usw. So ist heutzutage das typische Arbeitsmuster für viele regelmäßig wiederkehrende Geschäftsprozesse ein ständiger Wechsel zwischen Einzeltransaktion und Datenanalyse.

Für die Datenanalyse werden in der Regel aktuelle Daten auf Transaktionsebene erwartet. Obwohl diese Quelldaten im operativen SAP-ERP-System verbucht werden, wird häufig der Lösungsweg über ein externes Berichtssystem wie SAP BW vorgezogen. Gründe hierfür sind oftmals mangelnde technische Leistungsfähigkeit des ERP-Systems und unzureichende Flexibilität der darin angebotenen Auswertungsmöglichkeiten. In der Realität muss der Beschaffungscontroller unseres obigen Beispiels wahrscheinlich häufig zwischen dem ERP-System und einem oder sogar mehreren Auswertungssystemen hin- und herwechseln. Wie Sie an Abbildung 7.1 sehen, übernimmt SAP BW bisher häufig Teile des operativen Berichtswesens, auch wenn es die Anforderungen nicht vollständig abdecken kann. Die größte Herausforderung ist dabei sicherlich die zeitliche Verzögerung, die immer auftritt, wenn Quelldaten in ein separates System übertragen werden müssen. Im Geschäftsalltag bleibt daher ein Berichtswesen in Echtzeit in der Regel unrealistisch, obwohl in der Vergangenheit verschiedene Lösungsansätze hierfür entwickelt wurden (z. B. »BW Real-time Data Acquisition«).

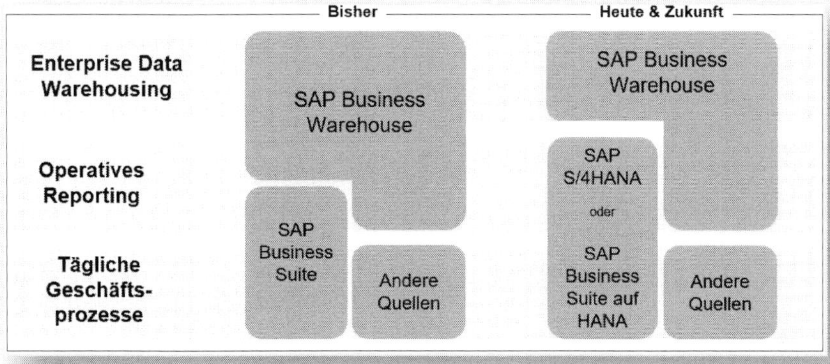

Abbildung 7.1: Neue Rolle des SAP BW

Die Entwicklung von SAP HANA bietet an dieser Stelle enormes Potenzial für Verbesserungen. Wie Sie ebenfalls in Abbildung 7.1 erkennen, sind die SAP-ERP-Lösungen auf HANA heutzutage in der Lage, die operativen Berichtsanforderungen abzudecken. Dies vermeidet eine teure Datenredundanz sowie Zeitverzögerung und verlagert diese Aufgabe dorthin zurück, wo sie am besten umgesetzt werden kann: in das Quellsystem.

Kann man daraus folgern, dass SAP BW überflüssig wird, wie manche behaupten? Wir sind überzeugt, dass dies nur für ganz seltene Ausnahmen zutreffen wird: Nur wenn das BW-System ausschließlich für operatives Reporting genutzt wird und diese Rolle vollständig vom SAP-ERP-System übernommen werden kann, ist BW tatsächlich überflüssig. In den allermeisten Organisationen ist die Hauptaufgabe des BW jedoch, Daten aus verschiedensten Quellen zu integrieren und so aufzubereiten, dass eine bestmögliche Unterstützung für taktische und strategische Entscheidungsfindungen gegeben ist. Für die Kernfunktion »Enterprise Data Warehousing«, bei der Daten langfristig und bewusst in vom Quellsystem abweichenden Strukturen abgelegt werden, wird BW auch in Zukunft das SAP-Werkzeug der Wahl sein.

Operatives Berichtswesen kann demgegenüber nur genau die Daten abbilden, die im SAP-ERP-System vorhanden sind. Das bedeutet konkret: Daten, die archiviert oder mittlerweile überschrieben wurden, stehen nicht für das Reporting oder die Planung zur Verfügung. Im BW hingegen können Sie Daten unabhängig von der Archivierungsstrategie des Quellsystems aufbewahren, verdichten oder entfernen.

Im weiteren Verlauf dieses Kapitels werden wir Ihnen die neuen Auswertungsmöglichkeiten im SAP ERP vorstellen und aufzeigen, wie diese mit SAP BW zusammenwirken können.

7.1 Operatives Berichtswesen in SAP ERP

Wir haben bereits hervorgehoben, dass SAP HANA die ideale In-Memory-Plattform für Analysen (OLAP) *und* tägliche Geschäftsprozesse (OLTP) bietet. Nur mit SAP HANA als Basis lassen sich Analysen direkt auf SAP-ERP-Daten erstellen und ein tieferes Verständnis der aktuellen Geschäftsdaten in Echtzeit erhalten. Inzwischen wird auch die Zusammenführung von OLTP- bzw. OLAP-Anwendungsfällen im Originalsystem ermöglicht und erfüllt damit die ursprüngliche Vision von SAP HANA, transaktionale sowie analytische Aufgaben aus einer Datenbasis heraus und im selben System bedienen zu können.

Das SAP-Lösungsportfolio von HANA-basierter ERP-Software besteht aus den beiden Produkten *SAP Business Suite powered by SAP HANA* und *SAP S/4HANA*. Wie Sie im weiteren Verlauf dieses Kapitels noch sehen werden, sind sich die Lösungen für operatives Reporting in diesen beiden Produkten konzeptionell zwar sehr ähnlich, unterscheiden sich allerdings nicht nur in der technischen Umsetzung, sondern auch in ihrer Bezeichnung:

- *SAP HANA Live für SAP Business Suite*
- *SAP S/4HANA embedded analytics*

Sofern im Folgenden nicht ein Produkt explizit angesprochen wird, nutzen wir in diesem Buch den Begriff »operatives SAP-Berichtswesen« gleichbedeutend für diese beiden SAP-Lösungen.

Das operative SAP-Berichtswesen ermöglicht den hochperformanten Zugriff auf SAP-Daten in der SAP-HANA-Datenbank mithilfe von Views. So werden kurzfristige Analysen großer Datenmengen in Echtzeit angeboten, ohne die Daten in ein separates System transferieren zu müssen. Dies erlaubt Anwendern, aus relevanten aktuellen Daten Entscheidungen für einzelne Geschäftsprozesse abzuleiten, ohne gesonderte Analysen aufrufen oder IT-Experten zu Rate ziehen zu müssen. Laufende Prozesse können so reibungsloser und vor allem schneller durchlaufen werden.

Das operative SAP-Berichtswesen verfolgt folgende Ziele:

- Echtzeitzugriff auf die Daten aus der SAP Business Suite bzw. SAP S/4HANA,
- Darstellung von Informationen, die möglichst keine weitere Interpretation über Konfigurationstabellen benötigen,
- einheitliche und international verständliche Bezeichnungen für die Tabellenfelder,
- flexible Erweiterbarkeit der Views,
- Kombinierbarkeit verschiedener Datenquellen, sowohl innerhalb von SAP-Anwendungen als auch mit fremden Datenquellen,
- Grundlage für die Entwicklung innovativer neuer Anwendungen,
- freie Wahl des Berichtswerkzeugs inkl. Drittanbieter.

Das Datenmodell ist mehrstufig aufgebaut, d. h., ein View kann in mehrere andere Views eingebunden sein oder selbst andere ausgelieferte Views nutzen. Gemeinsam bilden sie das sog. *Virtuelle Datenmodell (VDM)*. Das ausgelieferte VDM kann von Kunden und Partnern flexibel angepasst und erweitert werden. Es ist klar strukturiert und gliedert sich in die in Tabelle 7.1 dargestellten drei Schichten.

	SAP HANA Live	SAP S/4HANA embedded analytics
3. Schicht VDM	Query View	Consumption View
2. Schicht VDM	Reuse View	Interface View (früher auch Composite Interface View)
1. Schicht VDM	Private View	Private View (früher auch Basic Interface View)
Grundlage	physische Tabellen der SAP-ERP-Lösung auf SAP HANA	

Tabelle 7.1: Das Virtuelle Datenmodell (VDM)

1. *Private Views* sind SAP-interne Views, die nicht geändert werden sollten. Sie fassen bestimmte SQL-Transformationen aus einer oder mehreren Basistabellen zusammen. Es handelt sich dabei häufig um große, zentrale SAP-Tabellen wie ACDOCA (FI-Einzelposten in SAP S/4HANA), VBAK (SD-Vertriebsauftrag) oder KNA1 (Kundenstamm). Die Views enthalten zumeist eher technische und weniger geschäftsprozessorientierte Logiken, weswegen ihre direkte Verwendung für Reportingzwecke nicht empfohlen ist.

2. *Interface Views/Reuse Views* sind der eigentliche Kern des virtuellen Datenmodells und bauen auf den Private Views oder direkt auf den Basistabellen auf. Sie stellen die Daten in einer wohlstrukturierten, konsistenten und verständlichen Art und Weise dar und decken dabei alle Daten zu einem konkreten Geschäftsvorfall ab. Typische Inhalte sind JOINs zusammenhängender Basistabellen bzw. Private Views, das Setzen konstanter Filter, die Ableitung weiterer Attribute sowie die Berechnung zusätzlicher Kennzahlen. Interface Views/Reuse Views können kopiert und kundenspezifisch angepasst werden, wenn neue Tabellen oder Tabellenfelder hinzukommen. Wie der Name besagt, sollten sie von anderen HANA-Modellen wiederverwendet, ein direkter Zugriff durch Reporting-Werkzeuge aber vermieden werden.

3. *Consumption Views/Query Views* sind für den Einsatz in analytischen Anwendungen (z. B. SAP Fiori), in Berichtswerkzeugen (z. B. SAP BusinessObjects) oder auch in SAP-ABAP-Anwendungen vorgesehen. Sie bauen auf den zuvor beschriebenen View-Typen

auf und definieren selbst Erweiterungen, die korrekte und komfortable Abfragen möglich machen. Beispiele hierfür sind Währungs- bzw. Einheitenumrechnungen, Eingabevariablen, Datentypkonvertierungen und die Verknüpfung von Schlüsselwerten zu Texten.

Neben diesen konzeptionellen Gemeinsamkeiten bestehen grundlegende Unterschiede zwischen den beiden Reporting-Lösungen. Diese finden Sie grob in Tabelle 7.2 aufgelistet. Hervorzuheben ist zunächst, dass beide auf verschiedene physische Datenmodelle aufsetzen. Für ein SAP-Business-Suite-auf-HANA-System ist es demnach z. B. nicht möglich, den Content für »S/4HANA embedded analytics« zu nutzen.

	SAP HANA Live	SAP S/4HANA embedded analytics
Lösungsinhalt	SAP Content für operatives Berichtswesen der SAP-Geschäftsprozesse in Echtzeit	
Lösungsgrundlage	Dreischichtiges virtuelles Datenmodell: Vordefinierte Architektur ohne eigene Datenhaltung	
Verfügbar für	SAP Business Suite auf SAP HANA	SAP S/4HANA
Verfügbar seit	2012	2015
Architektur	Sidecar oder integrierter Ansatz	Voll integriert in S/4HANA (seit Release 1511)
Installation	Separate Installation in SAP HANA	Keine zusätzl. Installation, Teil des S/4HANA Core
Technologie	SAP HANA Calculation Views	SAP ABAP Core Data Services (CDS) Views
Entwicklungsumgebung	SAP HANA Studio/HANA Modeler oder SAP HANA Web IDE/ HANA Modeler	SAP HANA Studio/ABAP Development Tools
Engines	HANA engines	Analytic Manager des embedded SAP BW
Semantik	HANA-Datentypen	Volle Integration ins ABAP DDIC
Verarbeitung	SQL-Request wird zur Laufzeit erzeugt	SQL-Request wird bei Aktivierung erzeugt
Benutzerverwaltung	SAP-HANA-Datenbank-Benutzer	SAP-ABAP-Applikation-Benutzer
Berechtigungswesen	SAP-HANA-Datenbank-Privilegien/Rollen	SAP-ABAP-Applikationsberechtigungen/-rollen
Transportwesen	SAP HANA	SAP ABAP (STMS)
ERP-Hierarchien	Manuelle Pflege	Können wiederverwendet werden
Reportingschnittstellen	SQL, MDX	BICS, InA, oDATA
Begleitende Werkzeuge	View Browser, Authorization Assistant, Extension Assistant	Query Browser, View Browser, Query Designer, KPI Modeling App, Analytical Apps etc.

Tabelle 7.2: Vergleich SAP HANA Live mit SAP S/4HANA embedded analytics

Ein weiterer elementarer Unterschied besteht in der jeweils zugrunde liegenden Technologie: Bei HANA Live kommen *HANA Calculation Views* zum Einsatz. Im Gegensatz dazu besteht das S/4HANA VDM aus *SAP ABAP Core Data Services Views (CDS)*. Unterschiede zwischen den Entwicklungsumgebungen, Schnittstellen, Werkzeugen, der Benutzerverwaltung, dem Berechtigungswesen, Transportwesen etc. lassen sich auf diesen wichtigen Punkt zurückführen. Durch den Wechsel zurück auf ABAP-Artefakte ist es gelungen, die Nachteile in HANA Live bzgl. Transporte, Berechtigungen und Hierarchien zu reduzieren, denn wohlbekannte Services der ABAP-Applikationsschicht können nun für »S/4HANA embedded analytics« wiederverwendet werden und diese Punkte abdecken.

Weitere Details zu SAP HANA Live bzw. SAP S/4HANA embedded analytics

»SAP HANA Live Hilfe und Umfang der Lösung«
https://help.sap.com/viewer/p/SAP_HANA_LIVE

»SAP-Hilfe zu SAP HANA Live – Virtuelles Datenmodell«
http://help.sap.com/saphelp_hba/helpdata/en/e1/1389b514ca4e828a5f6e97cab8be02/content.htm

»SAP HANA Live and SAP S/4HANA embedded analytics«
https://blogs.sap.com/2013/01/02/sap-hana-live-s4hana-embedded-analytics/

»Getting started with SAP S/4HANA embedded analytics«
https://blogs.sap.com/2016/05/27/getting-started-with-s4-hana-embedded-analytics/

»FAQ SAP S/4HANA embedded analytics«
http://go.sap.com/germany/documents/2015/11/7e25a80f-507c-0010-82c7-eda71af511fa.html

7.2 Zusammenwirken von SAP BW mit dem operativen Berichtswesen

Mit SAP HANA Live bzw. S/4HANA embedded analytics füllt SAP die ursprüngliche HANA-Vision, transaktionale und analytische Anwendungsfälle aus einem System und aus einer Datenbasis heraus bedienen zu können, mit Leben. Allerdings sollten Sie diese Lösungen dem BW nicht pauschal gegenüberstellen, sondern (lieber) auch den Mehrwert durch Hybrid-Szenarien ins Auge fassen. Denn durch die Verfügbarkeit dieser Komponenten auf SAP HANA ergeben sich interessante Optionen, die operativen Daten der Views in BW-Datenflüsse einzubinden und damit die Stärken beider Modelle zu verbinden. Die bereitgestellten virtuellen Datenmodelle und alle damit verbundenen Werkzeuge stellen nämlich keineswegs einen Ersatz, sondern vielmehr eine sehr gute Ergänzung zu einem BW-basierten Enterprise Data Warehouse dar.

Die Views des operativen Berichtswesens lassen sich über die neuen BW-Datenmodelle *Open ODS View* (im Fall von HANA Live Calculation Views auch über *CompositeProvider*) in die Data-Warehouse-Architektur einbinden. Dies erfolgt virtuell ohne physischen Datenfluss und gilt sowohl für Stammdaten als auch für Bewegungsdaten. Außerdem ist die Möglichkeit einer Datenreplikation gegeben, denn sowohl für HANA Live Views als auch für S/4HANA CDS Views stehen im BW entsprechende Quellsystemschnittstellen basierend auf »Operational Data Provisioning« zur Verfügung (ODP_HANA und ODP_CDS).

Weitere Details zur Integration von operativem Reporting in SAP BW

»The end of SAP BW in the context of SAP S/4HANA is not in sight«
https://blogs.sap.com/2016/04/07/the-end-of-sap-business-warehouse-in-the-context-of-sap-s4hana-is-not-in-sight/

»Go Hybrid – SAP HANA Live & SAP BW Data Integration!«
https://blogs.sap.com/2014/05/26/go-hybrid-sap-hana-live-sap-bw-data-integration/

»SAP HANA Live & SAP BW Data Integration – A Case Study«
https://archive.sap.com/documents/docs/DOC-55312

»Unified solution of SAP BW and SAP S/4HANA embedded analytics«
https://blogs.sap.com/2015/11/23/unified-solution-sap-s4hana-embedded-analytics-sap-business-warehouse-powered-by-sap-hana/

»Unified Solution – SAP S/4HANA embedded analytics & SAP Business Warehouse powered by SAP HANA«
https://archive.sap.com/documents/docs/DOC-68337

8 Zusammenfassung und Ausblick

Sie haben auf den vorangegangenen Seiten detailliert die neuen Funktionen und HANA-spezifischen Optimierungen für BW bzw. BW/4HANA kennengelernt. Diese Vorteile möchten wir nun für Sie noch einmal zusammenfassen und Ihnen aufzeigen, wie Sie sie nutzen können, um Kosten einzusparen und Ihren Systembetrieb effizienter zu gestalten.

8.1 Wie Sie von BW auf HANA profitieren

Performance ist häufig die erste Eigenschaft, die mit SAP HANA in Verbindung gebracht wird – das ist auch im Zusammenhang mit BW oder BW/4HANA nicht anders. Dabei gehen die Vorteile von HANA als Plattform für BW deutlich über die Performance-Aspekte hinaus. Wie Hasso Plattner schon sagte, zählt nicht die Geschwindigkeit selbst, sondern was durch die Geschwindigkeit ermöglicht wird. Deshalb sind die wesentlichen Vorteile von BW auf HANA neben der Performance: Simplifizierung und Optimierung.

Simplifizierung beschreibt den aus Sicht der Endbenutzer, Entwickler und Administratoren einfacheren Umgang mit dem System in alle Bereichen. *Optimierung* beinhaltet neben der Performance auch die Verschlankung von Prozessen und tiefere Integration mit HANA, besonders auch durch den Code-Push-Down (vgl. Abschnitt 5.1.1) sowie der Nutzung von Funktionen der HANA-Plattform. Diese Vorteile wirken sich direkt in niedrigeren Betriebskosten aus. Welche Vorteile Sie im Einzelnen erzielen können, werden wir Ihnen nachfolgend genauer erläutern.

8.1.1 Vorteile im Reporting

Die größte Verbesserung im Reporting betrifft sicherlich die *Performance* und damit die konsequente Fortführung der Grundidee des BWAs, mehr und mehr OLAP-Funktionen in die Datenbank (siehe Abschnitt 5.1.12) zu verlagern und schließlich nur noch die aggregierten Ergebnisse an den Bericht zu liefern. Das reduziert massiv die Wartezeiten der Benutzer und erlaubt, mehr Zeit für die eigentliche Analyse der Daten zu verwenden.

Ohne HANA oder den BWA muss ein erheblicher Aufwand betrieben werden, um Berichte mit akzeptabler Laufzeit zur Verfügung zu stellen. Dazu werden Aggregate erstellt, Ergebnisse vorberechnet, Navigationspfade eingeschränkt, Datenbankstatistiken erneuert und vieles mehr. Das alles muss administriert und permanent auf Applikations- und Datenbankebene getunt werden. Gleichzeitig fehlt den Benutzern die Flexibilität in der Analyse, um tiefer in Details einzudringen und tatsächlich neue Erkenntnisse zu gewinnen.

Mit BW auf HANA bzw. BW/4HANA werden nicht nur bestehende Berichte beschleunigt. Über freie Analysen können Benutzer endlich interaktiv mit den Daten umgehen, selbst Berichte erstellen oder über BW Workspaces mit eigenen Daten kombinieren (siehe Abschnitt 6.3.5). Aufgrund der schnelleren Datenbewirtschaftung stehen die Daten zudem viel früher für Analysen zur Verfügung. Darüber hinaus ermöglicht die Integration von HANA Live oder S/4HANA embedded analytics ein Echtzeitreporting auf operativen Daten.

Direkte Einsparungen lassen sich so bereits bei der Erstellung von Berichten sowie in deren Betrieb und Weiterentwicklung realisieren. Insbesondere der neue BW-Query Designer erleichtert hier die Arbeit. Viele unserer Kunden stellen ihren Anwendern von vornherein weniger Berichte zur Verfügung, die dafür aber eine deutlich flexiblere Navigation, mehr Filteroptionen und eine größere Detailtiefe bieten. *Indirekte Einsparungen* erhalten Sie auf Seiten der Endanwender. Frust über lange Laufzeiten gehört bald der Vergangenheit an. Reduzierte Wartezeiten, der weitaus flexiblere Umgang mit Berichten und neue Möglichkeiten für ein Self-Service BI sind nur schwer zu quantifizieren, liegen aber als Vorteile klar auf der Hand und erhöhen sicherlich die Zufriedenheit der Endanwender.

8.1.2 Vorteile in der Planung

Das Thema Planung wird in diesem Buch nur am Rande erwähnt, aber ähnlich dem Reporting werden auch in der Planung konsequent Funktionen und Operationen in die Datenbank verlagert. Dazu sind keine Änderungen an bestehenden Datenmodellen, wie z. B. CompositeProvidern oder Queries, notwendig, denn durch das Einschalten der Option *Planning Application Kit* (PAK) werden die Funktionen der Planungs-Engine automatisch in der HANA-Plattform genutzt.

Seit BW 7.4 SP8 sind die Planungsfunktionen der *Integrierten Planung* (BW-IP) komplett im PAK abgebildet (SAP-Hinweis 1637199). Das Ergebnis ist auch hier eine gesteigerte Performance der Planungsapplikationen. Darüber hinaus ist *Business Planning and Consolidation* (BPC) ab Version 10.1 mit BW-IP zu einer Applikation (ohne BPC-Add-on-Installation mit BW 7.5) als »Embedded BPC« zusammengeführt. Das PAK ist hierfür zwingend erforderlich.

Ab BW 7.5 können die Nutzer auch auf lokalen Dimensionen und Hierarchien planen, was die Flexibilität der Planungsapplikationen weiter erhöht. Zusätzlich können Sie User-Exits sehr datenbanknah als SQL-Skript implementieren und BW-Workspaces in Planungsprozesse miteinbeziehen. Mit BW/4HANA stehen die bekannten Standard- und Embedded-BPC-Modelle der Planung seit Ende Mai 2017 als SAP BPC Add-on für SAP BW/4HANA Version 11 zur Verfügung. Mehr dazu finden Sie im SAP-Hinweis 2343286.

Wie Sie sehen, ist auch hier nicht allein die reine Performancesteigerung ausschlaggebend. Mit der Flexibilisierung der Planungsprozesse können Sie zusätzlich neue Wege beschreiten: weg von der klassischen Planung im Batchbetrieb, hin zur interaktiven *Echtzeitsimulation* durch den Benutzer.

8.1.3 Vorteile beim Datenladen

Sobald Sie Ihr System auf HANA migriert haben, sind die Daten automatisch im Hauptspeicher des BW-Systems. Dadurch haben Sie, kombiniert mit der optimierten Ladelogik, eine deutlich bessere Ladeperformance, ohne zusätzliche Aufwände für die Optimierung. Viele Kunden erzielen alleine durch diesen Schritt beim Datenladen bereits eine Verbesserung von 40–50 %.

Die *Aktivierung* von (A)DSOs, das Löschen von Requests und *selektives Löschen* von Daten sowie, auch die Standard-*Transformationen* werden optimiert in der Datenbank ausgeführt. In BW 7.5 bzw. BW/4HANA 1.0 können neben der Experten-Routine nun auch die Start-, Feld- und End-Routinen über AMDP in der Datenbank ausgeführt werden.

Bei InfoCubes entfallen Aggregate und die damit einhergehenden Schritte »Hochrollen« sowie der »Attributsänderungslauf« ebenfalls ersatzlos. Über SLT oder SDI können Sie darüber hinaus Daten direkt in Echtzeit in das BW laden. Wenn Sie die InfoCubes in HANA-optimierte Cubes überführen, profitieren Sie weiter vom einfacheren Datenmodell – ohne Dimensionstabellen und dadurch mit schnelleren Ladezeiten.

Diese vereinfachten und beschleunigten Ladeprozesse führen direkt zu *niedrigeren Betriebskosten.* Für die Anwender stehen die Daten viel früher als bisher zur Auswertung zur Verfügung und können außerdem häufiger bzw. in viel kürzeren Abständen geladen werden. Von stets aktuellen Daten im Zugriff bis hin zu *Echtzeitauswertungen* reichen die Konsequenzen. Wenn auch Echtzeit nicht in jedem Fall notwendig sein mag, so tritt diese Anforderung in der Praxis doch immer häufiger auf.

8.1.4 Vorteile in der Modellierung

Die neuen Modellierungsoptionen verfolgen ganz klar das Ziel, Daten einmal zu speichern und vielfach in virtualisierter Form weiterzuverwenden (»store once – deploy many«). Dadurch wird nicht nur die *Datenredundanz* massiv verringert, dies hat auch unmittelbare Auswirkungen auf Entwicklung, Betrieb und Weiterentwicklung von Applikationen.

Darüber hinaus ermöglichen die feldbasierte Modellierung, der Open ODS View und die BW Workspaces erhebliche *Einsparungen* in der Modellierung und erhöhen gleichzeitig die Agilität des Systems. Das bedeutet auch eine Abkehr von der früher im BW üblichen Top-down- hin zu einer flexiblen Modellierung. Anwender können jetzt aktiv in die Modellierung von Prototypen oder neuen Szenarien einbezogen werden, was vorher nur schwer möglich war. Zudem können einmalige Anforderungen deutlich kosteneffizienter umgesetzt werden.

Die Nutzung der HANA-Bibliotheken über den HANA Analyseprozess (HAP), wie PAL, R-Skripte und auch selbstgeschriebene SQL-Skripte, erweitert Ihre Transformationsmöglichkeiten erheblich.

Die Gemischten HANA-Szenarien eröffnen des Weiteren ungeahnte Wege in der Modellierung. Angefangen bei virtuellen Stammdaten, über Smart Data Access zur Anbindung externer Datenquellen wie Hadoop, Teradata und andere bis hin zur Bereitstellung bereinigter und konsolidierter BW-Daten für andere Applikationen bietet BW mittlerweile ein breites Spektrum neuer Möglichkeiten und setzt damit die Idee des logischen Data Warehouse konsequent um.

Mit BW/4HANA reduziert sich nicht nur die Anzahl der Modellierungsobjekte (siehe Abbildung 1.8), sondern auch der Quellsystemverbindungen von jeweils 10 auf 4. Durch die Nutzung von SDI wird nun deutlich mehr Funktionalität bereitgestellt, und der neue Editor zur Datenflussmodellierung in Eclipse ermöglicht einfache grafische Modellierung ohne ständigen Wechsel der Eingabemasken.

Wenn Sie bedenken, dass jede physische Bewegung und Speicherung von Daten mit erheblichen Kosten verbunden ist, so ergibt sich aus dieser Vereinfachung weiteres *Einsparungspotenzial*.

8.1.5 Vorteile in Administration & Betrieb

Die in den Abschnitten Reporting, Datenladung, Planung und Modellierung genannten Verbesserungen haben direkten Einfluss auf die Bereiche Administration, Monitoring und Betrieb des BW-Systems.

Weniger Schichten, Objekte und Prozessschritte bedeuten gleichzeitig weniger Aufwand für Monitoring und Administration. Dies wiederum hat direkte Auswirkung auf die Betriebskosten und verringert gleichzeitig die Aufwände für Change Requests sowie Tuning-Maßnahmen drastisch.

Die Fachabteilung profitiert ebenfalls von der schnelleren Umsetzung der geforderten Änderungen. Gleichzeitig wird der Betrieb eines BWAs obsolet, und viele administrative Aufgaben im System laufen deutlich schneller bzw. fallen komplett weg.

Mithilfe der Multi-Temperature-Datenverwaltung können Sie Ihr System weiter optimieren und nur die notwendigen (heißen) Daten im Hauptspeicher halten.

8.1.6 Vorteile bei neuen Projekten

Ein häufig unterschätzter Aspekt ist das *Einsparpotenzial* bei neuen Projekten. Die massive Simplifizierung der Architektur und der Modellierung mit weniger Schichten und Objekten beschleunigt alle Phasen eines Projekts. Die größten Potenziale sind in der Realisierungsphase und beim Testen festzustellen. Performance Tuning entfällt weitgehend bzw. reduziert sich auf die Optimierung der kundenspezifischen Programmierung.

Abbildung 8.1 zeigt die Einsparpotenziale in den einzelnen Projektphasen. Dabei handelt es sich um Beispiele aus Kundenprojekten. Je nach Projekt verkürzen sich die einzelnen Phasen mehr oder weniger, allerdings konnten in allen von uns begleiteten Projekten deutliche Einsparungen erzielt werden.

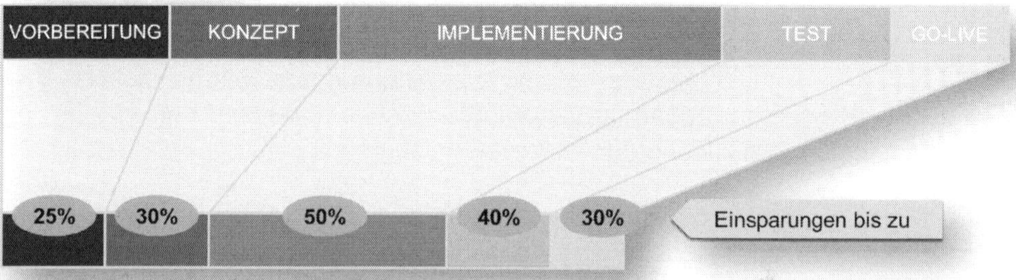

Abbildung 8.1: Erhöhte Projekteffizienz bei HANA-Projekten

BW auf HANA bzw. BW/4HANA unterstützen somit auch perfekt neue, agile Projektmethoden wie z. B. Scrum. Gemeinsam mit der Fachabteilung können Sie schnell Prototypen oder Piloten erstellen und iterativ weiterentwickeln. Neue Objekte wie BW Workspaces oder die Open ODS Views bieten mehr Möglichkeiten zum Self-Service durch den Anwender.

Wie Sie sehen, steckt hier einiges an Potenzial zur Kostensenkung. Darüber hinaus bekommt die Fachabteilung ihr Projekt früher umgesetzt; eine Situation, von der alle Beteiligten profitieren. Gleichzeitig erhalten IT-Abteilungen die Möglichkeit, einen eventuell vorhandenen Projektstau leichter abzubauen.

Alte Projekte erneut prüfen

Wir raten Ihnen, auch Projekte erneut zu überprüfen, die früher aus Gründen eines negativen ROIs oder technischer Unwägbarkeiten nicht umgesetzt wurden. Diese Projekte können nun technisch machbar sein bzw. bei erneuter Betrachtung unter den aktuellen Gegebenheiten einen positiven ROI hervorbringen.

8.1.7 Vorteile durch neue Funktionen

HANA bietet gegenüber anderen Datenbanken überdies noch weitere Neuerungen. Hier möchten wir nur zwei Themen noch einmal stellvertretend aufführen, denn im Verlauf des Buches haben wir bereits alle Innovationen mit BW auf HANA ausführlich beleuchtet.

Mit SDI und SDA gewinnen Sie deutlich an Flexibilität für den Ausbau Ihres BWs hin zu einem logischen Data Warehouse sowie für die Anbindung von Systemen wie Hadoop.

Mit dem HANA Analyseprozess (HAP) erweitern Sie die Transformationen nicht nur um Data-Mining-Algorithmen aus den Bibliotheken wie PAL oder R, sondern auch um eigene SQL-Prozeduren. Dazu profitieren Sie von vielen ABAP-Optimierungen für HANA.

8.1.8 Vorteile im Vergleich zu anderen Datenbanken mit In-Memory-Funktionen

NetWeaver-basiert kann SAP BW auf vielen relationalen Datenbank-Management-Systemen (DBMS) betrieben werden. Neben den SAP-eigenen Datenbanken HANA, MaxDB und ASE sind das derzeit IBM DB2, Microsoft SQL Server und Oracle. Alle drei Anbieter haben von 2012 bis 2014 ihre Datenbanken um In-Memory-Funktionalitäten erweitert. Als Kunde können Sie diese als *In-Memory-Option* oder Add-on angebotenen Funktionalitäten nutzen, sofern sie für BW freigegeben sind.

In-Memory ist nicht immer gleich In-Memory

Bitte beachten Sie jedoch, dass Sie damit keine IMDB nach klassischer Definition erhalten, sondern lediglich einen *Cache* oder *Accelerator* ähnlich dem BWA. Gartner, IDC und andere Analysten definieren eine IMDB wie folgt: »An In-Memory DBMS is a DBMS that stores the entire database structure in-memory and accesses the database directly, without the use of input/output (I/O) instructions, allowing applications to run completely in-memory« [201].

Danach ist HANA die einzige für BW freigegebene IMDB.

Nichtsdestotrotz können Sie aus den In-Memory-Optionen von IBM, Microsoft und Oracle Ihren Nutzen ziehen, denn alle erhöhen die Performance, besonders im Reporting. Damit folgen diese Hersteller dem von SAP im Jahr 2005 mit dem BWA eingeschlagen Weg. Ähnlich wie zu dessen Anfangszeiten können Sie Tabellen in einen In-Memory Cache kopieren, der meist auch spaltenbasiert organisiert ist. Allerdings konnte der BWA bereits damals mehrere OLAP-Funktionen per Code-Push-Down im Hauptspeicher verarbeiten und hatte damit einen funktionalen Vorsprung vor den neuen In-Memory-Optionen der zuvor genannten Hersteller.

Beachten Sie an dieser Stelle auch, dass nicht alle Objekte und deren vielfältige Ausprägungen mit diesen Optionen genutzt werden können. Solche Details sollten Sie vorher mit den Herstellern klären. Meist können Sie zwar bestimmte Tabellen manuell in einen In-Memory Cache duplizieren, z. B. die Faktentabellen von InfoCubes. Bei Updates müssen diese Tabellen aber oftmals komplett neu aufgebaut werden.

In der Summe lässt sich sagen, dass SAP HANA für BW bis jetzt in den verschiedensten Bereichen des Systems weitaus mehr Vorteile bietet als die Datenbanken mit In-Memory-Option anderer Hersteller. BW/4HANA als neuestes Produkt ist daher allein auf HANA als Datenbank ausgerichtet.

Hervorheben möchten wir noch einmal folgende Punkte, in denen sich HANA von der Konkurrenz unter BW 7.5 wesentlich unterscheidet, da diese Frage in der Praxis immer noch häufig gestellt wird:

1. Daten vollständig In-Memory

Mit HANA sind automatisch die Daten aller BW-Objekte ohne manuelles Eingreifen im Hauptspeicher vorhanden. Sollten Sie Teile davon nicht permanent In-Memory benötigen, so gibt Ihnen die Multi-Temperature-Datenverwaltung (siehe Abschnitt 4.1) die Möglichkeit, Daten auf Disk oder im Nearline Storage-Archiv zu speichern und trotzdem alles im Online-Zugriff zu behalten.

2. Code-Push-Down

Mit BW auf HANA wird konsequent die Idee der Optimierung und Verschlankung des Systems verfolgt. Dazu werden aufwendige und rechenintensive Aufgaben von der Applikationsschicht in die Datenbank verlagert. Dazu zählen fast alle Funktionen des Analytical Managers (OLAP Engine), BW-Transformationen, (A)DSO-Aktivierung, Planungsfunktionen, Data Mining Funktionen (PAL, R) und eigene SQL-Prozeduren über HAP. Insgesamt stehen somit die Daten den Anwendern deutlich früher zur Verfügung.

Diese Optimierungen sind auf BW-Seite »offen« implementiert, d. h. andere Datenbankhersteller könnten solche Funktionen ebenfalls in ihre Datenbank verlagern. Dafür müssten sie einen ähnlichen Aufwand wie SAP betreiben und die einzelnen Funktionen nativ in ihrer Datenbank implementieren. Bislang ist noch kein Anbieter diesen Schritt gegangen.

3. Innovationen

Viele innovative Neuerungen im BW sind nur in Verbindung mit HANA verfügbar. Ohne eine hochperformante Datenbank wären Konzepte wie CompositeProvider, Open ODS View, feldbasierte Modellierung, ADSO, BW Workspaces und hybride Modellierung gar nicht möglich.

Darüber hinaus werden native HANA-Funktionen wie Smart Data Integration und Smart Data Access, oder die Nutzung der Predictive Analytics Library (PAL) nur von der HANA-Plattform zur Verfügung gestellt.

Vergleich verschiedener IMDBs für BW

https://blogs.saphana.com/2013/11/13/comparing-sap-hana-to-ibm-db2-blu-and-oracle-12-in-memory-for-sap-bw/

https://blogs.saphana.com/2014/07/21/sap-hana-oracle-10c-in-memory-ibm-db2-blu--a-comparison/

8.2 BW: Roadmap & Strategie – der Blick in die Zukunft

An vielen Stellen des Buches haben wir Sie bereits auf künftige Neuerungen aufmerksam gemacht. Zum Schluss wollen wir diese noch einmal zusammenfassen, die Strategie der SAP im Bereich »Data Warehouse« erklären und auch einen Blick in die Zeit nach 2017 wagen.

8.2.1 Kurzfristig zu erwartende Neuerungen in den nächsten Service Packs

Das klassische BW 7.5, mit oder ohne HANA als Datenbank, ist seit Erscheinen von BW/4HANA im Wartungsmodus. Das Wartungsende ist in der »Product Availability Matrix« (PAM) aktuell mit 31.12.2022 angegeben. Nichtsdestotrotz werden weiterhin Service Packs für NetWeaver 7.5 ausgeliefert, die aus Sicht des BW seit SP4 allerdings nur Bug-Fixes und Sicherheits-Patches beinhalten.

Neue Funktionalität und Innovationen werden künftig nur mit BW/4HANA ausgeliefert.

SAP plant, für BW/4HANA in 2017 insgesamt sechs SPs auszuliefern. Die Innovationen, die sich mit BW/4HANA ergeben, werden von SAP in vier Kategorien gruppiert:

1. Simplifizierung,
2. Offenheit,
3. Performance und
4. moderne Benutzeroberflächen.

Neue Features mit SP5, 6 & 7

In der Eclipse-basierten Modellierung fehlen noch einige Werkzeuge, um die Modellierung im SAP GUI (Data Warehousing Workbench RSA1) tatsächlich nicht mehr nutzen zu müssen. Allen voran ist hier die Oberfläche zu nennen, mit der Transformationen und DTPs gepflegt werden. Dazu fehlt die Prozesskettenmodellierung, die webbasiert folgen soll. Ganz neu wird das BW/4HANA Cockpit sein, das in einer ersten Version die BW/4HANA-Administration in einer Fiori-Oberfläche webbasiert anbietet.

Im Bereich des Code-Push-Down werden weitere OLAP-Funktionen in Aussicht gestellt, darunter Top-N- bzw. Bottom-N-Analysen. Die Reichweitenberechnungen und die CURRENT-MEMBER-Variable werden wohl erst in 2018 folgen. Ende des Jahres sollen auch Hadoop- und BW/4HANA-Systeme bei der Verarbeitung von Daten besser integriert werden und dadurch näher zusammenrücken.

In Zukunft sind für den Betrieb weitere Innovationen für das BW/4HANA Cockpit zur Administration und Überwachung zu erwarten. In diesem Zusammenhang sollen auch Vorhersage-Methoden und Machine-Learning-Algorithmen zur pro-aktiven Systemüberwachung zum Einsatz kommen.

Um mit BW/4HANA erfolgreich zu sein, ist es aus unserer Sicht notwendig, Kunden den Weg hin zum neuen Produkt so einfach wie möglich zu gestalten. Die aktuell zur Verfügung stehenden Werkzeuge reichen unseres Erachtens nicht aus. Vielleicht ändert sich das ja noch, denn für 2017 sind weitere Hilfsmittel angekündigt.

Support Packages für BW 7.5 & BW/4HANA 1.0

»Support Package Stack Schedule«
https://support.sap.com/maintenance-schedule

»ABAP Support Packages for BW/4HANA 1.0«
https://blogs.sap.com/2016/12/13/abap-support-packages-for-sap-bw%E2%88%954hana-1.0/

8.2.2 SAPs Data-Warehouse-Strategie

Die wesentliche strategische Richtung der SAP ist die Verschmelzung von BW mit dem nativen, SQL-basierten Data Warehouse (siehe Abbildung 8.2). In 2016 wurde begonnen, die BW-Applikation neben HANA mit weiteren Werkzeugen stärker zu integrieren. Dieser Prozess soll in den nächsten Jahren fortgesetzt werden, sodass am Ende unerheblich ist, ob ein Kunde BW oder den nativen, SQL-basierten Data-Warehouse-Ansatz mit HANA nutzt. Beide Ansätze werden die gleichen Werkzeuge verwenden, einmal über die ABAP-Applikation BW und einmal direkt über die HANA-Plattform.

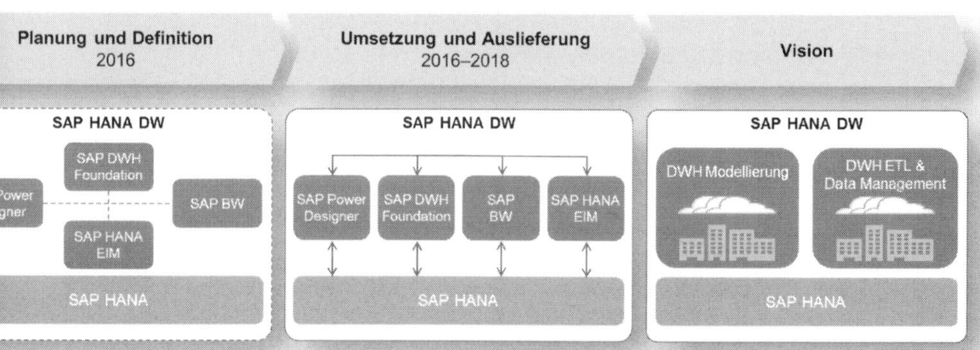

Abbildung 8.2: SAP-Data-Warehouse-Strategie

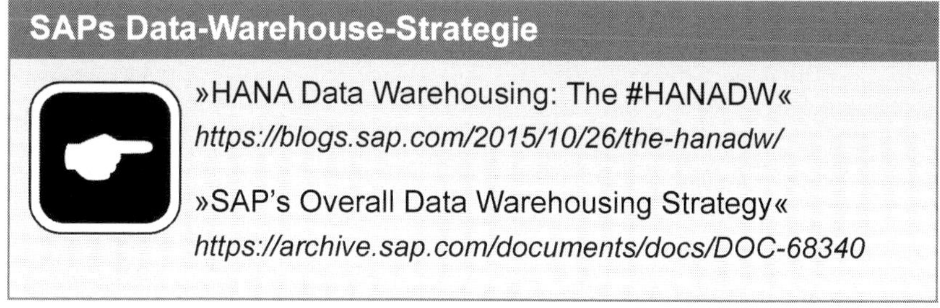

Erste Ergebnisse dieser Strategie sieht man bereits in BW 7.5 bzw. BW/4HANA: SDI ist seit BW 7.5 auf HANA integriert. Auf der nativen HANA-Seite kommen ein DSO (nativ) und ein Scheduling-Werkzeug dazu, die beide aus dem BW bekannt sind.

BW-Roadmap mittel- und langfristig

In diesem Abschnitt interpretieren wir Autoren die einzelnen Themen der BW Roadmap. Es handelt sich deshalb um unsere Meinung bzw. Vermutungen. Diese müssen nicht mit der tatsächlichen Produktentwicklung der SAP SE übereinstimmen.

Die Strategie gibt somit auch die Richtung für die Produktentwicklung vor. So kann man davon ausgehen, dass Funktionalitäten in HANA für das BW verfügbar werden und durch die permanente Verlagerung datenintensiver Prozesse per Code-Push-Down HANA auch Zugriff auf BW-Funktionalitäten erhält. Teilweise ist das schon heute übliche Praxis; beispielsweise werden über die hybride Modellierung in HANA oder HAP bereits Funktionen des anderen Produkts in BW genutzt. Die ABAP-Applikationsschicht wird nach und nach stärker ausgedünnt, da mehr Funktionen direkt in der Datenbank ausgeführt werden, was aber nicht bedeuten soll, dass die ABAP-Applikationsschicht vollständig verschwinden wird. Das BW wird weiter als Modellierungswerkzeug, Orchestrierungsschicht, Metadaten Repository und semantische Schicht erhalten bleiben.

Sobald die BW-Modellierungstools vollständig in Eclipse überführt sind, wird wohl der stärkere Ausbau von webbasierten Oberflächen folgen, insbesondere in den Bereichen Administration, Monitoring, aber auch der Modellierung. Der Analytical Manager wird sich eher zu einem Compiler entwickeln, der idealerweise alle Schritte in der Datenbank ausführen lässt. Die BW-Query wird somit zur Parametrisierung der Berichte erhalten bleiben.

Darüber hinaus bietet HANA viele Funktionen, die auch für ein BW interessant sein können. Schon sehr früh unterstützte BW die Geodatenkodierung von Stammdaten. HANA selbst besitzt eine native Geodatenverarbeitung, weshalb es vorstellbar ist, dass dieser Teil der Datenverarbeitung ebenfalls in die Datenbank wandert. Ähnliches könnten wir uns bei Zeitreihen vorstellen. Diese Daten treten häufig im Kontext des »Internet der Dinge« auf und bedürfen einer effizienten Datenspeicherung bzw. -analyse, die HANA hierfür bietet.

Für Funktionen wie die Text-Suche und Text-Analyse gibt es sicherlich genügend Anwendungsfälle im Kontext des BWs, wie auch für die Einbindung der Business Rules Engine aus HANA in das BW-System. Diese könnten auch über die neuen, Cloud-basierten Microservices eingebunden werden. Machine-Learning und prädiktive Algorithmen könnten wir uns auch sehr gut im Gebiet des Data Lifecycle Management vorstellen. Dabei könnten laufend Queries analysiert werden und die Verteilung der Daten in heiße, warme und kalte Bereiche entsprechend der Datennutzung automatisch erfolgen.

In einem Punkt sind wir ganz sicher: Das SAP Business Warehouse wird uns erhalten bleiben und innovativ weiterentwickelt – ganz entgegen der Gerüchte in der SAP-Community, dass durch HANA und S/4HANA das BW als Data Warehouse überflüssig werden würde. Das Erscheinen der nächsten Data-Warehouse-Generation mit BW/4HANA unterstreicht das ausdrücklich. Auch die Version 2.0 ist schon absehbar, denn aktuell läuft die Standard-Wartung von BW/4HANA 1.0 nur bis Ende September 2019. Vermutlich erscheint BW/4HANA 2.0 bereits in 2018.

In welcher Rolle auch immer Sie in Zukunft mit SAP BW zu tun haben mögen, sei es als Anwender, Administrator, Berater oder Projektmanager: Sie können sich auf eine spannende Zukunft in diesem Feld freuen!

Hier finden Sie weitere Information zur BW-Roadmap

BW-Roadmap in der »BW/4HANA Community«
http://www.sap.com/community/topic/bw4hana.html

SAP-Roadmaps:
http://www.sap.com/solution/roadmaps.html → Platform & Technology • Products • Technology Platform • SAP Business Warehouse

Anhang

Hilfreiche BW-Transaktionen

BW-Transaktionen	Einsatzzweck
RSMIGRHANADB	Konvertierung von InfoCubes und SPOs
RSWSP	Workspace – Administration (einzeln)
RSWSPW	Workspace – Administration (alle)
RSWSP_CUST	Workspace – allgemeine Einstellungen
RSWQD	Workspace Query Designer
RSHDBMON	Administration aktive/nicht-aktive Daten
RSDHAAP	HANA-Analyseprozess
RSDHAAP_MONITOR	HANA-Analyseprozess-Monitor
RSDHATR	HANA-optimierte Transformationen
RSODSVIEW	Open ODS View (ab BW 7.5 nur Anzeige)
RSOADSO	Erweiterte Funktionen ADSO
RSOHCPR	Erweiterte Funktionen CompositeProvider
RS2HANA_ADMIN	Externe HANA Views – Übersicht
RS2HANA_VIEW	Externe HANA Views – Einstellungen
RS2HANA_CHECK	Externe HANA Views – Prüfung
RS2HANA_GEN	Replizierung von Analyseberechtigungen
RSDSHANA	Real-time Streaming für SDI-Quellen
RSPCM_WEB	App für Prozesskettenmonitoring
RSB4HTRF	Migration von Datenflüssen zu BW/4HANA
RSRTS_ODP_DIS	Anzeige versch. Operational Data Provider
SFW5	Installation HANA-optimierter BI Content
ODQMON	Operational Delta Provisioning Queue
RSRTS_ODP_DIS	Liste ODP-basierter InfoProvider
RAAOE	Start Analysis für MS-Excel-Arbeitsmappe

Neue BW-Berechtigungsobjekte

Berechtigungsobjekt	Bedeutung
S_RS_HCPR	CompositeProvider
S_RS_ADSO	DataStore-Objekt (advanced)
S_RS_ODSV	Open ODS View
S_RS_WSPAC	BW Workspace
S_RS_IOBJA	InfoObject (in InfoArea)
S_RS_BDPR	BAdI Provider
S_RS_TRCS	InfoSource (in InfoArea)
S_RS_ODSP_H	ODP-Extraktion aus SAP HANA
S_RS_B4H	Administration BW/4HANA Starter Add-on
S_RS_AO	SAP BO Analysis for MS Office
RSHAAP	HANA-Analyseprozess
RSHAOT	Elemente eines HANA-Analyseprozesses

Weitere Details zu den hier aufgelisteten Berechtigungsobjekten finden Sie im SAP GUI, Transaktion **SU21** unter der Klasse »Business Warehouse (RS)«.

Gelöschte TLOGO-Objekte in BW/4HANA

TLOGO	Beschreibung
AGGR	Aggregat
ANPR	Analyseprozess
CUBE	InfoCube
HYBR	HybridProvider
IOBC	InfoObject-Katalog
ISET	InfoSet
ISIP	InfoPackage
LPOA	semantisch partitioniertes Objekt (SPO)
MPRO	MultiProvider
ODSO	DataStore-Objekt (klassisch)
COPR	Local Composite Provider
DMMO	Data-Mining-Modell
SPOK	InfoSpoke
ISCS	3.x Kommunikationsstruktur
ISFS	3.x DataSource
ISMP	3.x Transformationsregel
ISTD	3.x InfoSource
ISTS	3.x Transferstruktur
UPDR	3.x Übertragungsregel
XLWB	BEx Analyzer Workbook
BITM	BEx Web Item
ITEM	BEx Web Item (3.x)
BTMP	BEx Web Template
TMPL	BEx Web Template (3.x)
ERPT	BEx Enterprise Report
BRSE	BEx Broadcast Setting
REPA	Reporting Agent
XCLS	BusinessObjects Xcelcius Dashboard

BW-Schulungsangebote

SAP BW/4HANA

- BW462: SAP BW/4HANA (Delta BW klassisch, 5 Tage)
- DBW4HA: SAP BW/4HANA (Delta BW auf HANA, 2 Tage)

SAP BW auf HANA

- BW362: SAP BW powered by SAP HANA (5 Tage)
- BW305H: Query Design & Analysis (5 Tage)
- BW310H: Enterprise Data Warehousing (5 Tage)
- BW330H: Data Modeling & Implementation (5 Tage)
- BW350H: Data Acquisition (5 Tage)
- BW360H: Operations and Performance (5 Tage)
- BW365: User Management & Authorizations (3 Tage)

SAP BW auf klassischer Datenbank

- BW305: Query Design & Analysis (5 Tage)
- BW310: Enterprise Data Warehousing (5 Tage)
- BW330: Data Modeling & Implementation (5 Tage)
- BW350: Data Acquisition (5 Tage)
- BW360: Operations and Performance (5 Tage)
- BW365: User Management & Authorizations (3 Tage)

SAP-HANA-Installation und -Betrieb

- HA200: HANA Installation & Operations (5 Tage)
- HA240: Authorization, Security & Scenarios (2 Tage)
- HA250: Migration to SAP HANA using DMO (2 Tage)

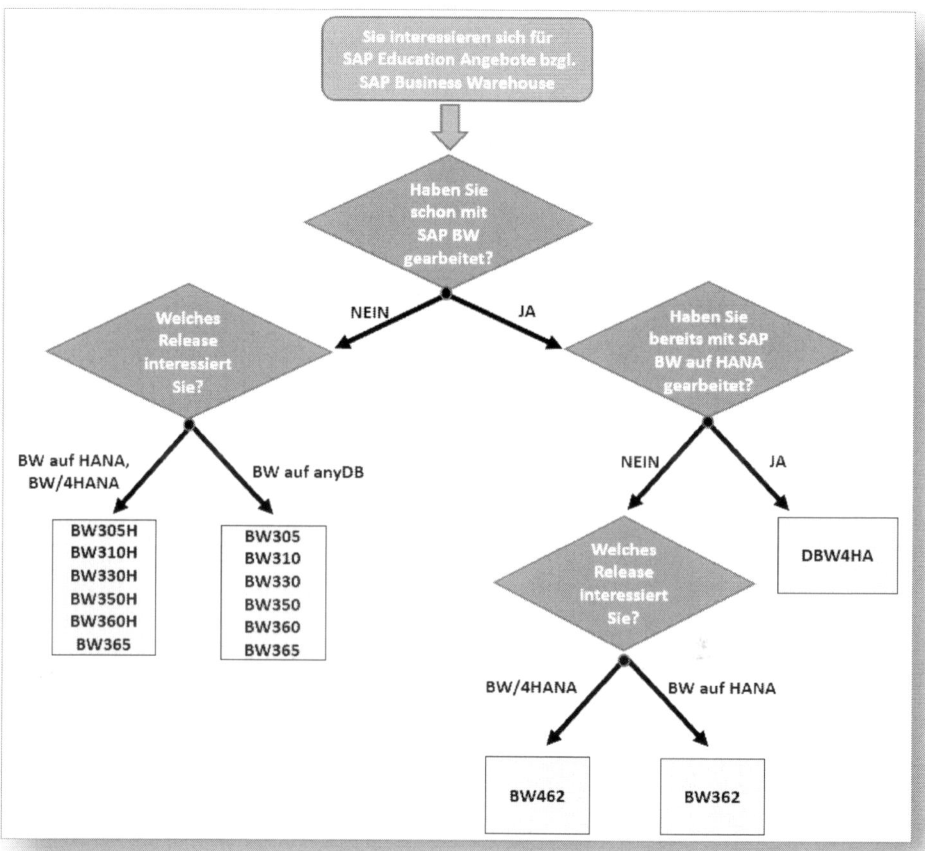

Entscheidungsbaum BW-Schulungsangebot

Zertifizierungen

- C_HANATEC_12: SAP Certified Technology Associate – SAP HANA (Edition 2016)
- E_HANABW_12: SAP Certified Application Specialist – SAP BW powered by SAP HANA (Edition 2016)
- E_BW4HANA_13: SAP Certified Application Specialist – SAP BW/4HANA (Edition 2017)

Quellenverzeichnis

[1] SAP BW/4HANA, EDW Product Management, *https://www.sap.com/documents/2016/08/62147c09-877c-0010-82c7-eda71af511fa.html*, aufgerufen 13.06.2017

[2] Plattner, H.: A Course in In-Memory Data Management, The Inner Mechanics of In-Memory Databases, 1. Auflage, Berlin (Springer), 2013

[3] SAP-Pressemitteilung, SAP to Unveil SAP HANA 2, SAP SE, *http://news.sap.com/sap-to-unveil-sap-hana-2/*, aufgerufen 13.06.2017

[4] Schmitz, A.: What is SAP HANA 2? Nine Questions Answered, SAP-Pressemitteilung, SAP SE, *http://news.sap.com/what-is-sap-hana-2-nine-questions-answered/*, aufgerufen 13.06.2017

[5] Plattner, H.; Zeier, A.: In-Memory Data Management, ein Wendepunkt für Unternehmensanwendungen, 1. Auflage, Wiesbaden (Springer Gabler), 2012, Seite 179

[6] McDonald, K.; Wilmsmeier, A.; Dixon, D. C.; Inmon W. H.: Mastering the SAP Business Information Warehouse, 2nd edition, Indianapolis, IN (Wiley), 2006, Seite 136

[7] SAP-Pressemitteilung, SAP Modernizes Data Warehousing with the Launch of SAP BW/4HANA, SAP SE, *https://news.sap.com/sap-modernizes-data-warehousing-with-the-launch-of-sap-bw4hana/*, aufgerufen 13.06.2017

[8] SAP and Amazon Web Services Special Event – Live Streaming Announcement: SAP BW/4HANA, *http://events.sap.com/sap-amazon-web-services/en/home*, aufgerufen 13.06.2017

[9] SAP BW/4 HANA 1.0 Early Adopter Care Program Registrierung unter: *https://influence.sap.com/BW4HANA10*, aufgerufen 13.06.2017

[10] Ferstl O. K.; Sinz E. J.: Grundlagen der Wirtschaftsinformatik Band 1, 3. Auflage, München (Oldenbourg), 1998, Seite 123

[11] Nagel, K.: Aspects of the HANA-optimized InfoCube, *https://archive.sap.com/documents/docs/DOC-61049*, Seite 2, aufgerufen 13.06.2017

[12] Breckmann, I.; Pöhling, M.: The SAP HANA Projekt Guide, 1. Auflage, Gleichen (Espresso Tutorials), 2013, Seite 64

[13] Nagel, K.: Query Performance in »BW powered by HANA«, *https://archive.sap.com/documents/docs/DOC-61048*, Seite 3, aufgerufen 13.06.2017

[14] Edjlali, R.; Feinberg, D.: Who's Who for In-Memory DBMSs, Gartner, 16. Januar 2014

[15] Kretner, C., Kanngießer, J.: Berechtigungen in SAP BW, HANA und BW/4HANA, 1. Auflage, Gleichen (Espresso Tutorials), Seite 239ff., 2017

Sie haben das Buch gelesen und sind mit unserem Werk zufrieden? Bitte schreiben Sie uns eine Rezension!

Unser Newsletter

Wir informieren Sie über Neuerscheinungen und exklusive Gratis-Downloads in unserem Newsletter.

Melden Sie sich noch heute an unter

http://newsletter.espresso-tutorials.com.

A Die Autoren

Frank Riesner ist seit dem Jahr 2002 im Bereich SAP Business Intelligence mit Schwerpunkt SAP Business Warehouse tätig. Als Senior-Architekt und Trainer bei der SAP (Schweiz) AG konzentriert sich sein Aufgabengebiet auf SAP HANA im Kontext von Enterprise Data Warehousing und Business Analytics. In diesem Zusammenhang begleitet er Kundenprojekte, unterstützt Vertriebsaktivitäten und tritt als Referent bei Veranstaltungen auf. Frank ist zudem regelmäßig als Trainer für SAP Education in der Schweiz sowie im Ausland engagiert und verantwortet dabei das Thema »SAP BW/4HANA« auch konzeptionell.

Frank studierte Wirtschaftsinformatik an der Otto-Friedrich-Universität Bamberg und war nach seinem Diplomabschluss im Jahr 2002 einige Jahre als Senior Consultant für SAP BW bei der Inforte GmbH bzw. bei der Steria Mummert Consulting AG in Deutschland beschäftigt. In gleicher Funktion war Frank anschließend für fünf Jahre freiberuflich in Budapest (Ungarn) tätig, bevor er vor seiner gegenwärtigen Aufgabe bei SAP (Schweiz) AG als Delivery Manager für einen Outsourcing-Dienstleister in der Schweiz fungierte. Frank lebt gegenwärtig in Basel; er ist verheiratet und hat zwei Kinder.

Klaus-Peter Sauer arbeitet als Director im globalen SAP HANA Center of Excellence (COE) bei SAP mit Fokus auf die Themen Data Warehousing, SAP BW und Big Data im Zusammenhang mit der SAP-HANA-Plattform.

Er hat seine Karriere im Jahr 2000 als SAP-BW-Berater begonnen, wobei er im Laufe der Zeit diverse Schlüsselpositionen sowohl in der Beratung als auch im Pre-Sales bekleidete. Als Technical Lead des SAP COE in EMEA bei Teradata unterstützte Klaus-Peter führende Unternehmen in allen Branchen dabei, zukunftsfähige und plattformübergreifende Data-Warehousing-Architekturen umzusetzen. Seit 2012 ist er Teil eines globalen Expertenteams für die SAP-HANA-Plattform, Data Warehousing und Big Data bei SAP.

Klaus-Peter hat einen Abschluss als Master of Business Administration von der Canterbury Business School in Großbritannien. Er studierte Wirtschaftswissenschaften und -informatik an der Philipps Universität Marburg und der University of Kent at Canterbury, Großbritannien.

B Index

H

I

K

L

M

N

O

U

V

W

Z

C Disclaimer

Die in diesem Werk wiedergegebenen Gebrauchsnamen, Handelsnamen, Warenbezeichnungen usw. können auch ohne besondere Kennzeichnung Marken sein und als solche den gesetzlichen Bestimmungen unterliegen. Sämtliche in diesem Werk abgedruckten Bildschirmabzüge unterliegen dem Urheberrecht der SAP SE, Dietmar-Hopp-Allee 16, 69190 Walldorf.

In dieser Publikation wird auf Produkte der SAP SE Bezug genommen. SAP, R/3, SAP NetWeaver, Duet, PartnerEdge, ByDesign, SAP BusinessObjects Explorer, StreamWork und weitere im Text erwähnte SAP-Produkte und Dienstleistungen sowie die entsprechenden Logos sind Marken oder eingetragene Marken der SAP SE in Deutschland und anderen Ländern. Business Objects und das Business-Objects-Logo, BusinessObjects, Crystal Reports, Crystal Decisions, Web Intelligence, Xcelsius und andere im Text erwähnte Business-Objects-Produkte und Dienstleistungen sowie die entsprechenden Logos sind Marken oder eingetragene Marken der Business Objects Software Ltd. Business Objects ist ein Unternehmen der SAP SE. Sybase und Adaptive Server, iAnywhere, Sybase 365, SQL Anywhere und weitere im Text erwähnte Sybase-Produkte und -Dienstleistungen sowie die entsprechenden Logos sind Marken oder eingetragene Marken der Sybase Inc. Sybase ist ein Unternehmen der SAP SE. Alle anderen Namen von Produkten und Dienstleistungen sind Marken der jeweiligen Firmen. Die Angaben im Text sind unverbindlich und dienen lediglich zu Informationszwecken. Produkte können länderspezifische Unterschiede aufweisen.

Der SAP-Konzern übernimmt keinerlei Haftung oder Garantie für Fehler oder Unvollständigkeiten in dieser Publikation. Der SAP-Konzern steht lediglich für Produkte und Dienstleistungen nach der Maßgabe ein, die in der Vereinbarung über die jeweiligen Produkte und Dienstleistungen ausdrücklich geregelt ist. Aus den in dieser Publikation enthaltenen Informationen ergibt sich keine weiterführende Haftung.

Weitere Bücher von Espresso Tutorials

Jürgen Noe:

Schnelleinstieg in SAP® Business Warehouse (BW)

- Grundlagen von Business Intelligence (BI)
- Data Warehouse Workbench und Business Explorer Suite
- Extraktion, Transformation und Laden von Daten
- Durchgängiges Fallbeispiel

http://5038.espresso-tutorials.com

Rob Frye, Joe Darlak, Dr. Bjarne Berg:

The SAP® BW to HANA Migration Handbook

- Proven Techniques for Planning and Executing a Successful Migration
- SAP BW on SAP HANA Sizing and Optimization
- Building a Solid Migration Business Case
- Step-by-Step Runbook for the Migration Process

http://5109.espresso-tutorials.com

Claus Wild, Janet Salmon:

Schnelleinstieg in SAP® S/4HANA Finance

- Verstehen der Grundlagen von SAP S4/HANA Finance
- Erkunden der neuen Architektur, Konfigurationsoptionen und SAP Fiori
- Untersuchen der Migrationsschritte hin zu SAP S4/HANA Finance
- Bewerten der Auswirkungen auf die Geschäftsprozesse

http://5151.espresso-tutorials.de

Bert Vanstechelman:

The SAP® HANA Deployment Guide

- SAP HANA sizing, capacity planning guidelines, and data tiering
- Deployment options and data provisioning scenarios
- Backup and recovery options and procedures
- Software and hardware virtualization in SAP HANA

http://5171.espresso-tutorials.com